校企合作计算机精品教材

Web 开发工程师"零点起飞"系列图书

PHP Web 应用开发案例教程

主编 阮云兰 钟 诚 张 磊

上海交通大学出版社
SHANGHAI JIAO TONG UNIVERSITY PRESS

内容提要

本书共分 16 章，内容涵盖：初识 PHP、PHP 的基本语法、PHP 流程控制语句、PHP 函数的应用、字符串操作与正则表达式、PHP 数组、PHP 与 Web 页面交互、面向对象的程序开发、Cookie 与 Session、PHP 文件系统、MySQL 数据库基础、使用图形化管理工具 phpMyAdmin 管理数据库、PHP 操作 MySQL 数据库、PHP 框架、开发博客管理系统和开发电子商务网站。

本书可作为高等院校，中、高等职业技术院校，以及各类培训机构的专用教材，也可供广大初、中级 Web 开发爱好者自学使用。

图书在版编目（ＣＩＰ）数据

PHP Web 应用开发案例教程 / 阮云兰，钟诚，张磊主编. -- 上海 ： 上海交通大学出版社，2017（2020 重印）
ISBN 978-7-313-17512-0

Ⅰ．①P… Ⅱ．①阮… ②钟… ③张… Ⅲ．①网页制作工具－PHP 语言－程序设计 Ⅳ．①TP393.092②TP312

中国版本图书馆 CIP 数据核字 (2017) 第 167609 号

PHP Web 应用开发案例教程
PHP Web YINGYONG KAIFA ANLI JIAOCHENG

主　　编：	阮云兰　钟　诚　张　磊			
出版发行：	上海交通大学出版社	地　　址：	上海市番禺路 951 号	
邮政编码：	200030	电　　话：	021-64071208	
印　　制：	三河市祥达印刷包装有限公司	经　　销：	全国新华书店	
开　　本：	787mm×1092mm　1/16	印　　张：	28.75　　字　　数：	556 千字
版　　次：	2017 年 7 月第 1 版	印　　次：	2020 年 1 月第 6 次印刷	
书　　号：	ISBN 978-7-313-17512-0			
定　　价：	78.00 元			

前 言

随着社会的发展，传统的教学模式已难以满足就业的需要。一方面，大量毕业生无法找到满意的工作；另一方面，用人单位却在感叹无法招到符合职位要求的人才。因此，积极推进教学形式和内容的改革，从传统的偏重知识传授的方式转向注重职业能力的培养，并让学生有兴趣学习，轻松学习，已成为大多数高等院校及中、高等职业技术院校的共识。

教育改革首先是教材的改革，为此，我们走访了众多高等院校及中、高等职业技术院校，与许多教师探讨当前教育面临的问题和机遇，然后聘请具有丰富教学经验的一线教师编写了这本书。

本书特色

（1）由浅入深，循序渐进。本书分为基础篇、提高篇和实战篇，先从 PHP 的基础学起，然后学习其核心技术，最后通过开发两个完整项目来提高学生的实战能力。

（2）结构新颖，轻松易学。本书的大部分章节采用"知识点+小实例"的形式讲解，在用通俗易懂的语言简单介绍知识点后，紧接着安排了与当前知识点和实际应用相关的小实例，从而使读者边学边练、学有所用。另外，每章都安排有"本章总结"，使学生学完各章后还能对所学知识和技能进行总结。对于比较重要和操作性强的章节，还安排了"课堂实训"，让学生进一步练习本章所学知识，增强实战能力。

（3）案例典型，注释清晰。除每章的课堂实训外，为加强学生的实战能力，还在本书最后两章安排了两个典型的网站开发案例——博客管理系统和电子商务网站。为便于读者阅读和学习程序代码，我们为这两个网站的关键代码提供了详细的注释。

（4）体例丰富，形式活泼。本书根据内容需要安排了很多"提示"和"知识库"，可以让读者在学习过程中轻松地理解相关知识点和概念。

（5）提供精美的教学课件和素材。本书不仅提供精美的教学课件，并且书中的每个实例都提供了素材，读者可直接拷贝到服务器上查看运行效果。另外，凡是涉及到数据库的实例，每章素材下面都有一个"data"文件夹，读者可在其中找到数据库文件，并参照本书 12.2.5 节的操作，将其导入到数据库直接应用。

教学资源下载

读者可到网站（www.bjjqe.com）下载本书配套的教学课件、素材和实例效果文件。如果读者在学习过程中有什么疑问，也可登录该网站寻求帮助，我们将会及时解答。

本书由阮云兰、达州职业技术学院钟诚、张磊担任主编，内蒙古电子信息职业技术学院赵彦、毛锦庚、陆玉亭、戴国良、谢艳芳、唐思均、臧芳、文永胜、侯世中、陈刚、朱佳梅、樊丽娟担任副主编。

尽管我们在编写本书时已竭尽全力，但书中的疏漏及错误在所难免，敬请广大读者批评指正。

本书编委会

主　　编　阮云兰　钟　诚　张　磊
副主编　赵　彦　毛锦庚　陆玉亭
　　　　　戴国良　谢艳芳　唐思均
　　　　　臧　芳　文永胜　侯世中
　　　　　陈　刚　朱佳梅　樊丽娟

目录
Contents

基 础 篇

提 高 篇

实 战 篇

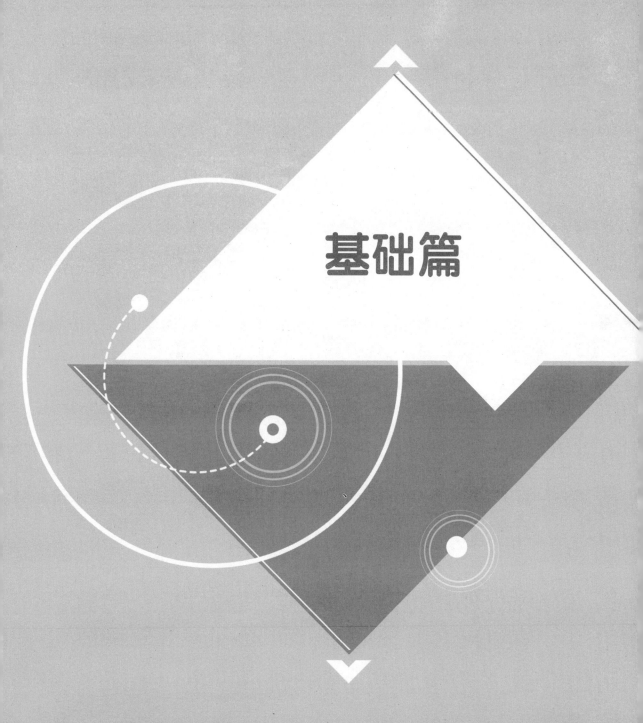

基础篇

第 1 章　初识 PHP

　　PHP（外文名为 "PHP:Hypertext Preprocessor"，中文名为 "超文本预处理器"）是一种通用开源脚本语言。它具有简单易学、开发快捷、性能稳定的特点，并具有强大的社区支持，越来越受到 Web 开发人员的青睐。本章主要介绍 PHP 基础知识和运行环境的搭建。

学习目标

- 了解 PHP 的概念、特点和应用领域
- 掌握 PHP 常规运行环境的搭建
- 了解 PHP 集成环境的相关知识
- 了解 PHP 常用开发工具
- 了解 PHP 参考手册的应用

1.1　PHP 概述

　　PHP 于 1995 年由 Rasmus Lerdorf 开发。经过 20 多年的发展，PHP 已经成为全球最受欢迎的脚本语言之一。作为一种面向对象的、完全跨平台的新型 Web 开发语言，无论从开发者角度还是经济角度考虑，PHP 都是非常实用的。

　　PHP 已拥有几千万用户，并且还在吸引着越来越多的 Web 开发人员。全球 5 000 万互联网网站中，有 60%以上使用了 PHP 技术；国内 80%以上的动态网站使用 PHP 开发；Alexa TOP 500 中国网站中，有 394 家使用了 PHP 技术，比例为 78.8%。

1.1.1　什么是 PHP

　　PHP（Hypertext Preprocessor）是一种通用开源脚本语言，利于学习，使用广泛，主要适用于 Web 开发领域。其独特的语法混合了 C 语言、Java 语言和 Perl 语言的特点。它可以比 CGI 或者 Perl 更快速地执行动态网页。与其他编程语言相比，PHP 是将程序嵌入到

HTML（标准通用标记语言下的一个应用）文档中去执行，执行效率比完全生成 HTML 标记的 CGI 要高许多。

提　示

> 开源：源码可以被公众使用，并且对其使用、修改和发行也不受许可证的限制。
>
> Perl：一种功能丰富的计算机程序语言，可运行在多种计算机平台上。Perl 吸收了 C、sed、awk、shell 脚本语言以及很多其他程序语言的特性，其中最重要的特性是它内部集成了正则表达式的功能，以及巨大的第三方代码库 CPAN。简而言之，Perl 像 C 一样强大，像 awk、sed 等脚本描述语言一样方便，被 Perl 语言爱好者称为"一种拥有各种语言功能的梦幻脚本语言""Unix 中的王牌工具"。
>
> CGI：Common Gateway Interface，公共网关接口。CGI 是外部应用程序（CGI 程序）与 Web 服务器之间的接口标准，是在 CGI 程序和 Web 服务器之间传递信息的规程。CGI 规范允许 Web 服务器执行外部程序，并将它们的输出发送给 Web 浏览器，它将 Web 的一组简单的静态超媒体文档变成一个完整的新的交互式媒体。

从网站开发的历史看，PHP，Python 和 Ruby 几乎同时出现，并且都很优秀，但 PHP 却获得了比 Python 和 Ruby 多得多的关注。近年来，PHP 在 TIOBE 排行榜上的位置都很靠前，如图 1-1 所示。

Dec 2016	Dec 2015	Change	Programming Language	Ratings	Change
1	1		Java	17.856%	-3.12%
2	2		C	8.726%	-7.73%
3	3		C++	5.335%	-0.61%
4	4		Python	4.239%	-0.19%
5		^	Visual Basic .NET	3.302%	+0.91%
6	5	v	C#	3.171%	-0.94%
7	6	v	PHP	2.919%	+0.13%
8	8		JavaScript	2.862%	+0.50%
9	11	^	Assembly language	2.539%	+0.61%
10	9	v	Perl	2.338%	+0.13%
11	15	^	Objective-C	2.325%	+0.97%
12	10	v	Ruby	2.147%	+0.09%
13	14	^	Swift	2.134%	+0.73%

图 1-1　在 TIOBE 网站上发布的最新（2016 年 12 月）编程语言排名

知识库

> TIOBE 编程语言排行榜是根据互联网上有经验的程序员、网络课程和第三方厂商的数量，并结合搜索引擎（如 Google、Bing、Yahoo!）以及 Wikipedia、Amazon、YouTube 统计出的排名数据。它反映了某个编程语言的热门程度。

1.1.2　PHP 的特点

PHP 的特点主要包括以下几项：

> **开放源代码**：可以得到几乎所有的 PHP 源代码。

> **免费性**：和其他技术相比，PHP 本身是免费的。

> **快捷性**：程序开发快，能更有效地使用内存，可消耗相当少的系统资源，代码执行速度快。

> **嵌入于 HTML**：由于嵌入 HTML，PHP 相对其他语言更简单，实用性更强，更适合初学者。

> **跨平台性强**：PHP 可以运行在 UNIX、Linux、Windows、Mac OS 等几乎所有流行的操作系统下，并且支持 Apache，IIS 等多种 Web 服务器。

> **支持多种数据库**：PHP 支持多种主流与非主流的数据库，如 MySQL，Informix，Oracle，Sybase，Solid，Microsoft SQL Server 等。

> **安全性好**：PHP 是开源的，PHP 源代码可以被每个人看到，代码在许多开发人员的手中进行了检测，同时它与 Apache 编译在一起的方式也可以让它具有灵活的安全设定。

> **可选择性**：PHP 可以采用面向过程和面向对象两种开发模式，并向下兼容，开发人员可以从所开发网站的规模和日后维护等多角度考虑，选择要采取的模式。

> **很好的移植性和扩展性**：PHP 可以运行在任何服务器上（不管是 Windows 还是 Linux），属于自由软件，其源代码完全公开，任何程序员为 PHP 扩展附加功能都非常容易。

1.1.3　PHP 的应用领域

在互联网高速发展的今天，PHP 的应用领域非常广泛，主要包括以下几方面：

> 中小型网站的开发。

> Web 办公管理系统的开发。

> 硬件管控软件的 GUI（Graphical User Interface，图形用户接口）开发。

> 电子商务应用开发。

> Web 应用系统开发。

> 多媒体系统开发。

> 企业级应用开发。

1.2 Windows 下 PHP 运行环境的搭建

在开发 Web 应用程序之前，必须首先搭建运行环境。PHP 站点通常部署在 Linux 服务器上，但由于使用习惯、界面友好性、操作便捷性以及软件丰富性等多方面原因，很多新手更愿意在 Windows 环境下开发 PHP 站点。

从大的方面来讲，PHP 运行环境的搭建包括两种情况，一种是独立手动安装各个软件，又叫常规运行环境搭建；还有一种是一键安装集成软件，如 Wamp Server，XAMPP 等，这种方式可以快速搭建 PHP 运行环境，但其缺点是不够灵活，软件的自由组合不够方便。下面分别介绍这两种安装方式。

1.2.1 安装常规运行环境

Windows 操作系统是目前世界上使用最广泛的操作系统，本节主要介绍在 Windows 7 下如何安装和配置 PHP 的开发与运行环境。大致分 3 步：安装 Apache，安装 PHP 扩展，安装 MySQL 数据库。此处只介绍前两步的操作，MySQL 数据库将在第 11 章用到时进行安装。

在开始安装之前，首先下载所需要的软件，此处以 64 位操作系统为例（32 位的同理，下载相关软件必须是对应的 32 位版本）。

- ➢ Apache：httpd-2.4.23-win64-VC14。
- ➢ PHP：php-7.0.10-Win32-VC14-x64。
- ➢ MySQL：mysql-5.7.15-winx64。

1. 安装 Apache

Apache HTTP Server（简称 Apache）是 Apache 软件基金会的一个开放源码的网页服务器，可以在大多数计算机操作系统中运行，且安全性较好，是目前最流行的 Web 服务器端软件之一。

步骤 1▶ 解压下载的安装包 "httpd-2.4.23-win64-VC14"，将其中的 "Apache24" 文件夹放在自己的安装目录下，此处为 "D:\phpEnv"，如图 1-2 所示。

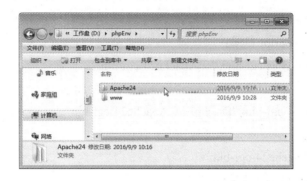

图 1-2 拷贝 "Apache24" 文件夹

步骤 2▶ 右键单击 "D:\phpEnv\Apache24\conf\" 文件夹下的 "http.conf" 配置文件，在弹出的快捷菜单中选择 "用记事本打开该文件"，以对其进行以下修改：

（1）修改 Apache 的根路径 ServerRoot：

（37 行）将 ServerRoot "c:\Apache24" 改成 ServerRoot "D:\phpEnv\Apache24"

（2）修改主机名称 ServerName：

（220 行）将 ServerName www.example.com:80 前面的#去掉，该属性在从命令行启动 Apache 时需要用到。

（3）修改 Apache 访问的主文件夹目录 DocumentRoot，即 php，html 代码文件的位置。Apache 默认的路径为 D:\phpEnv\Apache24\htdocs，里面有个简单的入口文件 index.html。此处将其配置在新建文件夹 www 下（D:\phpEnv\www）。

（244 行）DocumentRoot "c:\Apache24\htdocs"
　　　　　　　 <Directory"c:\Apache24\htdocs">

改为

　　　　　　　 DocumentRoot "D:\phpEnv\www"
　　　　　　　 <Directory "D:\phpEnv\www">

（4）修改入口文件配置选项 DirectoryIndex。一般情况下，系统都以 index.php，index.html 和 index.htm 作为 web 项目的入口。Apache 默认的入口只有 index.html，需要添加其他两个。当然，这个入口文件的设置可以根据自己的需要增减，如果要求比较严格的话，可以只写一个 index.php，这样在项目里面的入口就只能是 index.php。

（277 行）<IfModule dir_module>
　　　　　　　　 DirectoryIndex index.html
　　　　　　　 </IfModule>

改为

　　　　　　　 <IfModule dir_module>
　　　　　　　 DirectoryIndex index.php index.htm index.html

　　　　　　　　　</IfModule>

（5）设定 ServerScript 目录：

（362 行）ScriptAlias\cgi-bin\ "c:\Apache24\cgi-bin/"

改为

　　　　ScriptAlias \cgi-bin\ "D:\phpEnv\Apache24\cgi-bin"

（6）（378 行）：

<Directory "c:/Apache24/cgi-bin">

　　　　AllowOverride None

　　　　Options None

　　　　Require all granted

　　　　</Directory>

改为

　　　　　　　　<Directory "D:/phpEnv/Apache24/cgi-bin">

　　　　AllowOverride None

　　　　Options None

　　　　Require all granted

　　　　</Directory>

提　示

软件版本不同，上述行数可能不同。

　　步骤3▶　接下来就可以启动 Apache 了，单击 "开始" 按钮，选择 "运行" 命令，输入 cmd，打开命令提示符。进入 D:\phpEnv\Apache24\bin 目录，输入 httpd 后回车，启动 Apache，如图 1-3 所示。

图 1-3　启动 Apache

　　步骤4▶　没有报错的话就可以测试了（保持该命令窗口为打开状态）。把 Apache24\htdocs 目录下的 index.html 放到 D:\phpEnv\www 目录下，用浏览器访问会出现 "It works"，如图

1-4 所示。这就说明 Apache 已经正确安装并启动了。

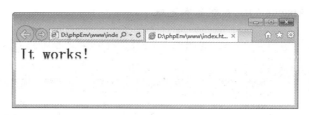

图 1-4   测试 Apache 是否正确安装

　　如果在安装时提示缺少 vcruntime140.dll，则可以去微软官网下载 Visual C++Redistributable 2015 并安装，这是因为在 Windows 下运行最新版的 Apache 和 php7 都需要该程序，而之前的版本不需要那么高的，该组件是运行 Visual Studio 2015 所建立的 C++应用的必要组件，安装一次即可解决环境问题。

　　步骤 5▶　将 Apache 加入到 Windows 服务启动项里。首先关闭 httpd 服务（将命令窗口关闭即可），重新打开一个新的命令窗口，并进入到 D:\phpEnv\Apache24\bin 目录下，输入 httpd.exe -k install -n "Apache24"命令并按回车键，如图 1-5 所示，成功后会有提示。

图 1-5   将 Apache 加入到 Windows 服务启动项

知识库

　　添加 HTTP 服务的命令是：httpd.exe –k install -n "servicename"，servicename 是服务的名称。

　　步骤 6▶　将 Apache 设置成开机启动。单击"开始"按钮，选择"运行"命令，输入"services.msc"，打开"服务"窗口，此时可以在 Windows 服务启动项中看到"Apache24"

这个服务, 如图 1-6 所示。右键单击 "Apache24" 服务, 在弹出的快捷菜单中选择 "启动",
启动该服务。如此 Apache 的配置就基本完成了。

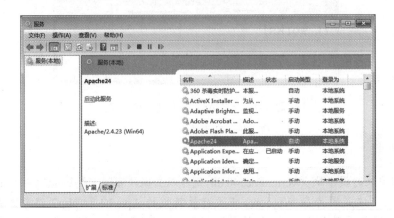

图 1-6　"服务"窗口

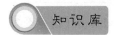

如果不想设置成开机启动, 也可以将启动类型修改为 "手动"。启动后如果要卸载
该服务, 先要停止它, 然后在步骤 5 的命令窗口中输入 httpd.exe -k uninstall -n "Apache24"
卸载服务。
　　另外, 也可以通过运行 D:\phpEnv\Apache24\bin 下面的 ApacheMonitor.exe 程序来启
动 Apache。由于篇幅原因, 此处不再多说。

2. 安装和部署 PHP

PHP 7 是 PHP 编程语言的一个全新版本, 在性能方面获得了极大提升。PHP 7 可以达
到 PHP 5.x 版本两倍的性能, 同时还对 PHP 语法做了梳理, 提供了很多其他语言流行的语
法格式。另外, 其兼容性也非常好, 对于绝大多数应用来讲, 可以不做修改即迁移到 PHP
7 版本。php-7.0.10 是 2016 年 08 月 18 日推出的最新版本, 本书便以它为例进行讲解。

步骤 1▶　解压下载的安装包 "php-7.0.10-Win32-VC14-x64", 将解压好的文件夹重命
名为 "php7", 并拷贝到自己的安装目录下, 此处为 "D:\phpEnv", 如图 1-7 所示。

步骤 2▶　打开重命名后得到的文件夹 "php7", 将其中的 "php.ini-development" 文
件复制一份并重命名为 "php.ini", 它是 php 的配置文件。

步骤 3▶　用记事本打开 "D:\phpEnv\Apache24\conf" 目录下的 "httpd.conf" 文件,
在最后加上以下代码以支持 PHP, 其中 "D:\phpEnv\php7" 为 PHP 根目录, 如图 1-8 所示。

```
# php7 support
LoadModule php7_module D:/phpEnv/php7/php7apache2_4.dll
```

```
AddHandler application/x-httpd-php .php
# configure the path to php.ini
PHPIniDir "D:/phpEnv/php7"
```

图 1-7 重命名并拷贝文件夹

图 1-8 添加代码

步骤 4▶ 重启 Apache 服务器，如图 1-9 所示。

图 1-9 重启 Apache 服务器

步骤 5▶ 删除 www 目录下的其他文件，新建一个文本文档，内容为<?php phpinfo(); ?>，保存为 "index.php"，如图 1-10 所示。

图 1-10 新建文件

步骤 6▶ 测试 PHP。打开浏览器，在地址栏中输入 "localhost"，出现 PHP 的信息就说明 PHP 已经成功安装，如图 1-11 所示。

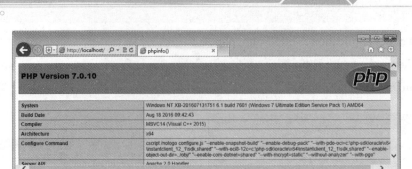

图 1-11　测试 PHP

1.2.2　集成软件简介

集成软件，又叫组合包，就是将 Apache，PHP，MySQL 等服务器软件和工具安装配置完成后打包处理。开发人员只要将已配置的套件解压到本地硬盘中即可使用，无须再另行配置。由于集成软件实现了 PHP 开发环境的快速搭建，因此，对于学习 PHP 的新手来说，建议采用该方法搭建运行环境。虽然集成运行环境灵活性差，但其安装简单、速度较快、运行稳定。

主流的 PHP 集成软件有十几种，比如：Wamp Server，XAMPP，PHPStudy，AppServ 等，这些软件各有各的优点和缺点，下面简单说说这 4 种软件的主要功能和特性，希望能对大家的参考和选择有所助益。

1．Wamp Server

Wamp Server 是基于 Windows，Apache，MySQL 和 PHP 的集成安装环境，其安装和使用都非常简单。在 Wamp 官方网站下载最新版本的安装程序并解压后，直接双击安装程序，一路选择默认配置，连续单击"Next"按钮即可成功安装。软件安装成功并启动后，WampServer 图标会自动显示在桌面右下角的任务托盘中。

如果服务启动异常，图标就是红色的；如果部分异常，它就变成黄色；如果是一切正常，它将以绿色显示。

右击 WampServer 图标，从快捷菜单中单击"Language"右侧按钮，在其下拉菜单中选择"chinese"，可以更改界面显示语言为中文。

单击 WampServer 图标，将弹出操作界面，如图 1-12 所示。

界面中主要菜单项的功能如下。

图 1-12　WampServer 操作界面

➢　Localhost：单击后打开浏览器，显示 Web 根文

档目录下的信息。

- ➢ phpMyAdmin：显示利用 PHP 语言开发的数据库管理界面。
- ➢ www 目录：显示及修改默认的 Web 根文档目录。
- ➢ Apache：显示 Apache 服务器的相关配置选项。
- ➢ PHP：显示 PHP 的相关配置选项。
- ➢ MySQL：显示 MySQL 服务器的相关配置选项。

2．XAMPP

XAMPP（Apache+MySQL+PHP+Perl）是一款功能强大的本地测试平台。它可以在 Windows，Linux，Solaris，Mac OS 等多种操作系统下安装使用，支持英文、简体中文、繁体中文、韩文、俄文、日文等多种语言。

3．PHPStudy

PHPStudy 集成最新的 Apache+PHP+MySQL+phpMyAdmin+ZendOptimizer，一次性安装，无须配置即可使用，是非常方便、好用的 PHP 调试环境。该程序不仅包括 PHP 调试环境，还包括开发工具和开发手册等。

另外，程序自带 FTP 服务器，支持多用户，无需再安装 FTP 服务器。自带网站挂马监视器，随时记录文件的修改情况，让挂马文件无处可逃。

4．AppServ

AppServ 是 PHP 网页架站工具的另一常用组合包，其所包含的软件有 Apache，Apache Monitor，PHP，MySQL 和 phpMyAdmin 等。AppServ 的安装使用也非常简单，下载软件包后双击安装程序执行安装，然后一路默认设置，连续单击"下一步"按钮即可。

本地机器如果没有安装过 Apache、PHP、MySQL 等系统，则使用该软件可以快速搭建完整的底层环境。

　　以上的集成软件包安装都比较简单，但在安装之前必须保证系统中没有安装 Apache、PHP 和 MySQL。否则需要将这些软件卸载或停止后，再安装集成软件包。

1.2.3　PHP 常用开发工具

由于 PHP 是一种开放性的语言，对于其开发环境没有强而权威的支持。随着 PHP 的不断发展，大量优秀的开发工具纷纷涌现出来。使用一个适合自己的开发工具，不仅可以加快学习进度，还能在以后的开发过程中及时发现问题，少走弯路。目前流行的 PHP 开发工具有 Dreamweaver，Notepad++，Zend Studio 和 Sublime Text 等。

Dreamweaver 是 Adobe 公司开发的 Web 站点和应用程序的专业开发工具。它将可视化布局工具、应用程序开发功能和代码编辑组合在一起。其功能强大，各个层次的设计人员和开发人员都能够使用它美化网站和创建应用程序。

从 MX 开始，Dreamweaver 就开始支持 PHP+MySQL 的可视化开发，对于初学者是比较好的选择，因为如果是一般性开发，几乎可以不写一行代码就能写出一个程序，而且都是所见即所得的。其所具有的特征包括：语法加亮、函数补全、形参提示等。

下面以 Adobe Dreamweaver CC 2015 为例，简单介绍在 Dreamweaver 中创建站点的基本操作。

步骤 1▶ 首先在本地磁盘创建一个新文件夹作为本地站点根文件夹，以便存放相关文档。此处为前面创建的 "www" 文件夹。

步骤 2▶ 启动 Dreamweaver CC 后，选择 "站点" ＞ "新建站点" 菜单，打开 "站点设置对象……" 对话框，如图 1-13（a）所示。

步骤 3▶ 默认显示 "站点" 选项，在 "站点名称" 文本框中输入站点名称，此处为 "www"，单击 "本地站点文件夹" 编辑框右侧的 "浏览文件夹" 按钮█，在打开的 "选择根文件夹" 对话框中选择前面创建的文件夹 "www"，然后单击 "选择文件夹" 按钮，设置网站根文件夹，如图 1-13（b）所示。

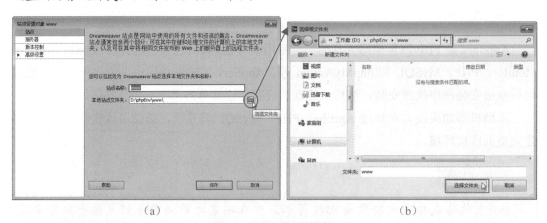

（a）　　　　　　　　　　　　　　　　（b）

图 1-13　设置站点信息

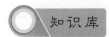
知识库

　　"本地站点文件夹" 设置项用于设置网站文件的存储路径，可以直接在文本框中输入路径；也可以单击右侧的按钮，在弹出的 "选择根文件夹" 对话框中选择存储路径。

步骤 4▶ 在左侧列表中单击"服务器"选项，对话框右侧将显示服务器相关信息。单击"添加新服务器"按钮，如图 1-14（a）所示。

步骤 5▶ 打开服务器设置界面，输入"服务器名称"为"www"，设置连接方法为"本地/网络"，服务器文件夹为"D:\phpEnv\www"，"Web URL"为"http://localhost/"，如图 1-14（b）所示。

（a） （b）

图 1-14 设置服务器基本信息

步骤 6▶ 打开"高级"选项卡，切换到"高级"界面，设置"服务器模型"为"PHP MySQL"，单击"保存"按钮保存设置，如图 1-15 所示。

步骤 7▶ 回到"站点设置对象"对话框，可以看到已添加的服务器。单击选中"测试"列单选按钮，之后单击"保存"按钮成功创建站点，如图 1-16 所示。

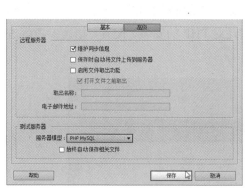

图 1-15 设置服务器高级信息 图 1-16 成功添加服务器

步骤 8▶ 在完成站点的创建后，在 Dreamweaver 的"文件"面板中可看到站点及其中的文件，双击其中的网页文档可将其打开，如图 1-17 所示。

提 示

建议 PHP 初学者使用 Dreamweaver。学习一段时间后可以再选择其他开发工具。每种工具都有自己的特点，用户可根据需要选择。

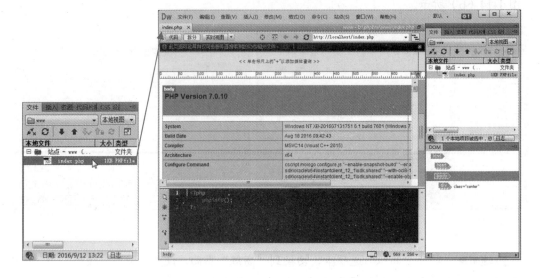

图 1-17　打开文档

1.2.4　PHP 参考手册

PHP 参考手册对于学习 PHP 的人来说非常重要，它不仅对 PHP 中的函数进行了详细讲解和说明，还给出了一些简单的示例。另外，它还对 PHP 的安装、配置、语言参考等进行了介绍，如图 1-18 所示。

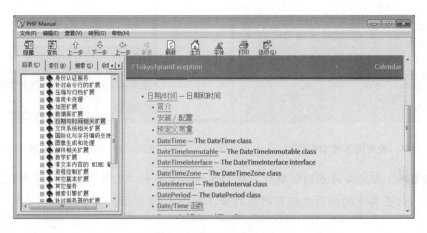

图 1-18　PHP 参考手册

有很多提供 PHP 参考手册下载的网站，读者可自行下载并安装使用。另外，还有一些 PHP 技术论坛和社区，也可以成为读者学习 PHP 的好帮手，如"http://www.php100.com/"和"http://www.php.cn/"等。

 本章实训——开发第一个 PHP 实例

下面以 Dreamweaver 为开发工具，开发第一个 PHP 实例。制作本实例的目的是熟悉 PHP 的书写规则和的基本使用。本例的效果很简单，输出一条欢迎信息即可（实例位置：素材与实例\exercise\ph01\01）。具体操作如下：

步骤1▶ 启动 Dreamweaver，按【Ctrl+N】组合键，打开"新建文档"对话框。在左侧列表中选择"新建文档"，在中间的"文档类型"列表中选择"PHP"，之后单击"创建"按钮创建文档，如图 1-19 所示。

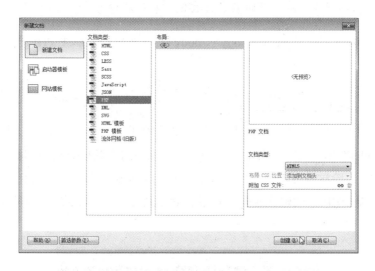

图 1-19 "新建文档"对话框

步骤2▶ 弹出"另存为"对话框，将 PHP 网页保存到 PHP 指定的目录以便解析。此处服务器指定的目录为"D:\phpEnv\www\"。将本页保存到路径"D:\phpEnv\www\exercise\ph01"下，命名为"index.php"，单击"保存"按钮即可保存文档。

步骤3▶ 此时在 Dreamweaver 左侧文档编辑窗口中自动打开文档，可以在下方的"代码"视图中编辑 PHP 代码，并同时在上方的"设计"视图中看到效果。此处使用"代码"视图给该页面设置一个标题"The first PHP page!"，如图 1-20 所示。

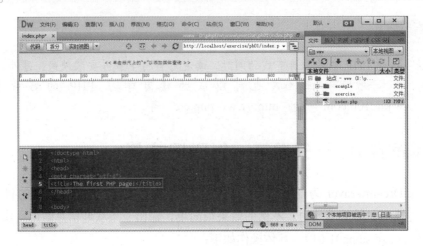

图 1-20　设置网页标题

提　示

此处设置的标题在预览网页时将出现在网页标题栏中。

步骤 4▶　编写 PHP 代码。在<body></body>标签对中输入以下 PHP 代码段，如图 1-21 所示。

```php
<?php
    echo"欢迎进入 PHP 的世界!!! ";
?>
```

➢ "<?php"和"?>"是 PHP 的标记对。该标记对中的所有代码都被当做 PHP 代码来处理。除这种方法外，PHP 还有多种表示方法，第 2 章中将会详细介绍。

➢ echo 是 PHP 中的输出语句，可以将紧跟其后的字符串或变量值显示在页面中。每行代码都以分号";"结尾。

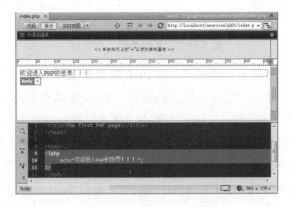

图 1-21　编写 PHP 代码

18

步骤 5▶　查看网页的执行结果。按【Ctrl+S】组合键保存文档，在文档编辑窗口中任意空白处单击鼠标，然后按【F12】键，在浏览器中打开该页面，如图 1-22 所示。

图 1-22　预览网页

本章总结

本章主要介绍了 PHP 基础知识和在 Windows 下搭建 PHP 运行环境的方法。在学完本章内容后，读者应重点掌握以下知识。

- ➢ PHP（Hypertext Preprocessor）是一种通用开源脚本语言，利于学习，使用广泛，主要适用于 Web 开发领域。其独特的语法混合了 C 语言、Java 语言和 Perl 语言的特点。
- ➢ PHP 的特点主要包括开放源代码、免费、运行速度快、嵌入于 HTML、跨平台性强、支持多种数据库、安全性好、功能全面和面向对象等。
- ➢ PHP 可应用于中小型网站的开发、Web 办公管理系统开发、硬件管控软件的 GUI 开发、电子商务应用开发、Web 应用系统开发、多媒体系统开发和企业级应用开发等。
- ➢ 在 Windows 7 下安装和配置 PHP 的开发与运行环境大致分 3 步：安装 Apache，安装 PHP 扩展和安装 MySQL 数据库。
- ➢ 集成软件，又叫组合包，就是将 Apache，PHP，MySQL 等服务器软件和工具安装配置完成后打包处理。开发人员只要将已配置的套件解压到本地硬盘中即可使用，无须再另行配置。集成软件实现了 PHP 开发环境的快速搭建。

知识考核

一、填空题

1. PHP（Hypertext Preprocessor）是一种＿＿＿＿＿＿＿语言，利于学习，使用广泛，主要适用于 Web 开发领域。

2. _____，又叫组合包，就是将 Apache，PHP，MySQL 等服务器软件和工具安装配置完成后打包处理。开发人员只要将已配置的套件解压到本地硬盘中即可使用，无须再另行配置。

3. 目前流行的 PHP 开发工具有_____，_____，_____和_____。

二、简答题

1. 简述 PHP 的特点。
2. 简述手工安装、配置 PHP 运行环境的大致步骤。

第 2 章　PHP 的基本语法

通过第 1 章的学习，相信读者已经对 PHP 的概念和开发环境的搭建有了一个基本的了解。在语法方面，PHP 大量借用了 C，C++和 Perl 语言的语法，同时加入了一些其他语言的特征，使编写 Web 程序更快、更有效。本章主要学习 PHP 的基本语法，主要内容包括 PHP 语言基础、数据类型、变量、常量和运算符等。

 学习目标

- ✎ 掌握 PHP 文件格式、语言标记，以及语法和注释的相关知识
- ✎ 掌握 PHP 的几种数据类型
- ✎ 了解 PHP 数据类型转换的相关知识
- ✎ 掌握 PHP 变量和常量的相关知识
- ✎ 理解和掌握 PHP 运算符的相关知识和应用
- ✎ 理解和掌握 PHP 流程控制语句的应用

2.1　PHP 语言基础

PHP 是一种创建动态交互性站点的、强有力的服务器端脚本语言。PHP 代码嵌入在 HTML 代码中，通过一定的标记来区分 HTML 代码、客户端和服务器端代码。

2.1.1　PHP 文件格式

PHP 文件格式非常简单，可以通过任何文本编辑工具，如记事本、Dreamweaver 等工具来编写 PHP 代码，最后将其保存成后缀为“.php”的文件即可。

PHP 文件无须编译即可运行，只要配置好运行环境，然后将 PHP 文件放在相应的发布目录中，就可以通过浏览器浏览文件了。

一个完整的 PHP 文件由以下元素构成：

➤　HTML 标记；

> ➤ PHP 标记;
> ➤ PHP 代码;
> ➤ 注释;
> ➤ 空格。

提 示

在 PHP 程序代码中,可以将一条语句拆分为多行,也可以紧缩成一行,空格(包括 Tab 制表符、换行符)在解释执行过程中会被 PHP 引擎忽略。但空格的合理运用(通过排列分配、缩进等)可以增强程序代码的清晰性与可读性。

【例 2-1】 下面是一个简单的 PHP 程序代码(实例位置:素材与实例\example\ph02\01)。

```
<html>
<head>
<title>The First Page!</title>
</head>
<body>
<?php
        //输出 "Hello World!"
        echo "Hello World!";
?>
</body>
</html>
```

以上代码中,"<html>"和"<head>"等表示 HTML 代码,"<?php……?>"表示 PHP 标记,"echo "Hello World!";"表示 PHP 代码,//输出"Hello World!"表示代码注释。

以上代码的执行结果如图 2-1 所示。

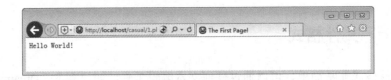

图 2-1 代码执行结果

2.1.2 PHP 语言标记

由于 PHP 嵌入在 HTML 中,因此需要标记对来区分。通常情况下,可以用以下方式来标记 PHP 代码。

> <?php……?>;
> <?……?>;
> <script language=php>……</script>;
> <%……%>。

当使用<?……?>将 PHP 代码嵌入到 HTML 文件中时，可能会与 XML 发生冲突。为适应 XML 和其他编辑器，可在起始的问号后面加上"php"使 PHP 代码适应于 XML 分析器，如<?php……?>；也可以像其他脚本语言那样使用"<script language=php>……</script>"脚本标记；还可以使用"<%……%>"脚本标记，但由于这一脚本标记也为 ASP 语言所采用，所以尽量少使用该脚本标记。本书推荐使用<?php……?>脚本标记。

2.1.3　PHP 语法和注释

PHP 语法主要借鉴 C\C++，也部分参考了 Java 和 Perl 语言的语法。在 PHP 中，一般每句完整代码的后面都要加分号";"。但对于控制语句，一般不用加分号";"，如以下代码：

```
if (a>b)
    echo "a 比 b 大";
```

其中的"if (a>b)"语句后面不需要加分号。如果控制语句下面有多行代码，则必须使用大括号"{……}"括起来，如下所示：

```
if (a>b)
{
    echo "a 比 b 大";
    echo "a 大于 b";
}
```

任何一种编程语言，都少不了对代码的注释。因为一个好的应用程序源代码都有非常详细的注释。良好的注释对代码后期的维护和升级能够起到非常重要的作用。

为 PHP 程序添加注释的方法非常灵活。可以使用 C 语言、C++语言或者是 UNIX 的 Shell 语言的注释方式，还可以混合使用。可以使用"//"或者"#"对单行代码进行注释，同时还可以通过"/*…*/"对大段代码进行注释。但是不能嵌套使用"/*…*/"注释符号，否则会出现编译错误。

2.2 PHP 的数据类型

PHP 是一种类型比较弱的语言，就是说变量可以包含任意给定的数据类型，该类型取决于使用变量的上下文环境。在 PHP 中，可以直接为变量赋值，而不需要对其数据类型进行声明，如下所示：

```
$str="I like Monkey";        //表示$str 为字符串型
$number=50;                   //表示$number 为整型
```

事实上，PHP 中变量数据类型的定义是通过为变量赋值（初始化），由系统自动设定的。PHP 支持 8 种原始类型（type），其中有 4 种标量类型，2 种复合类型和 2 种特殊类型。

标量数据类型包括 boolean（布尔型）、string（字符串）、integer（整型）和 float（浮点型，也称作 double）；复合数据类型包括 array（数组）和 object（对象）；特殊数据类型包括 resource（资源）和 NULL（NULL）。下面分别介绍这些数据类型。

2.2.1 标量数据类型

标量数据类型即为绝大多数程序语言的基本数据类型，下面分别介绍。

1. 布尔型（boolean）

在所有 PHP 变量中，布尔型是最简单的变量。布尔变量保存一个 true 或 false 值。其中 true 或者 false 是 PHP 的内部关键字。只需要将 true 或者 false 赋值给某变量，即可将该变量设定为布尔型，如下所示：

```
$var_bool=true;
```

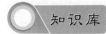
知识库

美元符号$是变量的标识符，所有变量都以$符号开头，无论是声明变量还是调用变量，都应使用$符号。

true 和 false 实际上代表数字 1 和 0，因此 true 在输出时显示为 1，false 在输出时显示为 0。当转换布尔型时，以下值被认为是 false：

➤ 布尔值 false；
➤ 整型值 0（零）；
➤ 浮点型值 0.0（零）；
➤ 空白字符串和字符串"0"；
➤ 没有成员变量的数组；

➢　空值 NULL。

其他所有值都被认为是 true。通常布尔型变量是应用在条件控制或循环控制语句的条件表达式中。

【例 2-2】　下面在 if 条件控制语句中判断变量$a 中的值是否为 true，如果为 true，则输出"变量$a 为真!"，否则输出"变量$a 为假!!"，实例代码如下：（实例位置：素材与实例\example\ph02\02）

```php
<?php
        $a = true;
        if($a == true)
                echo '变量$a 为真!';
        else
                echo '变量$a 为假!!';
?>
```

运行结果如图 2-2 所示。

图 2-2　判断变量是否为真

2. 字符串型（string）

字符串由一系列字符组成，其中每个字符等同于一个字节。字符串在每种编程语言中都有广泛的应用。在 PHP 中，定义字符串有以下三种方式。

1）单引号形式

定义一个字符串最简单的方法是用单引号把它括起来，如下所示：

$str='this is a simple string';

使用单引号表示字符串时，要表达一个单引号自身，需在它的前面加个反斜线 "\" 来进行转义。要表达一个反斜线自身，则用两个反斜线 "\\"。其他任何方式的反斜线都会被当成反斜线本身，也就是说如果想使用其他转义序列，例如\r 或者\n，并不代表任何特殊含义，就单纯是这两个字符本身。

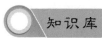　知识库

在用单引号定义字符串类型的变量名时，PHP 不会将其按照变量进行处理，而是将其看做字符串，见例 2-3 中的$b。

2）双引号形式

双引号字符串的赋值方式如下：

$str="这是双引号中的字符串";

如果字符串是用双引号（"）定义，则支持更多种类的转义字符。例如："\n"表示换行，"\r"表示回车，"\t"表示水平制表符，"\""表示显示双引号，"\\"表示反斜线，"\$"表示美元标记，显示一个$符号，否则会被当成变量。

和单引号字符串一样，转义任何其他字符都会导致反斜线被显示出来。使用单引号与双引号定义字符串的区别是：在使用单引号时，程序不会首先去判断该字符串中是否含有变量，而是将全部内容当成字符串来输出；在使用双引号时，程序首先会去判断字符串中是否含有变量，如果含有变量，则直接输出变量值。

【例 2-3】　下面的实例分别使用单引号和双引号输出同一个变量，其输出结果完全不同，使用双引号输出的是变量值，而使用单引号输出的是字符串"$b"。实例代码如下：（实例位置：素材与实例\example\ph02\03）

```php
<?php
    $b = '字符串';                    //声明一个字符串变量
    echo "$b";                       //用双引号输出
    echo "<p>";                      //输出段标记
    echo '$b';                       //用单引号输出
?>
```

运行结果如图 2-3 所示。

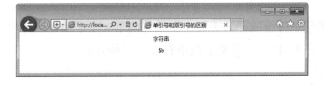

图 2-3　单引号和双引号的区别

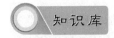

知识库

在定义简单的字符串时，使用单引号是一个更加合适的处理方式。如果使用双引号，PHP 将花费一些时间来处理字符串的转义和变量的解析。所以在定义字符串时，如果没有特殊要求应尽量使用单引号。

3）定界符形式

定界符采用两个相同的标识符来定义字符串，使用该方式定义字符串时要特别注意开始和结束符必须相同，另外必须要遵守以下规则：

➤ 开始标识符前面要有 3 个尖括号<<<;

➤ 结束标识符必须单独另起一行，并且在该行第一列，前面不能有任何空格或其他多余字符；

➤ 标识符的命名也要像其他标签一样遵守 PHP 规则，只能包含字母、数字和下划线，并且必须以字母和下划线开头。

【例 2-4】　以下代码使用定界符方式定义了字符串变量$heredoc_str，通过输出语句 echo $heredoc_str;可以输出该变量值。实例代码如下：（实例位置：素材与实例\example\ph02\04）

```php
<?php
    $heredoc_str = <<<EOD
    定界符实例<br>
    字符串<br>
    美元符号  $<br>
EOD;
    echo $heredoc_str;
?>
```

提　示

上面代码中的标识符"EOD"可以自己命名，只要符合定界符命名规则即可。

以上代码在浏览器中的输出结果如图 2-4 所示。

图 2-4　定界符字符串输出结果

定界符和双引号的使用效果相同，也就是说定界符可以直接输出变量值，同时也支持使用各种转义字符。唯一的区别就是使用定界符定义字符串中的双引号不需要使用转义字符就可以实现。

3．整型（integer）

整型数据类型只能包含整数，可以为正数，也可以为负数。其取值范围为-2 147 483 648～+2 147 483 647。在给整型变量赋值时，可以采用十进制、十六进制或八进制形式。十进制就是我们平时使用的数字；要使用八进制，数字前必须加上"0（零）"；要使用十六进制，

数字前必须加上 "0x"，但表达式中计算的结果均以十进制数字输出。

【例 2-5】　本例分别输出十进制、十六进制和八进制的结果，实例代码如下：（实例位置：素材与实例\example\ph02\05）

```php
<?php
    $str1 = 1234567890;                      //声明一个 10 进制整数
    $str2 = 0x1234567890;                     //声明一个 16 进制的整数
    $str3 = 01234567;                         //声明一个 8 进制的整数
    echo '数字 1234567890 不同进制的输出结果：<p>';
    echo '10 进制的结果是：'.$str1.'<br>';     //输出 10 进制整数
    echo '16 进制的结果是：'.$str2.'<br>';     //输出 16 进制整数
    echo '8 进制的结果是：'.$str3.'<br>';      //输出 8 进制整数
?>
```

运行结果如图 2-5 所示。

图 2-5　不同进制的输出结果

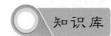

PHP 中不支持无符号整数，所以无法像其他语言一样把整数都表示成正数，即最大值翻一倍。最大值可以用常量 PHP_INT_MAX 来表示，如果一个数或者运算结果超出了整型范围，将会返回 float。

4．浮点型（float/double）

浮点型也称为浮点数（float），双精度数（double）或实数（real）。浮点型数据类型用于存储整数或小数，是一种近似的数值。它提供了比整数大得多的精度，可以精确到小数点后 15 位。浮点数的字长和平台相关，在 32 位操作系统中，浮点数可以表示为 1.7e-308～1.7e+308 之间的数据。

浮点数既可以表示为简单的浮点数常量，如 1.234；也可以表示为科学计数法的形式，尾数和指数之间用 e 或 E 隔开，如 1.2e3，35.6e-3。

【例 2-6】　本例输出用不同表示方法显示的浮点型数据，实例代码如下：（实例位置：素材与实例\example\ph02\06）

```php
<?php
    echo $a = 202.4;                    //以小数形式表示浮点数
    echo "<br>";
    ccho $b = 2.024e8,                  //以科学计数法形式表示浮点数
    echo "<br>";
    echo $c = 20.24e-8;                 //以科学计数法形式表示浮点数
    echo "<br>";
?>
```

运行结果如图 2-6 所示。

图 2-6　使用浮点型数据

提　示

  PHP 中浮点类型的精度有点问题，所以在应用浮点数时，尽量不要去比较两个浮点数是否相等，也不要将一个很大的数与一个很小的数相加减，此时那个很小的数可能会被忽略。如果必须进行高精度数学计算，可以使用 PHP 提供的专用数学函数序列和 gmp() 函数。

2.2.2　复合数据类型

  复合数据类型就是将多个简单数据类型组合在一起，存储在一个变量名中。PHP 提供了数组（array）和对象（object）两种复合数据类型，它们都可以包含一种或多种简单数据类型。

1. 数组（array）

  数组是一系列相关数据的集合，以某种特定方式进行排列，形成一个可操作的整体。数组中可以包含：标量数据、数组、对象、资源等。

  数组中的每个数据称为一个元素，元素包括索引（键名）和值两部分。在 PHP 中，元素索引只能由数字或字符串组成。元素值可以是基本数据类型，也可以是复合数据类型（如以一个数组作为元素）；可以是相同的数据类型，也可以是不同的数据类型。

PHP 中可以使用多种方法构建数组。

【例 2-7】 构建数组。(实例位置：素材与实例\example\ph02\07)

```php
<?php
$num[0]="red";
$num[1]="green";
$num[2]="blue";
$num["blue"]=6;
echo $num[1];                        // green
echo "<br>";
echo $num["blue"];                   // 6
echo "<br>";
//使用 array()构建数组
$arr = array("red"=>"ccy", 1=> true);
print_r($arr) ;                      //用 print_r()函数查看数组中的全部内容
echo "<br>";
echo $arr["red"];                    //通过下标访问单个元素，ccy
echo "<br>";
echo $arr[1];                        //1
?>
```

运行结果如图 2-7 所示。

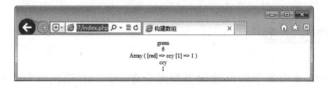

图 2-7　使用数组

2. 对象（object）

对象是一种更高级的数据类型，对象类型的变量由一组属性值和一组方法构成。对象可以表示具体的事物，也可以表示某种抽象的规则、事件等。在第 8 章中将会详细介绍对象的相关知识。

2.2.3　特殊数据类型

特殊数据类型包括资源（resource）和空值（NULL）两种。

1. 资源（resource）

资源是一种特殊变量类型，用于保存对外部数据源的引用，如文件、数据库连接等。

在 PHP 中，只有负责将资源绑定到变量的函数才能返回资源，无法将其他数据类型转换为资源类型。资源变量并不真正保存一个值，而只是保存一个指针。在使用资源时，系统会自动启用垃圾回收机制，释放不再使用的资源，避免内存消耗殆尽。所以资源很少需要手动释放。

【例 2-8】　资源使用示例。（实例位置：素材与实例\example\ph02\08）

```php
<?php
/*
使用 fopen()函数以写的方式打开目录下的 casual.txt 文件，返回文件资源
*/
$file = fopen("casual.txt","w");
var_dump($file);                                    //输出  resource(3) of type (stream)
?>
```

运行结果如图 2-8 所示。

图 2-8　使用资源

> var_dump()函数显示关于一个或多个表达式的结构信息，包括表达式的类型和值。

2. 空值（NULL）

空值，顾名思义，就是没有为变量设置任何值。空值 NULL 不区分大小写，null 和 NULL 效果是一样的。有 3 种情况通常被赋予空值：变量没有被赋任何值，被赋值为 null，变量赋值后使用 unset()函数进行清除。

> unset()函数的作用就是从内存中删除变量。

下面来看一个具体实例。

【例 2-9】 为字符串 string1 赋值 null，不对 string2 进行声明和赋值，为 string3 赋值，之后又用 unset()函数处理，这样 3 个变量的输出值均为 null。实例代码如下：（实例位置：素材与实例\example\ph02\09）

```php
<?php
echo "变量(\$string1)直接赋值为 null：";
$string1 = null;                                      //变量$string1 被赋空值
$string3 = "str";                                     //变量$string3 被赋值 str
if(is_null($string1))                                 //判断$string1 是否为空
    echo "string1 = null";
echo "<p>变量(\$string2)未被赋值：";
if(is_null($string2))                                 //判断$string2 是否为空
    echo "string2 = null";
echo "<p>被 unset()函数处理过的变量(\$string3)：";
unset($string3);                                      //释放$string3
if(is_null($string3))                                 //判断$string3 是否为空
    echo "string3 = null";
?>
```

运行结果如图 2-9 所示。

图 2-9　使用空值

2.3　数据类型转换

PHP 是弱类型语言，其中的变量不需要（或不支持）明确的类型定义，其变量类型一般由上下文决定，这给程序编写带来很大的灵活与方便，但当需要知道在程序中使用的是哪种类型的变量时，仍然需要用到类型转换，否则可能导致一些潜在的错误。

PHP 中的类型转换可以通过以下两种方式来实现：

➢ 　显式转换：也叫强制类型转换。在需要转换类型的变量前加上用"()"括起来的数据类型名称或使用 settype()函数来实现。

> 隐式转换：就是指自动类型转换。

2.3.1　显式转换（强制转换）

在变量或值前面加上要转换的类型可以对其进行强制转换，PHP 支持下列几种强制类型转换：

(array)	数组
(bool)或(boolean)	布尔值
(int)或(integer)	整数
(object)	对象
(real)或(double)或(float)	浮点数
(string)	字符串

将一个浮点数强制转换成整数时，将直接忽略小数部分。

```
$a = (int) 21.8;                    // $a = 21
```

将字符串转换成整数时，取字符串最前端的所有数字进行转换，若没有数字，则为 0。

```
$a = (int) "My name is Bill."    // $a = 0
$a = (int) "28 trees"            // $a = 28
```

另外，使用函数 settype()也可以改变原变量的类型，该函数可以将指定的变量转换成指定的数据类型。其用法如下：

```
bool settype(mixed $var,string $type)
```

参数 var 为指定的变量，参数 type 为指定的数据类型。参数 type 有 7 个可选值，即 array，bool，int，object，float，string 和 null。如果转换成功则 settype()函数返回 true，否则返回 false。

下面通过一个强制类型转换的例子，来看看这两种方法的区别。

【例 2-10】　实例代码如下：（实例位置：素材与实例\example\ph02\10）

```php
<?php
$num = '6.1234196r*r';                          //声明一个字符串变量
echo '使用(integer)操作符转换变量$num 类型：';
echo (integer)$num;                             //使用 intger 转换类型
echo '<p>';
echo '输出变量$num 的值：'.$num;                 //输出原始变量$num
echo '<p>';
echo '使用 settype()函数转换变量$num 类型：';
echo settype($num,'integer');                   //使用 settype 函数转换类型
```

```
echo '<p>';
echo '输出变量$num 的值：'.$num;                              //输出原始变量$num
?>
```

运行结果如图 2-10 所示。

图 2-10　强制类型转换

可以看出，使用 integer 操作符能直接输出转换后的变量类型，并且原变量不发生任何变化。而使用 settype()函数返回的是 1（也就是 true），原变量被改变了。实际应用中，可以根据实际情况自行选择转换方式。

2.3.2　隐式转换（自动转换）

隐式转换一般是指变量根据运行环境自动转换数据类型，这是由 PHP 语言引擎自动解析的一种方式。在 PHP 中，这种类型转换很常见，经常见到的有如下两种情况。

1．直接变量赋值操作

在 PHP 中，直接对变量赋值是隐式类型转换最简单的方式。在直接赋值操作过程中，变量的数据类型由赋予的值决定。

【例 2-11】　直接为变量赋值。实例代码如下：（实例位置：素材与实例\example\ph02\11）

```
<?php
$str1 = 'HelloWorld!';
$int1 = 666;
echo $str1 = $int1;
?>
```

运行结果如图 2-11 所示。

该操作本质上改变了$str1 变量的内容，原有变量内容被垃圾收集机制回收。

2．运算结果对变量的赋值操作

变量在表达式运算过程中发生类型转换，比如，当字符串和数值做加法运算时，字符

串转换成数值对应的类型。这并没有改变运算数本身的类型，改变的仅仅是这些运算数如何被求值。

若希望数值作为字符串和原有的字符串进行合并操作，可以使用拼接操作符"."。

【例 2-12】　合并操作。实例代码如下：（实例位置：素材与实例\example\ph02\12）

```php
<?php
$a = "She is";
$b = 9;
echo $a.$b;
?>
```

运行结果如图 2-12 所示。

图 2-11　直接赋值　　　　　　　　　　图 2-12　合并操作

2.4　PHP 变量

变量就是一个保存了一小块数据的"对象"，任何一种编程语言都需要变量。从变量的字面意思可以理解为该数据块中的值是可以改变的，即在不同时段内代表不同的实体。

在 PHP 中，变量采用美元符号（$）加变量名的方式来定义：

```php
$var_name = 9;
```

2.4.1　变量的命名

一般的编程语言都会遵循变量声明的某些规则。这些规则包括变量的最大长度、能否包含数字或者字母字符、变量名是否能包含特殊字符以及是否能以数字开头等。

在 PHP 中，对变量名的长度没有任何限制，变量名中可以包含数字和字母等字符，但是需要满足以下条件。

➢　变量名区分大小写；

➢　变量名必须以美元符号（$）开始；

➢　变量名必须以字母或下划线"_"开头，不能以数字字符开头；

➢　变量名只能包含字母和数字字符，以及下划线；

> 变量名不能包含空格。如果变量名由多个单词组成，则应使用下划线进行分隔，如$array_name；或者以大写字母开头，如$arrayName。

提 示

　　PHP 中有些标识符是系统定义的，又叫关键字。与其他编程语言不同的是，PHP 允许使用关键字作为变量名，但是这样容易混淆，最好不要用。在命名变量时，最好使变量名具有一定的意义，能够见名知义，这样不仅有利于阅读源代码，也有利于对变量名的引用。

2.4.2 变量的赋值

在 PHP 中使用变量前不需要声明变量，也无须指定数据类型，只需给变量赋值即可。变量赋值，是指给变量一个具体的数值。

对于字符串和数字类型的变量，可以通过赋值运算符"="来实现。语法格式为：

```php
<?php $name=value; ?>
```

例如：

```php
<?php
    $myname="Kevin";
    $yourname="Henry";
    ……
?>
```

除直接赋值外，还有两种方式可以为变量声明或赋值。

> 传值赋值：是变量间的赋值。通过"="符号将某一个变量的值赋给另一个变量，使用这种方式赋值后两个变量使用各自的内存，互不干扰。
> 引用赋值：从 PHP 4 开始，引入了"引用赋值"的概念，它是将赋值表达式内存空间的引用赋给另一个变量。需要在"="符号右边的变量前面加上一个"&"符号。在使用引用赋值时，两个变量将会指向内存中同一存储空间。因此任何一个变量的变化都会引起另外一个变量的变化。

下面通过一个实例，来看一下这两种赋值方式的差异。

【例 2-13】 传值赋值与引用赋值的区别。实例代码如下：（实例位置：素材与实例\example\ph02\13）

```php
<?php
echo "使用传值方式赋值：</br>";            //输出"使用传值方式赋值"
$string1 = "spcn";                      //声明变量$string1
```

```
    $string2 = $string1;                        //使用$string1 来初始化$string2
    echo "变量 string1 的值为："".$string1."<br/>";        //输出变量 string1 的值
    echo "变量 string2 的值为："".$string2."<br/>";        //输出变量 string2 的值
    $string1 - "zhuding",              //改变变量$string1 的值，变量 string2 的值不受影响
    echo "变量 string1 的值为："".$string1."<br/>";        //输出变量 string1 的值
    echo "变量 string2 的值为："".$string2."<br/>";        //输出变量 string2 的值
    echo "使用引用方式赋值: </br>";                  //输出"使用引用方式赋值"
    $string1 = "spcn";                          //声明变量$string1
    $string2 = &$string1;                       //使用$string1 来初始化$string2
    echo "变量 string1 的值为："".$string1."<br/>";        //输出变量 string1 的值
    echo "变量 string2 的值为："".$string2."<br/>";        //输出变量 string2 的值
    $string1 = "zhuding";          //改变变量 string1 在内存空间中存储的内容，变量
string2 也指向该空间，string2 的值也发生变化
    echo "变量 string1 的值为："".$string1."<br/>";        //输出变量 string1 的值
    echo "变量 string2 的值为："".$string2."<br/>";        //输出变量 string2 的值
    ?>
```

运行结果如图 2-13 所示。

图 2-13　变量的赋值

> 传值和引用的区别是，传值是将原变量内容复制下来，开辟一个新的内存空间来保存，而引用则是给变量的内容再起一个名字。

2.4.3　变量的作用域

在 PHP 中的任何位置都可以声明变量，但是，声明变量的位置决定了访问变量的范围，这个可以访问的范围又称为变量的作用域。如果变量超出了作用域，就失去了其意义。

按照变量作用域的不同，可以将 PHP 中的变量分为局部变量、全局变量和静态变量。

➢ 局部变量：在函数内部声明的变量，其作用域是所在函数（第 4 章将详细介绍函数的相关知识）。它保存在内存的栈中，速度很快。

➢ 全局变量：在所有函数外声明的变量，其作用域是整个 PHP 文件，但在用户自定义函数内部不可用。如果要在用户自定义函数内部使用某个全局变量，就要使用 global 关键字声明该全局变量。

➢ 静态变量：是一种特殊的局部变量，只存在于函数作用域内，也就是说，静态变量只存活在栈中。一般的函数内变量，在函数调用结束后其存储的数据值即被清除，所占的内存空间也被释放；但是静态变量却不会，它能够在函数调用结束后仍保留变量值，当再次回到其作用域时，又可以继续使用原来的值。把关键字 static 放在要定义的变量前，该变量就变为静态变量了。

【例 2-14】 比较局部变量和全局变量的区别。实例代码如下：（实例位置：素材与实例\example\ph02\14）

```php
<?php
$x=10;
function test(){
$x=50;
echo "在函数内输出的内容是：$x.</br>";
}
test();
echo "在函数外输出的内容是：$x.</br>";
?>
```

运行结果如图 2-14 所示。

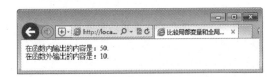

图 2-14　比较局部变量和全局变量

从运行结果可以看出，分别在函数内外定义的变量$x，在函数内部使用的是自己定义的局部变量$x；而在函数调用结束后，函数内部定义的局部变量$x 销毁，输出的是全局变量$x 的值。

如果要在函数内改变全局变量$x 的值，可以使用关键字 global。

【例 2-15】 使用 global 声明全局变量。实例代码如下：（实例位置：素材与实例\

example\ph02\15）

```php
<?php
$x=10;
function test(){
global $x;
$x=50;
}
test();
echo $x;
?>
```

运行结果如图2-15所示。

图 2-15　使用 global 声明全局变量

这是因为在函数 test()中已经将变量$x 定义成了全局变量，在程序运行到 test()时，将调用 test()函数，并执行对$x 的 50 赋值，这样，在输出时就输出了 50。

静态变量经常被用到。例如，在博客中使用静态变量记录浏览者数量，在聊天室中记录用户的聊天内容等。

【例 2-16】　下面使用静态变量和普通变量同时输出一个数据，来查看两者的区别。实例代码如下：（实例位置：素材与实例\example\ph02\16）

```php
<?php
function jtbl (){
    static $message = 0;
    $message+=1;
    echo $message." ";
}
function ptbl(){
    $message = 0;
    $message += 1;
    echo $message." ";
}
```

```
for($i=0;$i<10;$i++)
    jtbl();
echo "<p>";
for($i=0;$i<10;$i++)
    ptbl();
echo "<br>";
?>
```

运行结果如图 2-16 所示。

图 2-16　静态变量与普通变量的区别

自定义函数 jtbl()是输出从 1~10 共 10 个数字，而 ptbl()函数则输出 10 个 1。这是由于函数 jtbl()含有静态变量$message，而函数 ptbl()中的$message 是一个普通变量，两个变量初始化都为 0。当分别使用 for 循环调用两个函数时，函数 jtbl()在被调用后保留了静态变量$message 中的值，而静态变量的初始化只是在函数第一次调用时被执行，以后就不再执行初始化操作了，也就是说将会略过上述代码第 3 行不执行；而函数 ptbl()在被调用后，其变量$message 失去了原来的值，重新被初始化为 0。

2.4.4　可变变量

可变变量是指使用一个变量的值作为这个变量的名称，它是一种特殊的变量。实现过程是在变量名前面再多加一个美元符号"$"。有时候可变变量名会给编程带来很大的方便。

【例 2-17】　下面使用可变变量动态改变变量名称。实例代码如下：（实例位置：素材与实例\example\ph02\17）

```
<?php
    $change_name="casual";              //声明变量$change_name
    $casual="I like to sing!";          //声明变$casual
    echo $change_name;                  //输出变量$change_name
    echo "<p>";
    echo $$change_name;                 //通过可变变量输出$casual 的值
?>
```

运行结果如图 2-17 所示。

40

图 2-17 可变变量

在 PHP 的函数和类的方法中，超全局变量不能用作可变变量。$this 变量是个特殊变量，不能被动态引用。

2.4.5 PHP 预定义变量

PHP 提供了大量的预定义变量。通过这些预定义变量可以获取用户会话、客户机操作系统的环境和服务器操作系统的环境信息。常用预定义变量如表 2-1 所示。

表 2-1 常用预定义变量

变量名	说 明
$GLOBALS	引用全局作用域中可用的全部变量，组成数组。变量名就是该数组的索引，它可以称得上是所有超级变量的超级集合
$_GET	包含通过 GET 方法传递的参数的相关信息。主要用于获取通过 GET 方法提交的数据
$_POST	包含通过 POST 方法传递的参数的相关信息。主要用于获取通过 POST 方法提交的数据
$_COOKIE	通过 HTTP Cookies 传递到脚本的信息
$_SESSION	主要用于会话控制和页面间值的传递，包含与所有会话变量有关的信息
$_SERVER['SERVER_ADDR']	当前运行脚本所在服务器中的 IP 地址
$_SERVER['SERVER_NAME']	当前运行脚本所在服务器的主机名称，如果该脚本运行在一个虚拟主机上，则该名称由虚拟主机所设置的值决定
$_SERVER['SERVER_PORT']	服务器所使用的端口，默认值为 80
$_SERVER['SERVER_SIGNATURE']	包含服务器版本和虚拟主机名的字符串

（续表）

变量名	说　明
$_SERVER['REMOTE_ADDR']	正在浏览当前页面用户的 IP 地址
$_SERVER['REMOTE_HOST']	正在浏览当前页面用户的主机名
$_SERVER['REMOTE_PORT']	用户连接到服务器所使用的端口
$_SERVER['REQUEST_METHOD']	访问页面时的请求方法，如 GET，POST，PUT 和 HEAD 等
$_SERVER['DOCUMENT_ROOT']	当前运行脚本所在的文档根目录
$_SERVER['SCRIPT_FILENAME']	当前执行脚本的绝对路径名

2.5　PHP 常量

常量可以理解为值不变的量。常量在使用前必须先定义，并且只能是标量值（布尔、整数、浮点数、字符串型）。常量值被定义后，在整个脚本执行期间不改变。一般常量名由英文字母和下划线开头，后面可以跟任何字母、数字或下划线，数字不能作为首字母出现。

提　示

默认情况下，常量大小写敏感，一般推荐大写，注意不要加 "$"。

2.5.1　常量的声明和使用

在 PHP 中使用 define()函数来定义常量，该函数语法为：

bool define (string $constant_name,mixed $value [,bool $case_insensitive=false])

该函数有 3 个参数，constant_name 为必选参数，代表常量名称；value 也为必选参数，代表常量值或表达式；case_insensitive 为可选参数，指定是否大小写敏感。如果设置为 true，则该常量大小写不敏感。默认为 false，表示大小写敏感。

有两种方法可以获取常量值：一种是使用常量名直接获取值；另一种是使用 constant()函数，这两种方法输出的效果是一样的，但使用 constant()函数可以动态地输出不同的常量，要灵活方便得多。函数的语法格式为：

mixed constant (string $constant_name)

参数 constant_name 为要获取常量的名称，也可为存储常量的变量。如果成功则返回常量值，否则提示错误信息。

要判断一个常量是否被定义，可以使用 defined()函数。语法格式为：

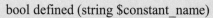

```
bool defined (string $constant_name)
```

参数 constant_name 为要获取常量的名称，成功则返回 true，否则返回 false。

【例 2-18】 为更好地理解如何定义常量，本例给出一个定义常量的实例。实例中共用到 define()函数、constant()函数和 defined()函数 3 个函数。使用 define()函数来定义一个常量，使用 constant()函数来动态获取常量值，使用 defined()函数判断常量是否被定义。实例代码如下：（实例位置：素材与实例\example\ph02\18）

```php
<?php
    define ("PI","3.1415926");          //定义常量，一般常量名采取大写
    echo PI ."<br>";                    //输出常量 PI
    echo pi."<br>";                     //常量定义时名字是大写，此处使用小写，程序
不把 pi 作为常量处理
    define ("COUNT","大小写不敏感的字符串",true);    //定义常量,并设置为不区分大
小写
    echo COUNT."<br>";                  //输出常量 COUNT
    echo Count."<br>";                  //输出常量 COUNT，由于设定了大小写不敏感
    $name="count";
    echo constant ($name)."<br>";       //输出常量 COUNT
    echo (defined ("PI"))."<br>";       //如果常量已定义，则返回 true，使用 echo 输出显
示 1
?>
```

以上代码运行结果如图 2-18 所示。

图 2-18　常量的应用

2.5.2　预定义常量

在 PHP 中，可以使用预定义常量获取信息。常用的预定义常量如表 2-2 所示。

表 2-2　预定义常量

常量名	功能说明
__FILE__	默认常量，文件的完整路径和文件名
__LINE__	默认常量，PHP 程序当前行数
__FUNCTION__	函数名称（这是 PHP 4.3.0 新加的）
PHP_VERSION	内建常量，PHP 程序的版本，如 4.3.0
PHP_OS	内建常量，执行 PHP 解析器的操作系统名称，如 Windows
TRUE	该常量是真值（true）
FALSE	该常量是伪值（false）
E_ERROR	该常量指到最近的错误处
E_WARNING	该常量指到最近的警告处
E_PARSE	该常量指到解析语法有潜在问题处
E_NOTICE	该常量为发生不寻常但不一定是错误处的提示，例如存取一个不存在的变量

 提　示

　　"__FILE__""__LINE__"和"__FUNCTION__"中的"__"是两条下划线，而不是一条"_"。

【例 2-19】　本例使用预定义常量输出 PHP 中的信息，来学习预定义常量的应用。实例代码如下：（实例位置：素材与实例\example\ph02\19）

```php
<?php
echo "当前文件路径和文件名为：".__FILE__;
echo "<br>当前 PHP 版本为：".PHP_VERSION;
echo "<br> 当前操作系统为:".PHP_OS ;
?>
```

运行结果如图 2-19 所示。

图 2-19　预定义常量的应用

2.6　PHP 运算符

运算符是一个特殊符号，它对一个值或一组值执行一个指定的操作，来产生另一个值。PHP 中包含算术运算符、比较运算符、赋值运算符、逻辑运算符、按位运算符、字符串运算符等。

2.6.1　算术运算符

算术运算符是最简单和最常用的运算符号，用于处理四则运算，尤其是对数字的处理，几乎都要用到算术运算符。常用算术运算符如表 2-3 所示。

表 2-3　算术运算符

运算符	说　明	例　子	结　果
+	加法	$x+$y	对$x 与$y 求和
-	减法	$x-$y	对$x 与$y 求差
*	乘法	$x*$y	求$x 与$y 的乘积
/	除法	$x / $y	求$x 与$y 的商数
%	取余	$x%$y	求$x 除$y 的余数
++	递增	$x++	对$x 与 1 求和
--	递减	$x--	对$x 与 1 求差

【例 2-20】　本例分别使用上述算术运算符进行运算。实例代码如下：（实例位置：素材与实例\example\ph02\20）

```php
<?php
    $a = -300;                              //声明变量$a
    $b = 120;                               //声明变量$b
    $c = 60;                                //声明变量$c
    echo "\$a = ".$a.",";                   //输出变量
    echo "\$b = ".$b.",";
    echo "\$c = ".$c."<p>";
    echo "\$a + \$b = ".($a + $b)."<br>";   //计算变量$a 加$b 的值
    echo "\$a - \$b = ".($a - $b)."<br>";;  //计算变量$a 减$b 的值
```

```
    echo "\$a * \$b = ".($a * $b)."<br>";          //计算$a 乘$b 的值
    echo "\$a / \$b = ".($a / $b)."<br>";          //计算$a 除以$b 的值
    echo "\$a % \$c = ".($a % $c)."<br>";          //计算$a 和$b 的余数，被除数为-300
    echo "\$a++ = ".$a++." ";                      //对变量$a 进行后置递增运算
    echo "运算后\$a 的值为：".$a."<br>";
    echo "\$b-- = ".$b--." ";                      //对变量$b 进行后置递减运算
    echo "运算后\$b 的值为：".$b."<br>";
    echo "++\$c = ".++$c." ";                      //对变量$c 进行前置递增运算
    echo "运算后\$c 的值为：".$c;
?>
```

运行结果如图 2-20 所示。

图 2-20　应用算术运算符

由运行结果可以看出，在算术运算符中使用"%"取余时，如果被除数（%运算符前面的表达式）是负数，则运算结果也是负数。即便两个运算数是整数，除号"/"也总是返回浮点数。

递增和递减运算符主要是对单独一个变量进行操作，既可以放在变量前面，也可以放在变量后面。当放在变量前面时，首先将变量值加 1 或者减 1，然后返回变量值；而当放在变量后面时，先返回变量当前值，然后将变量值加 1 或者减 1。

【例 2-21】　本例比较递增运算符放在变量前面和后面的区别。实例代码如下：（实例位置：素材与实例\example\ph02\21）

```
<?php
    $a=18;
    echo "a++:".$a++."<br>";               //后加
    echo "变量 a 的新值：".$a."<br>";
    $a=18;                                  //重新赋值
    echo "++a:".++$a."<br>";               //先加
```

```
        echo "变量 a 的新值："."$a."<br>";
?>
```

以上代码的运行结果如图 2-21 所示。

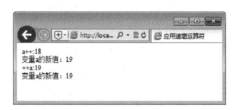

图 2-21　应用递增运算符

2.6.2　比较运算符

比较运算符是 PHP 中使用较多的运算符，主要用于对变量或者表达式进行比较，如果比较结果为真，则返回 true；如果比较结果为假，则返回 false。常见的比较运算符如表 2-4 所示。

表 2-4　比较运算符

运算符	说　明
==	等于，如果类型转换后$a 等于$b，则返回 true
===	全等于，如果$a 等于$b，并且它们的数据类型也相同，则返回 true
!=或<>	不等于，如果类型转换后$a 不等于$b，则返回 true
!==	不全等于，如果$a 不等于$b，或者它们的类型不同，则返回 true
<	小于，如果$a 小于$b，则返回 true
>	大于，如果$a 大于$b，则返回 true
<=	小于等于，如果$a 小于或者等于$b，则返回 true
>=	大于等于，如果$a 大于或者等于$b，则返回 true

知识库

　　如果使用比较运算符比较一个整数和字符串，则字符串会被转换为整数。如果比较两个数字字符串，则将其作为整数进行比较。

【例 2-22】 本例练习比较运算符的应用。实例代码如下：（实例位置：素材与实例 \example\ph02\22）

```php
<?PHP
$x="300";
echo "\$x = \"$x\"";
echo "<br>\$x==100: ";
var_dump($x==100);            //结果为:bool(false)
echo "<br>\$x==ture: ";
var_dump($x==true);          //结果为:bool(true)
echo "<br>\$x!=null: ";
var_dump($x!=null);          //结果为:bool(true)
echo "<br>\$x==false: ";
var_dump($x==false);         //结果为:bool(false)
echo "<br>\$x === 100: ";
var_dump($x===100);          //结果为:bool(false)
echo "<br>\$x===true: ";
var_dump($x===true);         //结果为:bool(true)
echo "<br>(30/2.0 !== 15): ";
var_dump(30/2.0 !==15);      //结果为:bool(true)
?>
```

运行结果如图 2-22 所示。

图 2-22　应用比较运算符

2.6.3　赋值运算符

在做简单的操作时，赋值运算符起到把运算结果值赋给变量的作用。在 PHP 中，除基本的赋值运算符"="外，还有若干组合赋值运算符。这些赋值运算符提供了做基本运算和字符串运算的方法。常见赋值运算符如表 2-5 所示。

表 2-5 赋值运算符

运算符	说 明	例 子	展开形式
=	赋值	$x=2	$x=2
+=	加	$x+=2	$x=$x+2
-=	减	$x-=2	$x=$x-2
*=	乘	$x*=2	$x=$x*2
/=	除	$x/=2	$x=$x/2
%=	取余数	$x%=2	$x=$x%2
.=	连接字符串	$x.="2"	$x=$x."2"

【例 2-23】 赋值运算符的应用。实例代码如下：（实例位置：素材与实例\example\ph02\23）

```php
<?php
    $a = 8;
    $b = 9;
    $c = $a + $b ;
    echo $c."<br />";
    $a += 5 ;
    echo $a."<br />";
    $a = "Goodmoring ";
    $a .= "everyone!";
    echo $a;
?>
```

运行结果如图 2-23 所示。

图 2-23 应用赋值运算符

2.6.4 逻辑运算符

逻辑运算符用于组合布尔型数据，是程序设计中不可缺少的一组运算符。常见逻辑运算符如表 2-6 所示。

表 2-6　逻辑运算符

运算符	说　明
And 或&&	逻辑与，$a and $b 或$a && $b，如果$a 和$b 都为 true，则返回 true
Or 或||	逻辑或，$a or $b 或$a || $b，如果$a 或$b 任一为 true，则返回 true
Xor	逻辑异或，$a xor $b，如果$a 或$b 任一为 true，但不同时是，则返回 true
！	逻辑非，！$a，如果$a 不为 true，则返回 true

【例 2-24】　逻辑运算符的应用。实例代码如下：（实例位置：素材与实例\example\ph02\24）

```php
<?php
    $i = true;
    $j = true;
    $z = false;
    echo '$i = '; var_dump ($i);
    echo '$z = '; var_dump ($z);
    echo '<br/>$i && $j:'; var_dump ($i && $j);
    echo '<br/>$i && $z:'; var_dump ($i && $z);
    echo '<br/>$i || $z:'; var_dump ($i || $z);
    echo '<br/>$i xor $z:'; var_dump ($i xor $z);
    echo '<br/>!$i:'; var_dump (!$i);
    echo '<br/>!$z:'; var_dump (!$z);
?>
```

运行结果如图 2-24 所示。

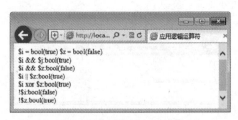

图 2-24　应用逻辑运算符

2.6.5　按位运算符

我们知道，计算机中的信息是以二进制形式存储的，PHP 中的按位运算符可以对整型数值按二进制位从低位到高位对齐后进行运算。常用的按位运算符如表 2-7 所示。

表 2-7 按位运算符

运算符	说　明
&（按位与）	$a & $b，如果$a 和$b 相对应的位都为 1，则运算的结果中该位为 1
|（按位或）	$a | $b，如果$a 和$b 相对应的位有任一个为 1，则运算的结果中该位为 1
^（按位异或）	$a ^ $b，如果$a 和$b 相对应的位不同，则运算的结果中该位为 1
～（按位取反）	～$a，将$a 中为 0 的位改为 1，为 1 的改为 0
<<（向左移位）	$ a << $b，将$a 在内存中的二进制数据向左移动$b 个位数（每移动一位相当于乘以 2），右边移空部分补 0
>>（向右移位）	$a >> $b，将$a 在内存中的二进制数据向右移动$b 个位数（每移动一位相当于除以 2），左边移空部分补 0

【例 2-25】 按位运算符的应用。实例代码如下：（实例位置：素材与实例\example\ph02\25）

```php
<?php
    $i = 5;                                  //5 的二进制代码是 101
    $j = 3;                                  //3 的二进制代码是 011
    echo '$i & $j = '. ($i & $j) . '<br/>';  //运算结果为二进制代码 001，即 1
    echo '$i | $j = '. ($i | $j) . '<br/>';  //运算结果为二进制代码 111，即 7
    echo '$i ^ $j = '. ($i ^ $j) . '<br/>';  //运算结果为二进制代码 110，即 6
?>
```

运行结果如图 2-25 所示。

图 2-25 使用按位运算符

2.6.6 字符串运算符

PHP 中只有一个字符串运算符——英文的句号"."。其作用是将两个字符串或字符串与任何标量数据连接起来，组成一个新的字符串。前面的例 2-25 中曾用到过该运算符，此

处不再赘述。

2.6.7　错误控制运算符

PHP 支持一个错误控制运算符 "@"。当将其放置在一个 PHP 表达式前面时，该表达式可能产生的任何错误信息都将被忽略掉。

【例 2-26】　错误控制运算符的应用。实例代码如下：（实例位置：素材与实例\example\ph02\26）

```php
<?php
    $e = 3/0;
?>
```

运行结果如图 2-26（a）所示。

当在错误的表达式前加上 "@" 后，代码如下：

```php
<?php
    $e = @(3/0);
?>
```

再次运行，结果如图 2-26（b）所示。

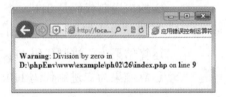

（a）　　　　　　　　　　　　　　（b）

图 2-26　应用错误控制运算符

错误控制运算符只对表达式有效，可以将其放在变量、常量前面，但不能放在函数或类的定义之前，也不能用于条件结构，例如 if 和 switch 等。

提　示

> 需要说明的一点是，@只是对错误信息进行屏蔽，并未真正解决错误。

2.6.8　其他运算符

除前面介绍的运算符外，PHP 中还有一些不常用到的运算符，如表 2-8 所示。

表 2-8　其他运算符

运算符	说　　明
？：	三元运算符，$a < $b ? $c=1 ; $c=0，如果$a < $b 成立，则执行$c−1，否则执行$c=0
=>	数组下标符号，键=>值，
->	对象成员访问符号，对象->成员

此处重点介绍一下三元运算符 "？："。它是 PHP 中唯一的三元运算符。

【例 2-27】　三元运算符的应用。实例代码如下：（实例位置：素材与实例\example\ph02\27）

```php
<?php
$a=60;                                  //声明一个整型变量
echo ($a==false)?"三元运算": "没有该值";    //对整型变量进行判断
echo "<br/>";
echo ($a==true)?"三元运算": "没有该值";     //对整型变量进行判断
?>
```

运行结果如图 2-27 所示。

图 2-27　应用三元运算符

2.6.9　运算符的优先顺序和结合规则

所谓运算符的优先顺序，是指当在一个语句中出现多个运算符时，先计算哪个运算符，后计算哪个运算符。这就类似于数学的四则运算所遵循的 "先乘除，后加减" 的道理。

PHP 中运算符的优先顺序与 C、C++和 Java 语言差不多。大致是算术运算符优先比较运算符，比较运算符优先赋值运算符，赋值运算符优先逻辑运算符。在比较复杂的表达式中，可以使用 "()" 来强制提高运算符的优先级。

2.7　PHP 编码规范

一般的 Web 项目开发，尤其是大型项目的开发，往往需要十几人甚至几十人来共同完成。在开发过程中，也不可避免地会有新人参与进来，那么这个新人在阅读前任留下的代码时，就会出现各种问题。比如，这个变量起到什么作用？某个类在哪里被用到了……此时，编码规范的重要性就体现出来了。

编码规范是一种总结性的说明和介绍，并不是强制性的规则。它是融合了开发人员长期的积累和经验，而形成的一种良好统一的编程风格。这种编程风格会在团队开发或二次开发时起到事半功倍的效果。

2.7.1 PHP 命名规范

制定统一的命名规范对于项目开发来说非常重要，不仅能使程序员养成一个良好的开发习惯，还能提高程序的可读性、可移植性和可重用性，有效提高项目开发的效率。

1. 变量命名

变量命名根据变量的种类可分为普通变量、静态变量、局部变量、全局变量、session 变量等的命名规则。

1）普通变量

普通变量的命名遵循以下规则：

➤ 所有字母都使用小写；

➤ 对于一个变量使用多个单词的，使用"_"作为每个单词的间隔。例如：$save_dir、$yellow_rose_price 等。

2）静态变量

静态变量的命名除了要遵循普通变量的命名规则外，还要使用小写的 s 作为前缀。例如：$s_save_dir、$s_yellow_rose_price 等。

3）局部变量

局部变量的命名除了要遵循普通变量的命名规则外，还要使用"_"作为前缀。例如：$_save_dir、$_yellow_rose_price 等。

4）全局变量

全局变量应该使用"g"作为前缀，例如：$gLOG_LEVEL，$gLOG_PATH 等。

5）session 变量

session 变量的命名遵循以下规则：

➤ 所有字母使用大写；

➤ 变量名使用"S_"开头；

➤ 多个单词间使用"_"间隔。

例如：$S_SAVE_DIR、$S_YELLOW_ROSE_PRICE 等。

2．常量/全局常量

常量/全局常量名中所有字母使用大写，多个单词间使用"_"作为间隔。例如：
$SAVE_DIR、$YELLOW_ROSE_PRICE 等。

3．类

PHP 中类的命名遵循以下规则：

➢ 以大写字母开头；

➢ 多个单词组成的变量名，各个单词首字母大写，使用大写字母作为词的间隔。

例如：class MyClass 或 class DbOracle 等。

4．方法或函数

方法或函数的命名遵循以下规则：

➢ 首字母小写；

➢ 多个单词间不使用间隔，除第一个单词外，其他单词首字母大写。

例如：function myFunction ()或 function myDbOracle ()等。

5．数据库表

数据库表的命名遵循以下规则：

➢ 表名均使用小写字母；

➢ 对于普通数据表，使用_t 结尾；

➢ 对于视图，使用_v 结尾；

➢ 对于多个单词组成的表名，使用"_"间隔。

例如：user_info_t 和 book_store_v 等。

6．数据库字段

数据库字段的命名遵循以下规则：

➢ 全部使用小写；

➢ 多个单词间使用"_"间隔。

例如：user_name，pass_word 等。

2.7.2　PHP 书写规则

PHP 书写规则，是指在编写程序时代码书写的规则，包括缩进、结构控制等方面规范。

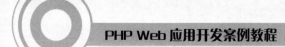
1．代码缩进

使用 4 个空格作为缩进，而不使用【Tab】键缩进。如果开发工具的种类多样，则需要在开发工具中统一设置。

2．大括号{}书写规则

在程序中进行结构控制代码编写，如 if、for、while、switch 等结构时，大括号传统的有两种书写习惯，分别如下：

➢ {直接跟在控制语句之后，不换行，如：

```
for ($a=0;$a<$count;$a++) {
echo "text";
}
```

➢ {在控制语句下一行，如：

```
for($a=0;$a<$count;$a++)
{
echo "text";
}
```

两种方式并无太大大别，可以根据个人习惯来采用任意一种方式，但是在同一个程序中最好只使用其中一种，以免造成阅读不便。

3．小括号()、关键词和函数等

小括号、关键词和函数遵循以下规则：

➢ 不要把小括号和关键词紧贴在一起，要用一个空格隔开，如 if ($a<$b);
➢ 小括号和函数名间不用空格，以便区分关键词和函数，如$test = date("tdhis");
➢ 尽量不在 Return 返回语句中使用小括号，如 Return $i。

4．"＝"符号的书写

在程序中，"＝"符号的两侧，均需留出一个空格；如$a = $b，if ($a = $b)等。

本章实训——定义变量并将其输出

编写代码块：定义一个变量 name，赋值为自己的名字，并输出该变量，要求颜色为红色。

步骤 1▶ 启动 Dreamweaver，新建文档 "index.php"，并将其保存在 "D:\phpEnv\www\

exercise\ph02" 目录下。

步骤 2▶　在 Dreamweaver 左侧文档编辑窗口中打开新建文档，使用"代码"视图给该页面设置一个标题"定义变量并输出"，如图 2-28 所示。

图 2-28　设置页面标题

步骤 3▶　编写 PHP 代码。在<body></body>标签对中输入 PHP 代码段，如图 2-29 所示。

图 2-29　编写 PHP 代码

步骤 4▶　查看网页的执行结果。按【Ctrl+S】组合键保存文档，在文档编辑窗口中任意空白处单击鼠标，然后按【F12】键，在浏览器中打开该页面，如图 2-30 所示。

图 2-30　预览网页

本章总结

本章主要介绍了 PHP 的基本语法。在学完本章内容后，读者应重点掌握以下知识。

➤ 一个完整的 PHP 文件由以下元素构成：① HTML 标记；② PHP 标记；③ PHP 代码；④ 注释；⑤ 空格。

➤ PHP 中变量数据类型的定义是通过为变量赋值（初始化），由系统自动设定的。PHP 支持 8 种原始类型（type），其中有 4 种标量类型，2 种复合类型和 2 种特殊类型。标量数据类型包括 boolean（布尔型）、string（字符串）、integer（整型）和 float（浮点型，也称作 double）；复合数据类型包括 array（数组）和 object（对象）；特殊数据类型包括 resource（资源）和 NULL（NULL）。

➤ PHP 中的类型转换可以通过"显式转换"和"隐式转换"两种方式来实现。显式转换也叫强制类型转换，是在需要转换类型的变量前加上用"()"括起来的数据类型名称或使用 settype() 函数来实现；隐式转换就是指自动类型转换。

➤ 变量就是一个保存了一小块数据的"对象"，从变量的字面意思可以理解为该数据块中的值是可以改变的，即在不同时段内代表不同的实体。在 PHP 中，变量采用美元符号（$）加变量名的方式来定义。

➤ 常量可以理解为值不变的量。常量在使用前必须先定义，并且只能是标量值（布尔、整数、浮点数、字符串型）。

➤ 运算符是一个特殊符号，它对一个值或一组值执行一个指定的操作，来产生另一个值。PHP 中包含算术运算符、比较运算符、赋值运算符、逻辑运算符、按位运算符、字符串运算符等。

知识考核

一、填空题

1. PHP 是一种创建动态交互性站点的、强有力的_____。

2. 标量数据类型包括 boolean（布尔型）、_____、_____和 float（浮点型，也称作 double）；复合数据类型包括 array（数组）和_____；特殊数据类型包括 resource（资源）和_____。

3. _____是变量的标识符，所有变量都以该符号开头。

4. 在所有 PHP 变量中，布尔型是最简单的变量。布尔变量保存一个_____或_____值。

5.　_____数据类型用于存储整数或小数，是一种近似的数值。它提供了比整数大得多的精度，可以精确到小数点后_____位。

6.　_____数据类型就是将多个简单数据类型组合在一起，存储在一个变量名中。PHP 提供了_____和_____两种复合数据类型，它们都可以包含　种或多种简单数据类型。

7.　按照变量作用域的不同，可以将 PHP 中的变量分为_____变量、_____变量和静态变量。

8.　在 PHP 中使用_____函数来定义常量。该函数有 3 个参数，constant_name 为必选参数，代表_____；value 也为必选参数，代表_____或表达式；case_insensitive 为可选参数，指定是否大小写敏感。

9.　_____运算符是 PHP 中使用较多的运算符，主要用于对变量或者表达式进行比较，如果比较结果为真，则返回_____；如果比较结果为假，则返回_____。

10.　PHP 中只有一个字符串运算符——_____。其作用是将两个字符串或字符串与任何标量数据连接起来，组成一个新的字符串。

二、简答题

1．一个完整的 PHP 文件由哪些元素构成？

2．在 PHP 中，变量的命名需要满足哪些条件？

3．简述静态变量的含义。

第3章 PHP 流程控制语句

通过前面对 PHP 基本语法的学习，相信读者已经简单了解了 PHP 语言的基本运算。本章主要介绍 PHP 流程控制语句的相关知识，PHP 的流程控制语句主要包括条件控制语句和循环控制语句两种。合理使用这些流程控制语句，可以使程序流程清晰、可读性强，有效提高工作效率。

 学习目标

- ✍ 掌握 if 语句的应用
- ✍ 掌握 switch 多重判断语句的应用
- ✍ 掌握 while 循环语句的应用
- ✍ 掌握 for 循环语句的应用
- ✍ 了解 foreach 循环语句的应用
- ✍ 掌握跳转控制语句的应用

3.1 条件控制语句

不管多么复杂的逻辑结构，最终都可以简化为三种逻辑的组合。这三种逻辑就是顺序逻辑、选择逻辑和循环逻辑。在面向过程的结构化程序设计语言中，都有专门的程序语法来构成这 3 种结构。

顺序结构是最简单的程序结构，就是按照程序书写的顺序逐条语句地执行，如赋值语句和输入输出语句等。选择逻辑又称条件逻辑，本节重点介绍条件控制语句。

条件控制语句用于判断给定条件，根据判断结果来控制程序流程。在条件控制语句中，要用条件表达式来描述条件。在 PHP 中，常用的条件语句有：if…else…elseif 和 switch…case。

3.1.1　if 语句

if 语句是最常用的条件控制语句，主要包括以下几种形式。

1. 单一条件分支

if 语句的基本表达式如下所示：

```
if（条件表达式）
    语句;
```

在上面的基本 if 结构中，如果条件表达式的值为 true，就执行下面的语句，否则不执行语句。例如：

```
if($a>$b)
    echo "a 大于 b";
```

如果按条件执行的语句不止一条，则需要将这些语句放入语句组中，通过大括号对 "{"和 "}" 括起来。

【例 3-1】　单一条件分支 if 语句的应用。实例代码如下：（实例位置：素材与实例\example\ph03\01）

```php
<?php
    $n = rand();                        //使用 rand()函数生成一个随机数
    if ($n % 2 == 0){                   //判断变量$n 是否为偶数
        echo "\$n = $n";               //如果为偶数，输出表达式和说明文字
        echo "<br>$n 是偶数。";
    }
?>
```

运行结果如图 3-1 所示。

图 3-1　使用单分支 if 语句

2. 双向条件分支

当需要在满足某个条件时执行一条语句，而不满足该条件时执行其他语句，可以使用 else。else 延伸了 if 语句，可以在 if 语句中的表达式值为 false 时执行语句。语法格式如下：

```php
if($a>$b){
    echo "a 大于 b";
    }        else{
    echo "a 小于 b";
    }
```

其执行过程如图 3-2 所示。

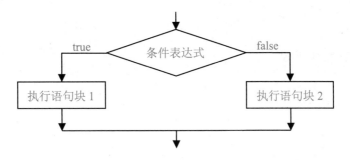

图 3-2   双向条件分支语句执行过程

【例 3-2】   双向条件分支 if 语句的应用。实例代码如下：（实例位置：素材与实例\example\ph03\02）

```php
<?php
    $n = rand();                        //使用 rand()函数生成一个随机数
    if ($n % 2 == 0){                   //判断变量$n 是否为偶数
        echo "<br>变量$n 是偶数。";      //如果为偶数，输出表达式和说明文字
    }else{
        echo "<br>变量$n 是奇数。";      //如果为奇数，输出表达式和说明文字
    }
?>
```

运行结果如图 3-3 所示。

图 3-3   使用双向条件分支 if 语句

3. 多向条件分支

当需要同时判断多个条件时，可以使用 elseif 来扩展需求。elseif 通常在 if 和 else 语句

之间。例如：

```php
if($a>$b){
    echo "a 大于 b";
    }
elseif($a==$b){
    echo "a 等于 b";
    }
else{
    echo "a 小于 b";
    }
```

其执行过程如图 3-4 所示。

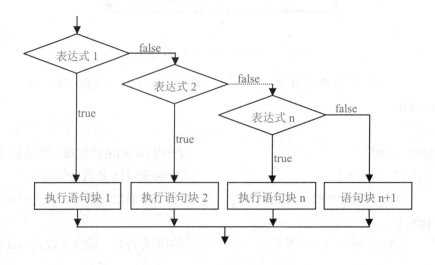

图 3-4 多向条件分支执行过程

【例 3-3】   多向条件分支 if 语句的应用。实例代码如下：（实例位置：素材与实例\example\ph03\03）

```php
<?php
    $score = 56;
    echo "成绩： " . $score;              //输出"成绩：56"
    if ($score >= 90 ){                   //不满足条件，返回逻辑值 false
        echo "<br>优秀";
    }elseif($score >= 80 ){               //不满足条件，返回逻辑值 false
        echo "<br>良好";
    }elseif($score >= 60 ){               //不满足条件，返回逻辑值 false
```

```
        echo "<br>合格";
    }else {
        echo "<br>不合格";              //执行该语句，输出"不合格"
    }
?>
```

运行结果如图 3-5 所示。

图 3-5 使用多向条件分支 if 语句

3.1.2 switch 语句

虽然使用 if 语句可以进行多重选择，但其使用十分繁琐。为提高程序的可读性，可以使用 switch 语句。

switch 语句和具有同样表达式的一系列 if 语句相似，很多场合下需要把同一个变量(或表达式)与很多不同的值比较，并根据比较结果来执行不同的代码。

switch 语句的语法如下：

```
switch(表达式)
{
  case 表达式 1:
  语句 1;
  break;
  case 表达式 2:
  语句 2;
  break;
  ……
  case 表达式 n:语句 n;
  break;
  default:
  语句 n+1;
  break;
}
```

switch 语句执行时，先求解表达式的值，然后将其与后面的多个 case 表达式的值逐个进行对比，如果和第 m 个相等，则执行语句 m，语句 m+1，……，直到语句 n+1，或碰到 break 语句为止，default 是一个 case 的特例，它匹配了任何其他 case 都不匹配的情况，并且应该是最后一条 case 语句。

【例 3-4】 多分支 switch 语句的应用。实例代码如下：（实例位置：素材与实例\example\ph03\04）

```php
<?php
    switch (date("D"))                          //获取当前日期是周几
        {
            case "Mon":                         //对获取值进行判断，如果是"Mon"
            echo "<br>今天周一";                //则执行该语句
            break;                              //跳出 switch 语句
            case "Tue":                         //否则继续向下执行
            echo "<br>今天周二";
            break;
            case "Wed":
            echo "<br>今天周三";
            break;
            case "Thu":
            echo "<br>今天周四";
            break;
            case "Fri":
            echo "<br>今天周五";
            break;
            default:                            //当上面的条件都不满足时，执行下面的语句
            echo "<br>今天周末";
            break;
        }
?>
```

以上代码执行结果如图 3-6 所示。

图 3-6　switch 语句的应用

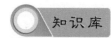 知识库

date("D")是 PHP 内置的日期时间函数，用于获取当前日期。

3.2 循环控制语句

循环控制语句用于反复执行一系列语句，直到条件表达式的值为假为止。常用的循环控制语句包括 while 和 for。

3.2.1 while 循环

while 循环是 PHP 中最简单的循环类型。其语法如下：

while(表达式)
    循环体语句;

当循环体语句有多条时，要用大括号括起来。其执行流程是先判断表达式的值，如果为真（true），则执行循环体语句；执行完后程序流程继续判断表达式的值，如果为真继续执行；如此循环执行，直到表达式的值为假（false）为止。如果 while 表达式的值一开始就为假，则循环语句一次都不会执行。

【例 3-5】 while 循环语句的应用。实例代码如下：（实例位置: 素材与实例\example\ph03\05）

```php
<?php
    $i=1;
    $str="30 以内的偶数为：";
    while($i<=30){
        if($i%2==0){
            $str.=$i." "; }
        $i++;
    }
        echo $str;
?>
```

以上代码的执行结果如图 3-7 所示。

图 3-7 while 循环语句的应用

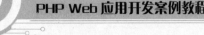
while 循环的另一种使用方式是 do…while。其语法如下：

```
do
    循环体语句;
while(表达式)
```

当循环体语句有多条时，要用大括号括起来。do…while 与 while 的区别在于，do…while 语句的流程是先执行一遍循环体语句，后判断表达式的值。如果表达式的值第一次就为 false，do…while 循环也会至少执行一次循环体语句。

【例 3-6】 do…while 循环语句的应用。实例代码如下：（实例位置：素材与实例\example\ph03\06）

```php
<?php
    $num = 1;
    echo "6 以内的正整数有 ：<br>";              //输出提示语句
    do {                                        //执行下面的语句
        echo $num ."  ";              //执行语句，输出数值
        $num++;                                 //改变循环条件
        }
    while($num < 6);          //判断循环条件，满足要求就继续循环，否则退出
?>
```

以上代码的执行结果如图 3-8 所示。

图 3-8 do…while 循环语句的应用

3.2.2 for 循环

while 和 do…while 循环适合于条件型循环，对于明确知道循环次数的情况使用 for 循环更灵活。for 循环是 PHP 中最复杂的循环。其语法格式如下：

```
for(表达式 1;表达式 2;表达式 3)
    循环体语句;
```

当循环体语句有多条时，要用大括号括起来。在 for 循环中，表达式 1 在循环开始时无条件地执行，对循环控制变量赋初值。然后判断表达式 2 的值是否为真，如果为真（true），则继续执行表达式 3；如果为假（false），则整个循环结束。

【例 3-7】 for 循环语句的应用。实例代码如下：（实例位置：素材与实例\
example\ph03\07）

```php
<?php
    echo "6 以内的正整数有 ，<br>";          //输出提示语句
    for($num = 1; $num<6; $num++){          //初始化$num，进行判断，满足条件则
执行循环语句块
        echo $num . "  ";        //循环显示正整数
    }
?>
```

以上代码的运行结果如图 3-9 所示。

图 3-9 for 循环的应用

3.2.3 foreach 循环

foreach 循环是 PHP 4 引进的，只能用于数组。在 PHP 5 中又增加了对对象的支持。其
语法格式如下：

```
foreach (数组 as $value)
    循环体语句;
    或者
foreach (数组 as $key=>$value)
    循环体语句;
```

当循环体语句有多条时，要用大括号括起来。

foreach 语句将遍历数组，每次循环时将当前数组元素中的值赋给$value，如果是第二
种方式，则将当前数组元素的键赋给$key，直至数组元素的最后一个值。foreach 循环结束
时，数组指针将自动被重置，不需要手动设置指针位置。

【例 3-8】 foreach 循环语句的应用。实例代码如下：（实例位置：素材与实例\example\
ph03\08）

```php
<?php
    $sen = array('I', 'love', 'my', 'family', '.');          //声明一个数组并初始化
    //使用第一种 foreach 循环形式输出数组所有元素的值
```

```
    foreach($sen as $value){
        echo $value."  ";                              //I love my family.
    }
    echo "<br>";
    //使用第二种 foreach 循环形式输出数组所有键值和元素值
    foreach($sen as $key=>$value){
    echo  $key . "=>" . $value."  ";                  //0=>I  1=>love  2=>my
3=>family 4=>.
    }
?>
```

以上代码的运行结果如图 3-10 所示。

图 3-10 foreach 循环的应用

3.2.4 跳转控制语句

PHP 循环中，经常会遇到需要中止循环的情况。处理方式主要用到 break 和 continue 两个流程控制指令。通过这两个语句可以增强编程的灵活性，提高编程效率。

1．break 语句

break 语句用于结束当前循环。对于没有设置循环条件的循环语句，可以在任意位置加入 break 语句来结束循环。在多层循环嵌套的语句中，break 可以接受一个可选的数字参数"n"，来决定跳出几重循环。

【例 3-9】 使用 break 语句结束循环。实例代码如下：（实例位置：素材与实例\example\ph03\09）

```
<?php
    $a = 0;
    while(++$a)
    {
    switch($a)
```

```
    {
        case 5:
            echo "At 5<br/>\n";
            brcak 1;              //只跳出 switch 循坏，1 为参数
        case 10:
            echo "At 10; quitting<br/>\n";
            break 2;              //跳出 while 和 switch 循环，2 为参数
        default;
        break;
    }
    }
?>
```

以上代码的运行结果如图 3-11 所示。

图 3-11　使用 break 语句结束循环

2．continue 语句

与 break 语句在指定条件下终止语句的执行不同，continue 语句用于跳过在指定条件下的某次循环的执行，其他循环语句仍旧继续执行。continue 还可接受一个可选的数字参数来决定跳过几重循环到循环结尾。

【例 3-10】　使用 continue 语句跳过循环。实例代码如下：（实例位置：素材与实例\example\ph03\10）

```
<?php
    $a = 0;
    while($a++<5)
    {
    if($a==2)          //跳出了，也就不会输出 I am 2;
    {
        continue;
    }
```

```
        echo "I am $a<br>";
    }
    $a = 0;
    while($a++<5)
    {
        echo "外层<br>\n";
        while(1)
        {
            echo"  中间层<br>\n";
            while(1)
            {
                echo "    内层<br>\n";
                $a = 6;
                continue 3;
            }//因为每次到内层的时候，就跳到第 1 层，不会被执行
            echo "我永远不会被输出的.<br>\n";
        }
        echo "我也是不会被输出的.";
    }
?>
```

以上代码的运行结果如图 3-12 所示。

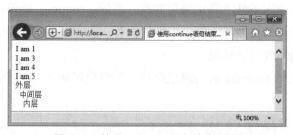

图 3-12　使用 continue 语句中断循环

本章实训

实训 1　应用 switch 语句

某校将学生成绩分为 4 个级别：优秀、良好、合格和不合格，给出一个成绩，即可输

出该成绩的级别。具体规则如下：

> 成绩>=90：优秀；

> 90>成绩>=80：良好；

> 80>成绩>=60：合格；

> 成绩<60：不合格。

编写一段程序，随意给出一个成绩，判断该成绩是优秀、良好、合格还是不合格。

要求：使用 switch 语句来实现（实例位置：素材与实例\exercise\ph03\01）。

步骤 1▶ 启动 Dreamweaver，新建文档 "index.php"，并将其保存在 "D:\phpEnv\www\exercise\ph03\01" 目录下。

步骤 2▶ 在 Dreamweaver 中打开新建文档，使用 "代码" 视图给该页面设置一个标题 "网上查分"。

步骤 3▶ 编写 PHP 代码。在<body></body>标签对中输入 PHP 代码段，如图 3-13 所示。

步骤 4▶ 查看网页运行结果。按【Ctrl+S】组合键保存文档，在文档编辑窗口中任意空白处单击鼠标，然后按【F12】键，在浏览器中打开该页面，如图 3-14 所示。

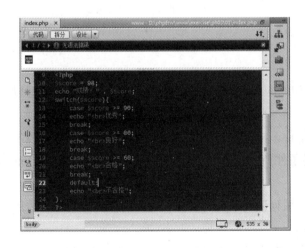

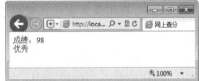

图 3-13　编写 PHP 代码　　　　　　　　　　图 3-14　预览网页

实训 2　使用 for 循环实现乘法口诀表

利用 for 循环实现九九乘法口诀表。（实例位置：素材与实例\exercise\ph03\02）。

步骤 1▶ 启动 Dreamweaver，新建文档 "index.php"，并将其保存在 "D:\phpEnv\www\exercise\ph03\02" 目录下。

步骤 2▶ 在 Dreamweaver 中打开新建文档，使用 "代码" 视图给该页面设置一个标题"乘法口诀表"。

步骤 3▶ 编写 PHP 代码。在<body></body>标签对中输入 PHP 代码段，如图 3-15 所示。

步骤 4▶ 查看网页运行结果。按【Ctrl+S】组合键保存文档，在文档编辑窗口中任意空白处单击鼠标，然后按【F12】键，在浏览器中打开该页面，如图 3-16 所示。

图 3-15　编写 PHP 代码

图 3-16　预览网页

本章总结

本章主要介绍了 PHP 流程控制语句的应用。在学完本章内容后，读者应重点掌握以下知识。

> ➢ 条件控制语句用于判断给定条件，根据判断结果来控制程序流程。在条件控制语句中，要用条件表达式来描述条件。在 PHP 中，常用的条件语句有：if…else…elseif 和 switch…case。

> ➢ 循环控制语句用于反复执行一系列语句，直到条件表达式的值为假为止。常用的循环控制语句包括 while 和 for。

> ➢ PHP 循环中，经常会遇到需要中止循环的情况。处理方式主要用到 break 和 continue 两个流程控制指令。使用这两个指令可以增强编程的灵活性，提高编程效率。

知识考核

一、填空题

1. 虽然使用 if 语句可以进行多重选择，但其使用十分繁琐。为提高程序的可读性，

可以使用_____语句。

2．while 和 do…while 循环适合于条件型循环，对于明确知道循环次数的情况使用
_____循环更灵活。

3．_____语句用于结束当前循环。对于没有设置循环条件的循环语句，可以在任意位置加入该语句来结束循环。

4．与 break 语句在指定条件下终止语句的执行不同，_____语句用于跳过在指定条件下的某次循环的执行，其他循环语句仍旧继续执行。

二、简答题

1．简述 switch 语句的执行过程。
2．简述 while 循环的执行过程。

第4章 PHP 函数的应用

函数是一种可以在程序中重复使用的代码块。在程序开发中，使用函数不仅可以有效提高程序的重用性，提高开发效率；还可以提高软件的可维护性和可靠性。本章便来学习 PHP 中函数的应用。

 学习目标

- 掌握定义和调用函数的方法
- 掌握在函数间传递参数的 3 种方法
- 掌握使用 return 语句从函数中返回值的方法
- 掌握对函数的引用方法
- 掌握变量函数和递归函数的应用
- 了解常见 PHP 内置函数的应用

4.1 自定义函数

在程序开发过程中，经常需要重复某种操作或处理，如数据查询、字符操作等。这些重复和独立的操作可以使用函数来实现。PHP 函数主要分为自定义函数和内置函数。

4.1.1 定义和调用函数

1. 定义函数

函数一般由函数名、参数、函数体和返回值 4 部分组成。函数体是实现函数功能的代码段，它可以是任何有效的 PHP 代码。函数的基本语法格式如下：

```
function fun_name($str1,$str2,…$strn)
{
    fun_body;                          //函数体，实现函数功能的代码
```

```
    return $value;                          //返回值
}
```

其中各项的意义如下：

➤ function：自定义函数时必须要用到的关键字。

➤ fun_name：自定义函数的名称，必须以字母或下划线开头，后面可以跟字母、数字或下划线。函数名具有唯一性，并且在 PHP 中不区分大小写。

➤ $str1,$str2,...$strn：函数的参数。函数可以没有参数，也可以有一个或多个参数。其作用范围为函数体内，相当于局部变量。

➤ return $value：函数的返回值语句，并不是所有函数都需要该语句。函数执行到该语句即结束，所以不要在其后写任何代码。

2. 调用函数

函数只有在被调用时才会执行，页面加载时不会立即执行。定义函数后还必须要调用该函数。下面通过一个实例来了解一下函数的定义和调用。

【例 4-1】 函数的定义和调用。本例定义一个函数 square()，计算传入的参数的平方，然后连同表达式和结果一起输出。实例代码如下：（实例位置：素材与实例\example\ph04\01）

```php
<?php
function square($num){
  return "$num * $num = ".$num * $num;              //返回计算后的结果
}
echo square(6);                          //调用函数
?>
```

运行结果如图 4-1 所示。

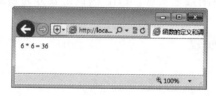

图 4-1　函数的定义和调用

知识库

函数中的每个参数都是一个表达式，定义时称为形参，调用时输入的实际值称为实参。实参和形参应该个数相等，类型一致。形参和实参按顺序对应传递数据。

在调用函数时需要注意以下几点。

➤ 通过函数名进行调用，可以在函数声明之前，也可以在声明之后进行调用。

➤ 当函数有参数列表时，可以通过传递参数改变函数内部代码的执行行为。

➤ 当函数有返回值时，在函数执行完毕后，可以将函数名当做保存返回值的变量来使用。

4.1.2 在函数间传递参数

函数如果带有参数，则在调用函数时需要向其传递数据。在 PHP 中，函数间参数传递的方式有按值传递、按引用传递和默认参数 3 种。

1. 按值传递参数

按值传递是函数默认的参数传递方式，将实参赋值给对应的形参。该方式的特点是，在函数内部对形参的任何操作对实参值都不会产生影响。

【例 4-2】 函数按值传递参数。实例代码如下：（实例位置：素材与实例\example\ph04\02）

```php
<?php
    function test($var){                      //声明自定义函数
        $var++;                               //改变局部变量形参的值
        echo "In test:" . $var . "<br>";
    }
    $var = 89;                                //声明全局变量
    echo $var . "<br>";                       //函数外部调用 test()函数前$var = 89
    test($var);                               //函数内部$var = 90
    echo $var . "<br>";                       //函数外部调用 test()函数后$var = 89
?>
```

运行结果如图 4-2 所示。

图 4-2 按值传递参数

2. 按引用传递参数

按引用传递就是将实参在内存中分配的地址传递给形参。这样在函数内部所有对形参的操作都会影响到实参的值。就是说，在函数内部修改了形参的值，函数调用结束后实参值也会发生改变。

引用传递方式需要在函数定义时在形参前加上"&"符号。

【例 4-3】 函数按引用传递参数。实例代码如下：（实例位置：素材与实例\example\ph04\03）

```php
<?php
function test(&$var){          //声明自定义函数，参数前多了&，表示按引用传递
$var++;                        //改变形参的值，实参值也会发生改变
echo "In test:" . $var . "<br>";
}
$var = 1;
echo $var . "<br>";            //函数外部调用 test()函数前，$var = 1
test($var);                    //函数内部$var = 2
echo $var . "<br>";            //函数外部调用 test()函数后，$var = 2
?>
```

运行结果如图 4-3 所示。

图 4-3　按引用传递参数

3. 默认参数（可选参数）

在 PHP 中定义函数时，还可以为一个或多个形参指定默认值。默认值必须是常量或者 NULL。在使用默认参数时，必须将其放在任何非默认参数右侧。

【例 4-4】 函数带有默认参数。实例代码如下：（实例位置：素材与实例\example\ph04\04）

```php
<?php
function values($price, $tax=10){    //声明一个自定义函数，其中一个参数初始值为 10
$price += $price * $tax;             //声明一个变量$price，等于两个参数的运算结果
echo "Total Price:" . $price . "<br>";   //输出总价格
}
```

```
values(100, 0.25);              //为可选参数赋值 0.25
values(100);                    //不为可选参数赋值，此时其将按照初始值计算
?>
```

运行结果如图 4-4 所示。

图 4-4　默认参数

4.1.3　从函数中返回值

通常，函数在执行完毕后，可返回一个值给其调用者，该值称为函数的返回值，通过 return 语句来实现。

return 语句的作用是将函数值传递给函数调用者，并终止函数的执行。return 语句只能返回一个值，如果需要返回多个值，就要在函数中定义一个数组，将返回值存储在数组中；如果不需要返回任何值，而是结束函数的执行，可以只使用 return。

【例 4-5】　函数返回值的应用。实例代码如下：（实例位置：素材与实例\example\ph04\05）

```php
<?php
function division($num1,$num2)          //声明自定义函数
{
    if($num2 != 0){                     //如果变量$num2 不等于 0
        return $num1 / $num2;           //返回两个变量相除得到的值
    }else {
        return '0 不能为除数';          //否则返回字符串
    }
}
echo division( 88,4 )."<br>";           //调用函数
echo division( 10,0 )."<br>";           //调用函数
?>
```

运行结果如图 4-5 所示。

图 4-5　函数返回值

4.1.4　对函数的引用

4.1.2 节中介绍过，参数传递中按引用传递可以修改实参的值。引用不仅可用于普通变量、普通参数，还可用于函数本身。对函数的引用，就是对函数返回结果的引用。通过在函数名前加"&"符号，可以实现对函数的引用。

【例 4-6】　对函数的引用。实例代码如下：（实例位置：素材与实例\example\ph04\06）

```php
<?php
    function &fun($temp_str=0) {
    return $temp_str;
}
    $str=&fun("函数引用");
    echo $str."br";
?>
```

运行结果如图 4-6 所示。

图 4-6　对函数的引用

提　示

和参数引用传递不同，对函数的引用，必须在定义和调用函数时都使用"&"符号。

4.1.5　变量函数

PHP 支持变量函数，这意味着如果一个变量名后有圆括号，PHP 将寻找与变量值同名的函数，并尝试执行它。如果找不到对应的函数，系统将会报错。该技术可用于实现回调

函数和函数表等。

【例 4-7】 变量函数的应用。实例代码如下：（实例位置：素材与实例\example\ph04\07）

```php
<?php
function foo() {                                    //声明 foo()函数
    echo "调用 foo()函数<br>\n";
}
function bar($arg = '') {                           //声明 bar()函数
    echo "调用 bar()函数; argument was '$arg'.<br />\n";
}
function echoit($string) {           //声明 echoit()函数
    echo $string;
}
$func = 'foo';                       //将 foo()函数名赋值给变量
$func();                             //调用该变量值同名函数并执行，调用 foo()函数
$func = 'bar';                       //重新赋值
$func('test');                       //调用 bar()函数，并给变量赋值
$func = 'echoit';                    //重新赋值
$func('test');                       //调用 echoit()函数
?>
```

运行结果如图 4-7 所示。

图 4-7　变量函数的应用

4.1.6　递归函数

递归函数即为自调用函数，在函数体内直接或间接自己调用自己，但需要设置自调用的条件，若满足条件，则调用函数本身；若不满足则终止本函数的自调用，然后把目前流程的主控权交回给上一层函数来执行。

【例 4-8】 递归函数的应用。实例代码如下：（实例位置：素材与实例\example\ph04\08）

```php
<?php
function read($n){                   //声明自定义函数
```

```
        echo "$n  ";            //函数体内的可执行语句，显示实参值
        if($n > 0)                    //根据条件判断是执行还是终止递归动作
            read ($n - 1);            //开始递归，并给出附加条件改变变量值，防止死循环
    }
    read(6);                          //6 5 4 3 2 1 0
    ?>
```

运行结果如图 4-8 所示。

4.2　PHP 内置函数

PHP 中有很多使用频率较高的内置函数，下面分别介绍。

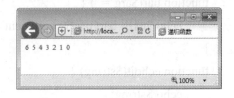

图 4-8　递归函数的应用

4.2.1　日期时间函数

对日期和时间的处理是 PHP 编程中不可缺少的应用。比如，获取服务器的日期和时间、时区、检查日期的有效性等。

1．格式化当前日期和时间——date()

date()函数用于格式化一个本地日期/时间。其语法格式如下：

string date (string $format [, int $timestamp])

返回按照指定格式显示的时间字符串。参数 format 为显示格式，timestamp 为时间戳，是可选参数。如果没有给出时间戳，默认使用本地当前时间 time()。其中 format 的参数很多，如表 4-1 所示。

表 4-1　format 的参数

参数值	说　明	返回值
日期格式设置		
d	月份中的第几天，有前导 0 的 2 位数字	01～31
J	月份中的第几天，没有前导 0 的数字	1～31
D	星期几，文本表示的 3 个字母	Mon 到 Sun
l（L 的小写形式）	星期几，完整的文本格式	Sunday 到 Saturday

（续表）

参数值	说　明	返回值
N	数字表示的星期几	1（星期一）到 7（星期天）
w	数字表示的星期几	0（星期天）到 6（星期六）
月份格式设置		
F	月份，完整的文本格式	January 到 December
M	3 个字母表示的月份	Jan 到 Dec
m	数字表示的月份，有前导 0	01～12
n	数字表示的月份，没有前导 0	1～12
t	给定月份所应有的天数	28～31
年份格式设置		
L	是否为闰年	是闰年为 1，否则为 0
Y	4 位数字完整表示的年份	如 2016
y	2 位数字表示的年份	如 16
时间格式设置		
a	小写的上午和下午值	am 或 pm
A	大写的上午和下午值	AM 或 PM
g	小时，12 小时格式，没有前导 0	1～12
G	小时，24 小时格式，没有前导 0	0～23
h	小时，12 小时格式，有前导 0	01～12
H	小时，24 小时格式，有前导 0	00～23
i	有前导 0 的分钟数	00～59
s	有前导 0 的秒数	00～59

【例 4-9】　使用 date()函数获取当前日期时间。实例代码如下：（实例位置：素材与实例\example\ph04\09）

```php
<?php
```

```
    echo "欢迎光临！现在是："  . date("Y 年  m 月  d 日  H:i:s")."<br>";
            //输出当前年、月、日、时间
?>
```

运行结果如图 4-9 所示。

在 PHP 语言中，默认设置的是标准的格林尼治时间（采用零时区），该时间比系统时间少 8 小时。也就是说例 4-9 中网页的实际运行时间是早上"09:03:41"。要获取本地时间，必须更改 PHP 语言中的时区设置，更改时区设置的函数如下：

```
bool date_default_timezone_set(string $timezone);
```

参数 timezone 为 PHP 可识别的时区名称，如果 timezone 参数无效则返回 false，否则返回 true。PHP 手册中提供了各种时区名称列表，其中设置北京时间可使用的时区包括：PRC（中华人民共和国）、Asia/Shanghai（上海）、Asia/Chongqing（重庆）或者 Asia/Urumqi（乌鲁木齐）。

修改例 4-9 中的代码，为其设置时区，此时的代码如下：

```
<?php
    date_default_timezone_set("Asia/Shanghai");
    echo "欢迎光临！现在是："  . date("Y 年  m 月  d 日  H:i:s")."<br>";
            //输出当前年、月、日、时间
?>
```

再次运行，结果如图 4-10 所示。

图 4-9 获取当前日期时间   图 4-10 设置时区后的效果

2. 获取日期时间信息——getdate()

getdate()函数用于取得当前的日期时间信息。其语法格式如下：

```
array getdate ( [ int $timestamp ] );
```

该函数返回与时间戳相关的数组形式的日期、时间信息。调用时若没有给出参数时间戳，则默认返回当前时间。该函数返回的数组键名和值如表 4-2 所示。

表 4-2 getdate()函数返回的数组键名列表

键 名	说 明	返回值
seconds	用数字表示的秒	0～59
minutes	用数字表示的分	0～59
hours	用数字表示的时	0～23
mday	用数字表示月份中的第几天	1～31
wday	用数字表示星期几	0（星期天）～6（星期六）
mon	用数字表示的月份	1～12
year	用 4 位数字表示的完整年份	如 2016
yday	用数字表示的一年中的第几天	0～365
weekday	星期几的完整文本表示	Sunday 到 Saturday
month	月份的完整文本表示	January 到 December

【例 4-10】 使用 getdate()函数获取当前日期时间信息。实例代码如下：（实例位置：素材与实例\example\ph04\10）

```php
<?php
$now = getdate();
var_dump($now);
?>
```

运行结果如图 4-11 所示。

图 4-11 使用 getdate()函数

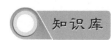 知识库

var_dump()函数用于显示一个或多个表达式的结构信息，包括表达式的类型与值。数组将递归展开值，通过缩进显示其结构。

3. 获取当前时间戳——time()

time()函数用于返回从 Unix 纪元（格林尼治时间 1970 年 1 月 1 日 00:00:00）到当前时间的秒数。其语法格式如下：

```
int time(void)
```

4. 获取一个日期的 Unix 时间戳——mktime()

PHP 使用 mktime()函数将一个时间转换成 Unix 的时间戳值，然后使用它来查找该日期的天。时间戳是一个长整数，包含从 Unix 纪元（January 1 1970 00:00:00 GMT）到给定时间的秒数。其语法格式如下：

```
int mktime ( [int hour [, int minute [, int second [, int month [, int day [, int year [, int is_dst]]]]]]]);
```

括号中的参数可以自右向左省略，任何省略的参数会被设置成本地日期和时间的当前值。参数说明如表 4-3 所示。

表 4-3　mktime()函数的参数说明

参　　数	说　　明
hour	小时数
minute	分钟数
second	秒数（1 分钟之内）
month	月份数
day	天数
year	可以是 2 位或 4 位数字，0～69 对应于 2 000～2 069，70～100 对应于 1 970～2 000
is_dst	夏令时可以被设置为 1，如果不是则设置为 0；当不确定为夏令时则设置为-1（默认）

【例 4-11】　使用 time()和 mktime()获取日期的时间戳。实例代码如下：（实例位置：素材与实例\example\ph04\11）

```php
<?php
echo "当前时间戳："  . time() . "<br>";
$nextday = time() + (24 * 60 * 60);
echo "明天的日期时间："  . date("Y-m-d H:i:s" , $nextday) . "<br>" ;
echo "2016-11-05 的时间戳："  . mktime(0,0,0,11,05,2016);
```

?>

运行结果如图 4-12 所示。

图 4-12　获取日期时间戳

4.2.2　数学函数

数学函数有很多，主要用于处理程序中 int 和 float 类型的数据。

1．返回最大值——max()

max()函数用于返回参数中数值最大的值。其语法格式如下：

max (mixed $value1 , mixed $value2 [, mixed $...])

如果仅有一个参数且为数组，max()返回该数组中最大的值。如果第一个参数是整数、字符串或浮点数，则至少需要两个参数，max()会返回这些值中最大的一个。

【例 4-12】　使用 max()函数返回几个指定数中最大的一个。实例代码如下：（实例位置：素材与实例\example\ph04\12）

```php
<?php
echo(max(5,7,18)) . "<br>";
echo(max(-3,5)) . "<br>";
echo(max(-3,-5)) . "<br>";
echo(max(7.25,7.30)) . "<br>";
?>
```

运行结果如图 4-13 所示。

图 4-13　返回最大值

PHP 会将非数值的字符串当成 0，但如果这正是最大的数值，则仍然会返回一个字符串。如果多个参数都求值为 0 且是最大值，max()会返回其中数值的 0，如果参数中没有数值的 0，则返回按字母表顺序最大的字符串。

2. 返回最小值——min()

min()函数用于返回参数中数值最小的值。其语法格式和用法与 max()函数相同，此处不再赘述。

3. 随机函数——rand()

rand()函数可返回随机整数。其语法格式如下：

```
int rand (int $min , int $max)
```

如果没有提供可选参数 min 和 max，rand()将会返回 0 到 rand_max 之间的伪随机整数。例如，想要得到 5 到 15（包括 5 和 15）之间的随机数，用 rand(5, 15)。

【例 4-13】　使用 rand()函数获取随机数。实例代码如下：（实例位置：素材与实例\example\ph04\13）

```php
<?php
echo(rand()) . "<br>";
echo(rand()) . "<br>";
echo(rand(9,99)) . "<br>";
?>
```

运行结果如图 4-14 所示。

图 4-14　获取随机数

每次刷新页面，输出的结果都会不同。

4.2.3 变量相关的函数

使用变量相关的函数，可以方便地实现变量的检测和类型转换等。

1．检测变量是否为空——empty()

empty()函数用于测试变量是否已经配置。其语法格式如下：

```
bool empty(mixed $var)
```

若变量 var 是非空字符串或非零，则返回 false 值，否则返回 true。一般来说，""、0、
"0"、NULL、false、array()、var $var;，以及没有任何属性的对象都将被认为是空的。

2．释放变量——unset()

unset()函数用于销毁指定的 var 变量，可同时销毁多个变量。其语法格式如下：

```
void unset ( mixed $var [, mixed $var [, ...]] )
```

对于全局变量，若在函数内部销毁，则只在函数内部起作用；函数调用结束后，全局
变量依然存在且有效。

3．检测变量是否存在——isset()

isset()函数用于检测变量 var 是否已经设置。其语法格式如下：

```
bool isset ( mixed $var [, mixed $var [, ...]] )
```

如果变量存在则返回 true，否则返回 false。当使用该函数测试一个被设置为 NULL 的
变量时，将返回 false。

【例 4-14】 变量相关函数的应用。实例代码如下：（实例位置：素材与实例\example\
ph04\14）

```php
<?php
$x = "hello";
$y = 000;
var_dump(empty($x) );echo "<br>";
var_dump(empty($y) );echo "<br>";
echo "<hr>";
var_dump(isset($x) );echo "<br>";
var_dump(isset($y) );echo "<br>";
echo "<hr>";
unset ($x);
```

```
var_dump(isset($x) );echo "<br>";
echo "<hr>";
?>
```

运行结果如图 4-15 所示。

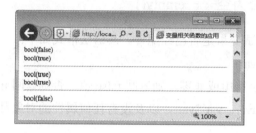

图 4-15　变量相关函数的应用

4.2.4　include()和 require()函数

1．include()函数

include()函数在 PHP 网页设计中非常重要。它可以很好地实现代码的可重用性，同时有效简化文件代码。include()函数包含并运行指定文件，假设有文件 a.php，要在 a.php 中包含 b.php 文件，此时只需要在 a.php 文件中使用 "include ('b.php') ;" 语句即可；当服务器执行 a.php 到包含文件这行时，就会自动读取 b.php 文件并执行其中的代码。当所包含的外部文件发生错误时，系统只给出一个警告，而整个 php 文件则继续向下执行。

include()函数的语法格式如下：

void include （string $filename）；

参数 filename 是指定的完整路径的文件名。

网页设计中，常将网页头和页脚单独制作成独立的文件，然后使用 include()函数将其包含在网页中，这样不仅可以减少代码重用，也便于今后的维护。如下代码所示（鉴于篇幅原因，略去了网页中间的代码）：

```
<?php
$pagetitle="文章列表";
include('header.php');
?>
-----------
<?php
include('footer.php');
```

```
?>
```

另外，在 PHP 编程时，也经常将一些常用的访问数据库函数写到一个文件中，然后用 include()函数将该文件包含进网页中。

2．require()函数

require()函数与 include()函数类似，都是实现对外部文件的调用。当使用 require()函数载入文件时，它会作为 PHP 文件的一部分被执行，语法如下：

```
void require(string $filename);
```

参数 filename 是指定的完整路径的文件名。

提 示

> 这两种结构除了在处理失败时不同外，其他完全一样。include()产生一个警告，而 require()则导致一个致命错误。如果想在遇到丢失文件时停止处理页面就用 require()。include()会继续运行。

4.2.5 include_once()和 require_once()函数

1．include_once()函数

应用 include_once()函数多次调用相同的文件时，程序只会调用一次。例如，要导入的文件中存在一些自定义函数，如果在同一个程序中重复导入该文件，在第 2 次导入时便会发生错误，因为 PHP 不允许相同名称的函数被重复声明两次。该函数的语法格式如下：

```
void include_once（string $filename）;
```

参数 filename 是指定的完整路径的文件名。

2．require_once()函数

require_once()是 require()的延伸，其功能与 require()基本类似，不同的是，require_once()函数会先检查要导入的文件是不是已经在该程序中的其他地方被调用过，如果被调用过，就不会再次重复调用该文件。其语法格式如下：

```
void require_once（string $filename）;
```

参数 filename 是指定的完整路径的文件名。

如下代码中便使用到了 require_once()函数。

```php
<?php
//入口文件
```

```
------
//引入 common
require_once(WEB_INC.'/common.inc.php');
------
?>
```

 本章实训——使用函数限制字符串长度和格式

　　一般在网站注册时，都需要输入一定的资料信息。在实现该功能时，有时需要限制用户的输入，比如输入手机号码时，需要限制字符串长度为 11 位。此处需要使用 PHP 函数判断输入（此处先假定一个变量）的数据是否符合下列要求：输入必须为全数字，字符串长度不允许超过 18 位，不允许为空。

　　注：可以用 strlen()函数来获取字符串长度。（实例位置：素材与实例\exercise\ph04\01）。

步骤 1▶　启动 Dreamweaver，新建文档"index.php"，并将其保存在"D:\phpEnv\www\exercise\ph04\01"目录下。

步骤 2▶　在 Dreamweaver 中打开新建文档，使用"代码"视图给该页面设置一个标题"限制字符输入"。

步骤 3▶　将插入点置于文档窗口上方的"设计"视图中，单击"插入"面板"HTML"类别中的"Table"按钮，参照图 4-16（a）设置"Table"对话框中各项参数，之后单击"确定"按钮插入表格，如图 4-16（b）所示。

（a）

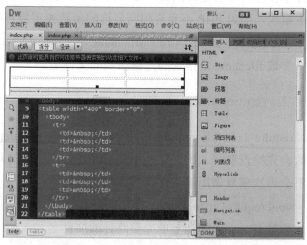

（b）

图 4-16　插入表格

步骤 4▶　在表格体中插入"<form>"标签，并设置其属性。之后在表格第 1 行第 1 列单元格中输入文字"输入 18 位数字:"，在第 2 列单元格中插入一个文本框，在第 3 列单元格中插入一个"提交"按钮，并分别设置文本框和按钮属性，如图 4-17 所示。

图 4-17　插入表单并设置单元格内容

步骤 5▶　将表格第 2 行的 3 个单元格合并，之后在"代码"视图中编写 PHP 代码，输入 PHP 代码段，如图 4-18 所示。

图 4-18　编写 PHP 代码

步骤 6▶　查看网页运行结果。按【Ctrl+S】组合键保存文档，在文档编辑窗口中任意空白处单击鼠标，然后按【F12】键，在浏览器中打开该页面，并在文本框中输入 18 位数字，如图 4-19（a）所示。

步骤 7▶　单击"提交"按钮，下方显示一段文字，如图 4-19（b）所示。

（a） （b）

图 4-19 预览网页

 本章总结

本章主要介绍了 PHP 函数的应用。在学完本章内容后，读者应重点掌握以下知识。

➤ 在程序开发过程中，经常需要重复某种操作或处理，如数据查询、字符操作等。这些重复和独立的操作可以使用函数来实现。函数主要包括自定义函数和内置函数。

➤ 在定义函数时，要知道函数一般由函数名、参数、函数体和返回值 4 部分组成。函数体是实现函数功能的代码段，它可以是任何有效的 PHP 代码。

➤ PHP 中有很多使用频率较高的内置函数，主要包括日期时间函数、数学函数、变量相关的函数等。

知识考核

一、填空题

1．函数一般由_____、_____、_____和_____4 部分组成。_____是实现函数功能的代码段，它可以是任何有效的 PHP 代码。

2．函数只有在被_____时才会执行，页面加载时不会立即执行。

3．函数中的每个参数都是一个表达式，定义时称为_____，调用时输入的实际值称为_____。实参和形参应该个数相等，类型一致。形参和实参按顺序对应传递数据。

4．函数如果带有参数，则在调用函数时需要向其传递数据。在 PHP 中，函数间参数传递的方式有_____、_____和_____3 种。

5．按引用传递就是将实参在_____中分配的地址传递给形参。引用传递方式需要在函数定义时在形参前加上_____符号。

6．在 PHP 中定义函数时，还可以为一个或多个_____指定默认值。默认值必须是常量或者_____。在使用默认参数时，必须将其放在任何非默认参数_____。

7．return 语句的作用是将_____传递给函数调用者，并终止函数的执行。return 语句只能返回一个值，如果需要返回多个值，就要在函数中定义一个_____，将返回值存储在＿＿＿＿＿＿中；如果不需要返回任何值，而是结束函数的执行，可以只使用＿＿＿＿＿。

8．通过在函数名前加＿＿＿＿＿符号，可以实现对函数的引用。

9．PHP 支持变量函数，这意味着如果一个变量名后有圆括号，PHP 将寻找与＿＿＿＿＿＿同名的函数，并尝试执行它。

10．数学函数主要用于处理程序中＿＿＿＿＿和＿＿＿＿＿＿类型的数据。

二、简答题

1．简述在调用函数时需要注意的几点。

2．简述递归函数的定义。

第5章 字符串操作与正则表达式

在 Web 编程中，经常需要对字符串进行处理和分析。正确使用和掌握字符串相关操作，能在开发过程中节约大量时间，有效提高开发效率。正则表达式是一种对字符串进行模式匹配和替换的规则，在字符串处理中起着非常重要的作用。本章便来学习字符串操作和正则表达式的相关知识。

 学习目标

- 了解字符串的组成和表示形式
- 掌握字符串常用操作
- 了解正则表达式的作用和语法规则
- 掌握 Perl 兼容正则表达式函数的应用

5.1 认识字符串

前面在 2.2 节介绍数据类型时，曾简单介绍过字符串，此处将详细介绍字符串的相关操作。

5.1.1 字符串简介

字符串是由数字、字母、下划线等组成的一串字符。此处所说的字符主要包括以下几种类型：

➢ 数字字符，如 1，2，3 等。
➢ 字母字符，如 a，b，c 等。
➢ 特殊字符，如$，#，！，@等。
➢ 转义字符，如\n（换行符）、\r（回车符）、\t（Tab 字符）等。

其中转义字符在输出时不显示，只能看到其所产生的格式化效果。

【例 5-1】 格式化输出字符串。实例代码如下：（实例位置：素材与实例\example\

ph05\01）

```php
<?php
echo "This is a Character string:\rabc_@123";
?>
```

运行结果如图 5-1 所示。本实例的换行效果在浏览器中不可见，需要查看源文件来查看转义字符的输出结果。在浏览界面单击鼠标右键，在弹出的快捷菜单中选择"查看源"，格式如图 5-2 所示。

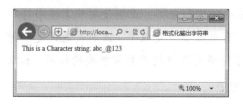

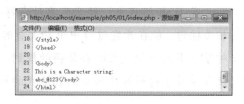

图 5-1　格式化输出字符串　　　　　　　图 5-2　查看源文件

5.1.2　字符串表示形式

通过前面 2.2.1 节的介绍，我们知道，字符串可以使用 3 种形式来表示：单引号（'）、双引号（"）和定界符（<<<）。此处要强调的一点是：在使用过程中一定要注意单引号与双引号的差异，任何变量在双引号中都会被转换为它的值进行输出显示；而单引号的内容则会被原样输出。具体可以参考【例 2-3】的输出结果。

5.2　字符串常用操作

字符串操作在 PHP 编程中经常被用到，几乎所有 PHP 脚本的输入输出都要用到字符串。可以直接在函数中使用字符串，也可以将其存储在变量中。很多字符串操作都可以通过 PHP 内置函数来完成。

5.2.1　获取字符串长度

PHP 中使用 strlen()函数获取字符串长度，其语法格式如下：

```php
int strlen(string $str)
```

【例 5-2】　获取字符串长度。实例代码如下：（实例位置：素材与实例\example\ph05\02）

```php
<?php
echo strlen("This is a Character string:\rabc_@123");
```

```
?>
```
运行结果如图 5-3 所示。

图 5-3　获取字符串长度

> 汉字占两个字符，数字、英文、小数点、下划线和空格各占一个字符。

实际的网页制作中，常用 strlen() 函数获取并检测字符串长度。比如在用户注册时，可以用其检测用户输入密码的长度，如果长度小于 6，则弹出提示信息，要求重新输入。

5.2.2　去除字符串的首尾空格和特殊字符

用户在浏览器中输入数据时，往往会在无意中输入多余的空格，而在某些情况下，字符串中又不允许出现空格和特殊字符，此时就需要去除这些多余的空格和特殊字符。为此 PHP 提供了 trim()、rtrim() 和 ltrim() 函数，分别用于去除字符串两端空格、字符串尾部空格和字符串首部空格。

1．去除字符串首尾空格——trim() 函数

trim() 函数用于去除字符串首尾空格和特殊字符，并返回去掉空格和特殊字符后的字符串。其语法格式如下：

```
string trim(string $str [,string $charlist = " \t\n\r\0\x0B"]);
```

其中的参数 str 是要去掉空格的字符串；可选参数 charlist 为准备从字符串 str 中移除的字符，如果不设置该参数，则默认去除以下字符。

- ➢ " "：空格（ASCII 32（0×20））。
- ➢ "\t"：tab，制表符（ASCII 9（0×09））。
- ➢ "\n"：换行符（ASCII 10（0×0A））。
- ➢ "\0"：空字符（ASCII 0（0×00））。
- ➢ "\r"：回车符（ASCII 13（0×0D））。
- ➢ "\x0B"：垂直制表符（ASCII 11（0×0B））。

2．去除字符串右边空格——rtrim()函数

rtrim()函数用于去除字符串右边的空格和特殊字符。其语法格式如下：

```
string rtrim(string $str [,string $charlist] );
```

3．去除字符串左边空格——ltrim()函数

ltrim()函数用于去除字符串左边的空格和特殊字符。其语法格式如下：

```
string ltrim(string $str [,string $charlist]);
```

【例 5-3】 去除字符串空格。实例代码如下：（实例位置：素材与实例\example\ph05\03）

```php
<?php
$str = "Hello World!";
echo $str . "<br>";
echo trim($str,"Hed!") . "<br>";
echo rtrim($str,"ld!") . "<br>";
echo ltrim($str,"He") . "<br>";
?>
```

运行结果如图 5-4 所示。

图 5-4　去除字符串空格

5.2.3　大小写转换

在字符串操作过程中，通常需要对其大小写进行转换，此时可以使用大小写转换函数。常见大小写转换函数及其语法格式如下：

```
string strtolower (string str) ;        //转换为小写
string strtoupper (string str) ;        //转换为大写
string ucfirst (string str) ;           //整个字符串首字母大写
string ucwords (string str) ;           //整个字符串中以空格为分隔符的单词首字母大写
```

【例 5-4】 大小写转换。实例代码如下：（实例位置：素材与实例\example\ph05\04）

```php
<?php
```

```
$str = "I want To FLY";                    //定义字符串类型的变量
echo strtolower ($str) . "<br>";           //输出转换为小写的字符串
echo strtoupper($str) . "<br>";            //输出转换为大写的字符串
echo ucfirst($str) . "<br>";               //输出转换为首字母大写的字符串
echo ucwords($str) . "<br>";               //输出转换为单词首字母大写的字符串
echo $str;                                 //输出原字符串
?>
```

运行结果如图 5-5 所示。

图 5-5　大小写转换

5.2.4　截取字符串

在 PHP 中，如果要截取某个字符串中指定长度的字符，可以使用 substr()函数来实现。其语法格式如下：

string substr (string $string, int $start [, int $length])

➢ 参数 string 为要操作的字符串。

➢ 参数 start 为要截取的字符串的开始位置，若 start 为负数时，则表示从倒数第 start 开始截取 length 个字符；若 start 为 0，则表示从字符串的第 1 个字符开始。

➢ 可选参数 length 为要截取的字符串长度，若在使用时不指定该参数，则默认截取到字符串结尾。若 length 为负数，则表示从 start 开始向右截取到末尾倒数第 length 个字符的位置。

【例 5-5】　字符串截取。实例代码如下：（实例位置：素材与实例\example\ph05\05）

```php
<?php
$str = "This is a very beautiful box.";
echo "原字符串：$str <br>";
echo "截取字符串：" . substr($str,8) . "<br>";
echo "截取字符串：" . substr($str,8,6) . "<br>";
echo "截取字符串：" . substr($str,-4) . "<br>";
echo "截取字符串：" . substr($str,-19,-4) . "<br>";
```

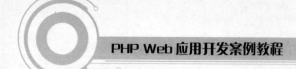

```
?>
```

运行结果如图 5-6 所示。

图 5-6 字符串截取

5.2.5 查找字符串

在 PHP 中，如果需要对字符串进行查找和检索操作，可以使用 strstr()和 strpos()函数。

1. strstr()函数

strstr()函数用于搜索指定字符串在另一个字符串中的第一次出现，其语法格式如下：

string strstr(string $haystack, mixed $needle)

参数 haystack 为被搜索的字符串，参数 needle 为要搜索的字符串（指定字符串）。该函数返回自匹配点开始至被搜索字符串结尾的部分。如果未找到所搜索的字符串，则返回 false。

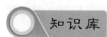 知识库

可以使用该函数获取上传图片的后缀，来限制上传图片的格式。

2. strpos()函数

strpos()函数用于检索字符串内指定的字符或文本。其语法格式如下：

mixed strpos(string $haystack, mixed $needle[, int $start])

该函数将返回 needle 存在于 haystack 字符串中起始的字符位置(字符串位置从 0 开始，不是从 1)。如果未找到匹配，则将返回 false。可选参数 start 为开始搜索的位置。

【例 5-6】 查找字符串。实例代码如下：（实例位置：素材与实例\example\ph05\06）

```php
<?php
$str = "I love Beijing Tiananmen!";
echo "原字符串为：$str <br>";
echo strstr($str,"Beijing") . "<br>";
```

```
echo "<hr>";
echo strpos($str,"Beijing") . "<br>";
?>
```

运行结果如图 5-7 所示。

图 5-7　查找字符串

5.2.6　替换字符串

在 PHP 中，要对某字符串中的指定字符进行替换，可以使用字符串替换函数 str_replace()来实现。其语法格式如下：

```
mixed str_replace(mixed $find, mixed $replace, mixed $subject[, int &$count])
```

参数 find 为要查找的字符串，参数 replace 为用来替换的字符串，参数 subject 为被搜索的字符串，可选参数 count 为执行替换的数量。

【例 5-7】　替换字符串。实例代码如下：（实例位置：素材与实例\example\ph05\07）

```
<?php
$str = "BJJQE http://www.bjjqe.com/";
echo "原字符串为：$str<br>";
echo "替换字符串后：" . str_replace('BJJQE', '北京金企鹅', $str);
?>
```

运行结果如图 5-8 所示。

图 5-8　替换字符串

该函数必须遵循以下规则：

➢ 　如果搜索的字符串是数组，那么它将返回数组。

➢ 如果搜索的字符串是数组，那么它将对数组中的每个元素进行查找和替换。

➢ 如果同时需要对数组进行查找和替换，并且需要执行替换的元素少于查找到的元素的数量，那么多余元素将用空字符串进行替换。

➢ 如果查找的是数组，而替换的是字符串，那么替换字符串将对所有查找到的值起作用。

5.3 正则表达式

用户在注册为某网站的会员时，经常需要输入用户名、电话号码等信息，偶尔输错时还会收到不合格验证信息，需要重新输入。对字符串的验证是一种常见的 Web 逻辑应用，是在服务器端脚本中用正则表达式实现的。

5.3.1 正则表达式简介

正则表达式是对字符串操作的一种逻辑公式，就是用事先定义好的一些特定字符，及这些特定字符的组合，组成一个"规则字符串"，该"规则字符串"描述在查找文字主体时待匹配的一个或多个字符串。可以说，正则表达式是作为一个模板，将某个字符模式与所搜索的字符串进行匹配。

接触过 DOS 的用户可能知道，如果想要匹配当前文件夹下所有的文本文件，可以输入"dir *.txt"命令，按【Enter】键后所有".txt"文件都会被列出来。此处的"*.txt"即可理解为一个简单的正则表达式。

在 PHP 中，正则表达式基本上有以下 3 个作用：

➢ 判断给定字符串是否匹配正则表达式。

➢ 用新文本替换匹配文本。

➢ 将一个字符串拆分为一组更小的信息块，从字符串中获取其特定部分。

5.3.2 正则表达式的语法规则

正则表达式由一些普通字符和一些元字符（特殊字符）以及模式修正符组成。普通字符包括大小写的字母、数字、标点符号、非打印字符（如换行符、回车符等）以及双引号、单引号等符号；而元字符则是一些具有特殊含义的符号，如"*""?"等。

在最简单的情况下，一个正则表达式看上去就是一个普通的字符串。例如，正则表达式"testing"中没有包含任何元字符，它可以匹配"testing"和"testing123"等字符串，但是不能匹配"Testing"。

1．元字符

元字符是指在正则表达式中具有特殊意义的字符。要想真正用好正则表达式，必须正确理解元字符的应用。

表 5-1 列出了常用元字符及对其的简单描述。

表 5-1　常用元字符

元字符	描 述	举 例
\	相当于 PHP 中的转义字符，将特殊字符变为普通字符	如 "\\n" 匹配\n，"\\\\" 匹配 "\\"，而 "\\(" 则匹配 "("
^	匹配字符串的开始位置	如 "^Tom" 匹配 "Tomorrow"，但不匹配 "Hello,Tom"
$	匹配字符串的结束位置	如 "$Tom" 匹配 "Hello,Tom"，但不匹配 "Tomorrow"
*	匹配前面的字符 0 次或多次	如 "zo*" 能匹配 "z"，也能匹配 "zo" 以及 "zoo"
+	匹配前面的字符 1 次或多次（大于等于 1 次）	如 "zo+" 能匹配 "zo" 以及 "zoo"，但不能匹配 "z"
?	匹配前面的字符 0 次或 1 次	如 "colou?r" 可以匹配 "colour" 和 "color"
{n}	n 是一个非负整数，匹配前面的字符 n 次	如 "o{2}" 不能匹配 "Bob" 中的 "o"，但是能匹配 "food" 中的两个 o
{n,}	n 是一个非负整数，匹配前面的字符最少 n 次	如 "o{2,}" 不能匹配 "Bob" 中的 "o"，但能匹配 "foooofood" 中的所有 o。"o{1,}" 等价于 "o+"；"o{0,}" 则等价于 "o*"
{n,m}	m 和 n 均为非负整数，其中 n<=m。匹配前面的字符最少 n 次，最多 m 次	如 "o{1,3}" 将匹配 "fooooood" 中的前三个 o，"o{0,1}" 等价于 "o?"，请注意在逗号和两个数之间不能有空格
.（点）	匹配除 "\r\n" 之外的任何单个字符	如 "s.t" 可以匹配 "sat""sit" 和 "set"，但不匹配 "seat"
x|y	匹配 x 或 y	如 "z|food" 能匹配 "z" 或 "food"，"[z|f]ood" 则匹配 "zood" 或 "food"
[xyz]	字符集合，匹配所包含的任意一个字符	如 "[abc]" 可以匹配 "plain" 中的 "a"

（续表）

元字符	描　述	举　例
[^xyz]	负值字符集合，匹配未包含的任意字符	如"[^abc]"可以匹配"plain"中的"plin"
[a-z]	字符范围，匹配指定范围内的任意字符	如"[a-z]"可以匹配"a"到"z"范围内的任意小写字母字符
[^a-z]	负值字符范围，匹配不在指定范围内的任意字符	如"[^a-z]"可以匹配不在"a"到"z"范围内的任意字符
\b	匹配一个单词边界，也就是指单词和空格间的位置	如"er\b"可以匹配"never"中的"er"，但不能匹配"verb"中的"er"
\B	匹配非单词边界	如"er\B"能匹配"verb"中的"er"，但不能匹配"never"中的"er"

 提　示

只有连字符在字符组内部，并且出现在两个字符之间时，才能表示字符的范围；如果出现在字符组的开头，则只能表示连字符本身。

表 5-2 给出了反斜杠指定的预定义字符集。

表 5-2　反斜杠指定的预定义字符集

预定义字符集	说　明
\d	匹配一个数字字符，等价于[0-9]
\D	匹配一个非数字字符，等价于[^0-9]
\s	匹配任何不可见字符，包括空格、制表符、换行符等，等价于[\f\n\r\t\v]
\S	匹配任何可见字符，等价于[^ \f\n\r\t\v]
\w	匹配包括下划线的任何单词字符，类似但不等价于"[A-Za-z0-9_]"
\W	匹配任何非单词字符，等价于"[^A-Za-z0-9_]"

2. 模式修正符

模式修正符的作用是规定正则表达式该如何解释和应用，PHP 中的常用模式修正符如

表5-3所示。

表5-3　PHP中的常用模式修正符

修正符	说　明
i	忽略大小写模式
m	多行匹配。仅当表达式中出现"^""$"中的至少一个元字符且字符串有换行符时，"m"修饰符才起作用。"m"修饰符可以改变"^"为表示每一行的头部
s	改变元字符"."的含义，使其可以代表所有字符（包括换行符），其他模式不能匹配换行符
x	忽略空白字符

5.3.3　Perl 兼容正则表达式函数

"Perl 兼容正则表达式（Perl Compatible Regular Expression）"简称 PCRE，也有称其为"PCRE 兼容正则表达式"。Perl 是一种编程语言，其字符处理功能非常强大，此处的 PCRE 就是使用了 Perl 的正则函数库。

在 PCRE 中，表达式应被包含在定界符中，一般是斜线"/"。实现 PCRE 风格正则表达式的函数有 7 个，下面分别介绍。

1．preg_grep()函数

函数语法格式如下：

```
array preg_grep (string $pattern, array $input)
```

函数 preg_grep()返回一个数组，其中包括$input 数组中与给定的$pattern 模式相匹配的元素。对于数组$input 中的每个元素，preg_grep()只进行一次匹配。

【例5-8】　preg_grep()函数的应用。实例代码如下：（实例位置：素材与实例\example\ph05\08）

```php
<?php
$subjects = array("Mechanical Engineering", "Medicine", "Social Science", "Agriculture",
"Commercial Science", "Politics");
//匹配所有仅由一个单词组成的科目名
$alonewords = preg_grep("/^[a-z]*$/i", $subjects);
var_dump($alonewords);
?>
```

运行结果如图 5-9 所示。

图 5-9   preg_grep()函数的应用

2. preg_match()和 preg_match_all()函数

preg_match()函数用于匹配字符串。其语法格式如下：

int preg_match (string $pattern, string $subject [, array &$matches])

该函数在字符串 subject 中搜索与表达式 pattern 相匹配的内容，成功则返回整个模式匹配的次数（可能为零），出错则返回 false。如果定义了数组 matches，则将每次匹配的结果存储到该数组中。

preg_match()第一次匹配成功后就会停止匹配，如果要实现全部结果的匹配，即搜索到 subject 结尾处，则需使用 preg_match_all()函数。

【例 5-9】   使用 preg_match()和 preg_match_all()函数匹配字符串。实例代码如下：（实例位置：素材与实例\example\ph05\09）

```php
<?php
$str = "php 功能强大，学习 php 是一件快乐的事。";
$preg = "/[x80-xff]+/";
$a = preg_match($preg, $str, $match1);
echo $a."<br>";
var_dump($match1);
$b = preg_match_all($preg, $str, $match2);
echo "<p>".$b."<br>";
var_dump($match2);
?>
```

运行结果如图 5-10 所示。

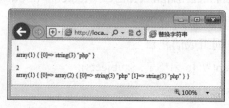

图 5-10   使用 preg_match()和 preg_match_all()函数

3. preg_quote()函数

该函数可以对特殊字符进行自动转义，其语法格式如下：

string preg_quote(string $str [, string $delimiter])

该函数给字符串 str 中的所有特殊字符前面加上一个反斜线，对其进行自动转义。如果定义了参数 delimiter，则该参数所包含的字符串也将被转义，函数返回转义后的字符串。

 提　示

正则表达式的特殊字符包括：.\\+*?[^]$(){}=!<>|:。

【例 5-10】　对字符串进行自动转义。实例代码如下：（实例位置：素材与实例\example\ph05\10）

```php
<?php
$k1 = "$40 for a g3/400";
$k2 = preg_quote ($k1, "/");
echo "原字符串： ".$k1. "<br>";
echo "转义字符串:".$k2;
?>
```

运行结果如图 5-11 所示。

图 5-11　将字符串自动转义

4. preg_replace()函数

preg_replace()函数用于正则表达式的搜索和替换，其语法格式如下：

mixed preg_replace(mixed $pattern, mixed $replacement, mixed $subject [, int $limit])

该函数在字符串 subject 中匹配表达式 pattern，并将匹配项替换成字符串 replacement。如果定义了参数 limit，则替换 limit 次。上述参数除 limit 外都可以是一个数组。如果 pattern 和 replacement 都是数组，将以其键名在数组中出现的顺序来进行处理，这不一定和索引的数字顺序相同。如果使用索引来标识哪个 pattern 将被哪个 replacement 替换，应该在调

用 preg_replace()之前用 ksort()函数对数组进行排序。

【例 5-11】 替换字符串。实例代码如下：（实例位置：素材与实例\example\ph05\11）

```php
<?php
$k1 = "The quick brown fox jumped over the lazy dog.";          //定义变量
$k2 = preg_replace('/\s/','-',$k1);                             //定义变量，并将替换后的字符串赋给它
echo "原字符串："  .$k1. "<br>";                                //输出字符串变量$k1
echo "替换空格后的字符串:".$k2;                                  //输出字符串变量$k2
?>
```

运行结果如图 5-12 所示。

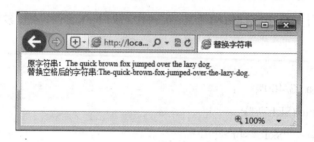

图 5-12   替换字符串

5．preg_split()函数

preg_split()函数用于分割字符串，其语法格式如下：

```
array preg_split( string $pattern, string $subject [, int $limit [, int $flags]] )
```

该函数返回一个数组，包含字符串 subject 经正则表达式 pattern 作为边界所分割出的子串。如果定义了参数 limit，则最多返回 limit 个子串，如果 limit 是-1，则意味着没有限制，可以用来继续指定可选参数 flags。

【例 5-12】 分割字符串。实例代码如下：（实例位置：素材与实例\example\ph05\12）

```php
<?php
$str = "php mysql,apache ajax";          //定义字符串变量
$keywords = preg_split("/[\s,]+/", $str);  //定义变量，并将分割后的字符串赋给它
print_r($keywords);                        //输出分割后的字符串组成的数组
?>
```

运行结果如图 5-13 所示。

图 5-13　分割字符串

5.3.4　测试正则表达式

正则表达式的语法很难理解，且容易出错，即便是对经常使用的人来说也是如此。这就需要有一种工具来对其进行测试。RegexBuddy 正好满足了这个需要。它可以容易地建立正确的正则表达式，清晰地推断复杂的正则表达式，还可以用给出的实例字符串或文件快速地进行测试匹配，从而有效避免在实际应用中出现错误。

可以在网上下载 RegexBuddy 软件，其安装比较简单，此处不再赘述。启动 RegexBuddy 后，默认顶部显示正则表达式和前一次使用的历史，底部显示其他选项卡，分别是"Create""Convert""Test""Debug""Use""Library""GREP"和"Forum"，如图 5-14 所示。

为便于使用，可以单击窗口右上方工具栏上的"View"按钮 ，在其下拉菜单中选择"Side by Side Layout"，这样可以最大限度地同时查看两个窗口，如图 5-15 所示。

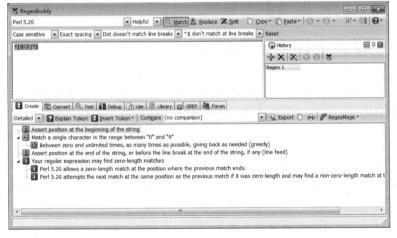

图 5-14　RegexBuddy 默认界面

图 5-15　切换窗口显示方式

接下来用 RegexBuddy 建立一个简单的正则表达式。在左上方的正则表达式区域输入"^[0-9]*$"，也就是只允许有数字的正则表达式，然后在"Test"区域输入测试文本：90652、hhh、45002、65hgf、56464（每输入一个换一行），并在"Test"区域左上角的下拉列表中选择"Line by line"，如图 5-16 所示。

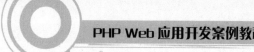

可以发现在"Test"区域中与表达式匹配的字符串会被高亮显示，十分方便查找与正则表达式匹配的内容。

在"Create"选项卡中，可以看到对该正则表达式解释的一个树状展示，其中的每一个节点对照表达式中的一个元素块，在 RegexBuddy 中被称为一个"token"，点击其中的某个节点，就会在表达式的相应部分进行着重显示。在分析复杂的表达式时，可以在此处查看。

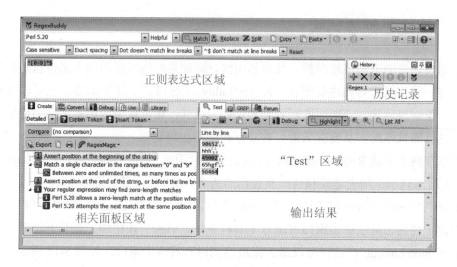

图 5-16　测试正则表达式

 本章实训——验证上传图片的格式

一般在网站上传图片时，对其格式是有一定要求的，本例使用查找字符串函数——strstr()来获取上传图片的后缀，并依此对图片格式进行限制（实例位置：素材与实例\exercise\ph05\01）。

步骤 1▶ 启动 Dreamweaver，新建文档"index.php"，将其保存在"D:\phpEnv\www\exercise\ph05\01"目录下，并在该目录下创建一个文件夹"uploads"，用于存放上传的图片文件。

步骤 2▶ 在 Dreamweaver 中打开新建文档，使用"代码"视图给该页面设置一个标题"限制图片格式"。

步骤 3▶ 在网页"<body>"标签中输入<label>标签，并在其中输入文字"请选择要上传的图片（图片格式为".jpg"):"，如图 5-17 所示。

步骤 4▶ 在<label>标签下方插入一个<form>标签，设置其属性，并在其中输入 3 个"input"标签，然后设置不同的属性，如图 5-18 所示。

图 5-17　输入<label>标签

图 5-18　插入<form>标签

步骤 5▶　编写 PHP 代码。在<form></form>标签对下方输入 PHP 代码段，实现对上传图片格式的验证，如图 5-19 所示。

图 5-19　编写 PHP 代码

步骤 6▶　查看网页运行结果。按【Ctrl+S】组合键保存文档，在文档编辑窗口中任意空白处单击鼠标，然后按【F12】键，在浏览器中打开该页面，如图 5-20（a）所示。

步骤 7▶　单击"浏览"按钮，在弹出的"选择要加载的文件"对话框中选择一个图片文件，单击"打开"按钮回到网页界面，之后单击"上传"按钮，可将图片上传，如图 5-20（b）所示。

（a）

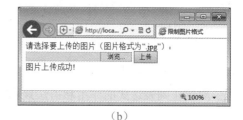

（b）

图 5-20　网页运行结果

115

 本章总结

本章主要介绍了字符串与正则表达式的相关知识。在学完本章内容后，读者应重点掌握以下知识。

➢ 字符串由数字、字母、下划线等组成。可以使用 3 种形式来表示：单引号（'）、双引号（"）和定界符（<<<）。

➢ 几乎所有 PHP 脚本的输入输出都要用到字符串。可以直接在函数中使用字符串，也可以将其存储在变量中。很多字符串操作都可以通过 PHP 内置函数来完成。

➢ 正则表达式是对字符串操作的一种逻辑公式，就是用事先定义好的一些特定字符，及这些特定字符的组合，组成一个"规则字符串"，该"规则字符串"描述在查找文字主体时待匹配的一个或多个字符串。

➢ 正则表达式由一些普通字符和一些元字符（特殊字符）以及模式修正符组成。普通字符包括大小写的字母、数字、标点符号、非打印字符以及双引号、单引号等符号，而元字符则是一些具有特殊含义的符号，如"*""?"等。

知识考核

一、填空题

1. 字符串是由_____、_____、_____等组成的一串字符。

2. 实际的网页制作中，常用_____函数获取并检测字符串长度。

3. PHP 提供了 trim()、rtrim()和 ltrim()函数，分别用于去除_____空格、字符串尾部空格和_____空格。

4. 在 PHP 中，如果要截取某个字符串中指定长度的字符，可以使用_____函数来实现。

5. _____是指在正则表达式中具有特殊意义的字符。

6. _____的作用是规定正则表达式该如何解释和应用。

二、简答题

1. 简述字符串的类型。

2. 简述正则表达式的作用和语法规则。

第 6 章　PHP 数组

与字符串一样，数组也是 PHP 中重要的数据类型之一。数组可以对大量数据类型相同的数据进行存储、排序、插入及删除等操作，从而有效提高程序开发效率，并改善程序代码的编写方式。PHP 凭借其代码开源、升级速度快等特点，对数组的操作能力更为强大，尤其是提供了大量方便、易懂的数组操作函数。本章主要介绍 PHP 数组的相关知识。

 学习目标

- 了解数组的声明方法，及其分类和构造
- 掌握数组的输出和遍历方法
- 掌握与数组常用操作相关的函数的应用
- 了解 PHP 预定义数组

6.1　初识数组

数组由一系列有序的变量组成，每个变量都有编号，形成一个可操作的整体。数组中的每个变量称为一个元素。每个元素由一个特殊的标识符来区分，该标识符称为键（也称为下标）。数组中的元素包括索引（键名）和值两部分。可以通过键值来获取相应数组元素，这些键可以是数值键或关联键。

6.1.1　数组的声明

组成数组的元素可以是 PHP 所支持的任何数据类型，如布尔值、字符串等。在 PHP 中声明数组的方式主要有两种：一是应用 array()函数声明数组，二是直接为数组元素赋值。

1. 应用 array()函数声明数组

应用 array()函数声明数组的语法如下：

```
array ( [ key=>] value , [ key=>] value ,…) ;
```

其中 key 是数组元素的"键"或者"下标"，可以是整型或者字符串型数据，如果是浮点数，将被转换为整数；value 是数组元素的值，可以是任何类型的数据，当其为数组时，将构成多维数组；[key=>]是可以省略的部分，默认为索引数组，索引值从 0 开始。

2. 直接为数组元素赋值

除上述方法外，还可以采用直接为数组元素赋值的方法来声明数组。其语法格式如下：

```
$数组名[索引值] = 元素值;
```

其中的索引值可以是整数或字符串；元素值可以为任何数据类型，若其为数组，则构成多维数组。

【例 6-1】 应用数组。实例代码如下：（实例位置：素材与实例\example\ph06\01）

```php
<?php
$cars1 = array("Volvo","BMW","SAAB");                    //使用 array()函数声明数组
$cars2[0] = "大众";                    //使用直接赋值定义数组，数组元素下标从 0 开始
$cars2[1] = "起亚";
$cars2[2] = "丰田";
//输出数组元素
echo "I like " . $cars1[0] . ", " . $cars1[1] . " and " . $cars1[2] . "." ."<br>";
echo "打印数组键和值如下：<br>";
print_r($cars2); echo "<br>";                    //打印数组键和值
?>
```

运行结果如图 6-1 所示。

图 6-1　应用数组

6.1.2　数组的分类

PHP 支持两种数组：索引数组（indexed array）和关联数组（associative array），前者使用数字作为键（下标），默认索引值从 0 开始，如例 6-1 中的数组$cars1 和$cars2；后者使用字符串作为键（下标），也可以是数值和字符串混合的形式。

提 示

一个数组中只要有一个键名不是数字，那么该数组就称为关联数组。

6.1.3 数组的构造

数组本质上是用来存储、管理和操作一组变量的，PHP 支持一维数组和二维数组。

➢ 一维数组：当一个数组的元素是变量时，则称其为一维数组。例 6-1 中的两个数组均为一维数组。

➢ 二维数组：当一个数组的元素是一个数组时，则称其为二维数组。

【例 6-2】 二维数组。实例代码如下：（实例位置：素材与实例\example\ph06\02）

```php
<?php
//定义二维数组
$str = array (
    "办公应用"=>array ("Word","Excel","Powerpoint"),
    "平面设计"=>array ("m"=>"Photoshop","n"=>"CorelDRAW","o"=>"Illustrator"),
    "Web 开发"=>array ("PHP",8=>"ASP.NET","JSP") );
print_r ($str) ;                    //输出数组
?>
```

运行结果如图 6-2 所示。

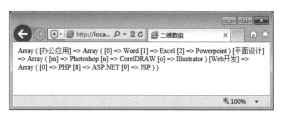

图 6-2 二维数组

提 示

二维数组也叫多维数组，是指包含一个或多个数组的数组。

6.2 数组的输出和遍历

6.2.1 数组的输出

在 PHP 中，要对数组某一元素进行输出，通常使用 echo 和 print 语句；要将数组结构输出，可以通过 print_r() 函数来实现。其语法格式如下：

```
bool print_r(mixed $expression)
```

如果该函数的参数 expression 为普通的字符型、整型或实型变量，则直接输出该变量；如果该参数为数组，则按键值和元素的顺序输出数组中的所有元素，如例 6-2 中便使用该函数输出了数组。

6.2.2 数组的遍历

数组主要是对多个相互关联的数据进行批量处理，一般是对整个数组进行统一管理，很少直接访问数组中的单个成员。对数组进行遍历的方法有很多，下面分别介绍。

1. 使用 foreach() 循环遍历数组

foreach() 是用于遍历数组中数据的最简单有效的方法。它仅能用于数组或对象，如果要将其用于其他数据类型或一个未初始化的变量，将会产生错误。foreach() 有以下两种用法：

```
foreach ( array_name as $value ) {          //第一种用法
    statement;
}
```

此处的 array_name 是所要遍历的数组名，每次循环中，array_name 数组的当前元素的值被赋给 $value，并且数组内部的下标向下移一步，直至数组末尾。

```
foreach ( array_name as $key => $value ) {          //第二种用法
    statement;
}
```

第二种跟第一种方法的区别就是多了个 $key，也就是除了把当前元素的值赋给 $value 外，当前元素的键值也会在每次循环中被赋给变量 $key。键值可以是下标值，也可以是字符串。比如 book[0]=1 中的 "0"，book[id]="001"中的 "id"。

提 示

实际应用中如果需要访问数组的键名，可以采用第二种方法。

【例 6-3】 使用 toreach() 循坏遍历数组。实例代码如下：（实例位置：素材与实例\example\ph06\03）

```php
<?php
$a = array(1, 2, 3, 17);
$b = array(
    "one"=>"1",
    "two"=>"2",
    "three"=>"3",
    "seventeen"=>"17"
);
echo "输出数组 a 所有元素值："'.'<br>';
foreach ($a as $value) {
echo $value." ";                      //1 2 3 17
}
echo "<hr>";                               //输出水平线
echo "输出数组 b 所有键名和元素值："'.'<br>';
foreach($b as $key=>$value) {
echo $key . "=>" . $value . " ";      //one=>1 two=>2 three=>3 seventeen=>17
  }
?>
```

运行结果如图 6-3 所示。

图 6-3　使用 foreach() 循环遍历数组

2. 使用 each()、list()和 while()函数遍历数组

使用 each()函数遍历数组，是将数组当作参数传递给 each()，返回数组中当前元素的键值对，并向后移动数组指针到下一个元素的位置，如果指针越过了数组末端，则返回 false。

【例 6-4】 使用 each()函数遍历数组。实例代码如下：（实例位置：素材与实例\example\ph06\04）

```php
<?php
    $arr = array('ccy','yyy','wyq','dyl');
    $name = each($arr);             //将数组$arr 中第一个元素赋值给$name，并下移指针
    print_r($name);                 //Array ( [1] => ccy [value] => ccy [0] => 0 [key] => 0 )
    echo "<br>";
    $name = each($arr);
    print_r($name);
    echo "<br>";
    $name = each($arr);
    print_r($name);
    echo "<br>";
    $name = each($arr);
    print_r($name);
?>
```

运行结果如图 6-4 所示。

图 6-4　使用 each()函数遍历数组

使用 list()函数遍历数组，实际是通过 "=" 把数组中的元素值逐个赋给函数中的参数，list()函数又将自己的参数转换成在脚本中可以直接使用的变量。

【例 6-5】 使用 list()函数遍历数组。实例代码如下：（实例位置：素材与实例\example\ph06\05）

```php
<?php
```

```php
$arr = array('ccy','yyy','wyq','dyl');
list($name0,$name1,$name2,$name3) = $arr;          //将数组$arr 中 4 个元素
的值分别赋$name0,$name1,$name2 和$name3
echo "name0:" . $name0  "<br>";                     //name0.ccy
echo "name1:" . $name1 . "<br>";
echo "name2:" . $name2 . "<br>";
echo "name3:" . $name3 . "<br>";
?>
```

运行结果如图 6-5 所示。

图 6-5　使用 list()函数遍历数组

知 识 库

list()函数仅能用于数字索引的数组，且数字索引从 0 开始。

【例 6-6】　使用 each()、list()和 while()函数遍历数组。实例代码如下：（实例位置：素材与实例\example\ph06\06）

```php
<?php
$arr = array('ccy','yyy','wyq','dyl');
while (list ($key,$val) = each($arr)) {            //自行分析赋值过程
echo "Her name is $val.<br>";                      //Her name is ccy……
}
?>
```

运行结果如图 6-6 所示。

图 6-6　使用 each()、list()和 while()函数遍历数组

3．使用 for()循环遍历数组

for()循环是通过数组的下标来访问数组中的元素，并且必须保证下标是连续的数字索引。在 PHP 中，数组不仅可用非连续数字作为下标，还可用字符串作为下标，此时就不能用 for()循环来遍历数组了。

【例 6-7】 使用 for()循环遍历数组。实例代码如下：（实例位置：素材与实例\example\ph06\07）

```php
<?php
    $arr = array('ccy','yyy','wyq','dyl');          //定义数组变量
    for ($i = 0;$i< count($arr); $i++){             //初始化$i，判断条件，满足则执行循环
语句块
        $str= $arr[$i];                             //将数组元素赋值给变量$str
        echo "Her name is $str.<br>";               //循环显示"Her name is $str."
    }
?>
```

运行结果如图 6-7 所示。

图 6-7　使用 for()循环遍历数组

6.3　数组常用操作

由于数组的灵活性和方便性，其在 PHP 编程中经常被用到。与数组操作相关的函数有很多，下面介绍一些常用函数。

6.3.1　数组与字符串的转换

在 PHP 编程中，经常需要将数组元素转换成字符串，或者将字符串转换成数组元素，使用 explode()和 implode()函数可以分别实现上述效果。

1. 使用 explode()函数将字符串分割成数组元素

explode()函数可以将字符串打散为数组。其语法格式如下：

array explode (string $separator,string $string [,int $limit])

该函数返回由字符串组成的数组，字符串 separator 作为边界点将字符串 string 分割成若干个子串，然后由这些子串构成一个数组。如果设置了 limit 参数，则返回的数组最多包含 limit 个元素，最后一个元素将包含字符串 string 的剩余部分。

【例6-8】 使用 explode()函数将字符串分割成数组元素。实例代码如下：（实例位置：素材与实例\example\ph06\08）

```php
<?php
$str = "I love beijing!";                    //定义字符串变量
print_r (explode(" ",$str));                 //以空格分割字符串为数组元素并输出
?>
```

运行结果如图6-8所示。

图 6-8　使用 explode()函数将字符串分割成数组

提　示

在论坛管理中常使用该功能来过滤敏感字，具体方法可参考后面的本章实训。

2. 使用 implode()函数将数组元素连接成一个字符串

implode()函数返回由数组元素组合成的字符串。其语法格式如下：

string implode (string $glue, array $pieces)

该函数的功能是用 glue 指定的字符串作为间隔符将 pieces 数组元素连成一个字符串。implode()函数的 glue 参数是可选的。但为了向后兼容，推荐使用两个参数。

【例6-9】 使用 implode()函数将数组元素连接成字符串。实例代码如下：（实例位置：素材与实例\example\ph06\09）

```php
<?php
$arr = array('I','love','Beijing!');         //定义数组变量
```

```
echo implode(" ",$arr);                              //将数组元素连接为字符串并输出
?>
```

运行结果如图 6-9 所示。

图 6-9　将数组元素连接为字符串

6.3.2　统计数组元素个数

在 PHP 编程中，遍历数组时经常需要先计算数组的长度，作为循环结束的判断条件，count()函数可用于统计数组中元素的个数。其语法格式如下：

int count (mixed $array_or_countable [, int $mode])

参数$array_or_countable 为必要参数，如果可选参数 mode 设为 COUNT_RECURSIVE（或 1），count()会递归地计算该数组，这在计算多维数组时特别有用。mode 的默认值是 0。

【例 6-10】　使用 count()函数统计数组元素个数。实例代码如下：（实例位置：素材与实例\example\ph06\10）

```
<?php
$arr = array(1,3,5,6,9,11);                      //定义一维数组
$cars=array                                       //定义多维数组
(
"Volvo"=>array("XC60", "XC90"),
"BMW"=>array("X3", "X5"),
"Toyota"=>array("Highlander")
);
echo "数组\$arr 元素个数为: " . count($arr)."<br>";              //6
echo "二维数组\$cars 元素个数为: " . count($cars)."<br>";          //3
echo "二维数组\$cars 递归所有元素个数为: " . count($cars,1);         //8
?>
```

运行结果如图 6-10 所示。

图6-10 统计数组元素个数

如果第一个参数不是数组或者实现 Countable 接口的对象，count 函数将返回 1。

6.3.3 数组的排序

数组中的元素可以按字母或数字顺序进行降序或升序排列。

1. 使用 sort()函数对数组进行升序排列

sort()函数用于对索引数组进行升序排列。其语法格式如下：

```
bool sort (array &$array [ , int $sort_flags ])
```

参数 array 表示要排序的数组，可选参数 sort_flags 可用以下值改变排序行为，规定如何比较数组的元素/项目：

➤ SORT_REGULAR：默认。把每一项按常规顺序排列（Standard ASCII，不改变类型）。

➤ SORT_NUMERIC：把每一项作为数字来处理。

➤ SORT_STRING：把每一项作为字符串来处理。

➤ SORT_LOCALE_STRING：把每一项作为字符串来处理，基于当前区域设置（可通过 setlocale()进行更改）。

➤ SORT_NATURAL：把每一项作为字符串来处理，使用类似 natsort()的自然排序。

➤ SORT_FLAG_CASE：可以结合（按位或）SORT_STRING 或 SORT_NATURAL 对字符串进行排序，不区分大小写。

2. 使用 rsort()函数对数组进行降序排列

rsort()函数用于对数值数组进行降序排列。其语法格式如下：

```
bool rsort (array &$array [ , int $sort_flags ])
```

可选参数 sort_flags 与 sort()函数中用法相同。

【例6-11】 对数组元素进行升降序排列。实例代码如下：（实例位置：素材与实例\example\ph06\11）

```php
<?php
$numbers = array(3,6,1,28,11,32,46);                    //定义数组变量
echo "<br>数组未排序前元素依次为：<br>";
foreach ($numbers as $a){                               //使用 foreach()循环遍历数组
    echo $a . "    ";               //输出数组元素
    }
    echo "<hr>";
sort($numbers);                                         //升序排列数组元素
echo "<br>数组升序排列后元素依次为：<br>";
foreach ($numbers as $a){
    echo $a . "    ";               //1   3   6   11   28   32   46
}
sort($numbers,SORT_STRING);                             //把数组元素作为字符串类型升序排列
echo "<br>数组元素被作为字符串升序排列后依次为：<br>";
foreach   ($numbers as $a){
    echo $a . "    ";               //1   11   28   3   32   46   6
}
    echo "<hr>";
rsort($numbers);
echo "<br>数组降序排列后元素依次为：<br>";
foreach   ($numbers as $a){
    echo $a . "    ";
}
?>
```

运行结果如图 6-11 所示。

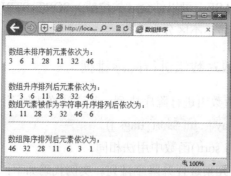

图 6-11　数组排序

3．使用 asort()和 ksort()函数对关联数组进行排序

asort()函数可以根据关联数组的值，对数组进行升序排列；ksort()函数可以根据关联数组的键，对数组进行升序排列。当使用关联数组，并且在排序后还需要保持键和值的排序一致时，可以使用这两个函数。其语法格式分别如下：

```
bool asort (array &$array [ , int $sort_flags ])
bool ksort (array &$array [ , int $sort_flags ])
```

【例 6-12】　关联数组排序。实例代码如下：（实例位置：素材与实例\example\ph06\12）

```php
<?php
$cars = array("c" => "BMW", "a" => "CITROEN", "d" => "Jeep", "b" => "BUICK");
echo "<br>数组未排序前元素依次为：<br>";
foreach ($cars as $key => $a){          //使用 foreach()循环遍历数组
    echo "$key => $a \n";               //输出数组元素
    }
    echo "<hr>";
asort($cars);                           //根据数组值，升序排列数组元素
echo "<br>数组升序排列后元素依次为：<br>";
foreach ($cars as $key => $a){
    echo "$key => $a \n";               //c => BMW b => BUICK a => CITROEN d => Jeep
}
    echo "<hr>";
ksort($cars);                           //根据键名，升序排列数组元素
echo "<br>按键名排列数组后元素依次为：<br>";
foreach   ($cars as $key => $a){
    echo "$key => $a \n";               //a => CITROEN b => BUICK c => BMW d => Jeep
}
?>
```

运行结果如图 6-12 所示。

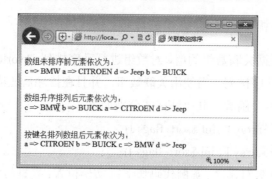

图 6-12 关联数组排序

6.3.4 在数组中查找元素

在数组中查找或搜索某个元素或键名是否存在，可以通过遍历数组进行查找，也可以使用 PHP 提供的函数。

1. 使用 in_array()函数检查数组中是否存在某值

in_array()函数用于搜索数组中是否存在指定的值。其语法格式如下：

```
bool in_array (mixed $search, array $haystack [, bool $strict])
```

该函数表示在数组 haystack 中搜素值 search，若找到返回 true，否则返回 false。如果可选参数 strict 为 true，则 in_array()函数还会检查搜索的数据与数组的值的类型是否相同。

2. 使用 array_key_exists()函数检查给定键名或索引是否存在数组中

array_key_exists()函数用于检查某个数组中是否存在指定的键名，如果键名存在则返回 true，否则返回 false。其语法格式如下：

```
bool array_key_exists (mixed $key, array $search )
```

在数组 search 中搜索是否存在键名或索引为 key 的元素，若有则返回 true，否则返回 false。

3. 使用 array_search()函数在数组中搜索给定值

array_search()函数在数组中搜索某个键值，并返回对应的键名。其语法格式如下：

```
mixed array_search (mixed $value , array $haystack [, bool $strict ])
```

在数组 haystack 中搜索 value 参数，找到后返回键名，否则返回 false。如果可选参数 strict 被设置为 true，则函数在数组中搜索数据类型和值都一致的元素。

【例 6-13】 在数组中查找元素。实例代码如下：（实例位置：素材与实例\example\

ph06\13）

```php
<?php
    $arr = array("a"=>"red","b"=>"green","c"=>"blue");
    var_dump(in_array ("red", $arr)); echo "<br>";
    var_dump(in_array ("Red", $arr)); echo "<br>";
    var_dump(array_key_exists ("b", $arr)); echo "<br>";
    var_dump(array_key_exists ("B", $arr)); echo "<br>";
    var_dump(array_search ("blue", $arr)); echo "<br>";
    var_dump(array_search ("Blue", $arr)); echo "<br>";
?>
```

运行结果如图 6-13 所示。

图 6-13　在数组中查找元素

 提　示

由以上运行结果可以看出，上述函数在查找字符串时，是区分大小写的。

6.3.5　数组的合并与拆分

在程序开发过程中，通常需要将多个数组合并为一个数组，或者将某个数组中的一部分取出构成一个新的数组，此时可以使用数组的合并与拆分函数。

1．合并一个或多个数组——array_merge()函数

该函数把一个或多个数组合并为一个新数组。其语法格式如下：

array array_merge (array $array1[, array $...])

返回合并后的新数组，第 2 个数组中的值附加在前一个数组值的后面，往后依次排列。如果两个或更多个数组元素有相同的字符串键名，则最后的元素会覆盖前面的元素；如果是数字键名，则后面的值不会覆盖原来的值，而是附加到后面，且合并后的数组键名将会

以连续的方式重新进行键名索引。

如果仅向 array_merge()函数输入一个数组，且键名是整数，则该函数将返回带有整数键名的新数组，其键名以 0 开始进行重新索引。

【例 6-14】 合并数组。实例代码如下：（实例位置：素材与实例\example\ph06\14）

```php
<?php
$a1 = array("a"=>"red","b"=>"green");              //定义键值为字符串的数组
$a2 = array("c"=>"blue","b"=>"yellow");
$a3 = array("c"=>"blue","d"=>"yellow");
$a4 = array("3"=>"blue","5"=>"yellow","7"=>"red","9"=>"green");   //键值为整数的数组
echo "<br>合并数组含有相同的字符串键值：<br>";
print_r(array_merge($a1,$a2));              //Array ( [a] => red [b] => yellow [c] => blue )
echo "<br><br>合并数组没有相同的字符串键值：<br>";
print_r(array_merge($a1,$a3));              //Array ( [a] => red [b] => green [c] => blue [d]
=> yellow )
echo "<br><br>合并键名为整数的单个数组：<br>";
print_r(array_merge($a4));     //Array ( [0] => blue [1] => yellow [2] => red [3] => green )
?>
```

运行结果如图 6-14 所示。

图 6-14 合并数组

2. 从数组中取出一段序列——array_slice()函数

array_slice()函数在数组中根据条件取出一段值。其语法格式如下：

```
array array_slice ( array $array, int $start [, int $length [,bool $preserve_keys]])
```

该函数返回根据 start 和 length 参数所指定的 array 数组中的一段序列，start 规定取出数组子集的开始位置，如果该值为正数，则从前往后开始取；如果该值为负数，则从后向前取 start 绝对值。"-2" 表示从数组的倒数第二个元素开始。

可选参数 length 规定取出数组元素的个数。如果该值为整数，则返回该数量的元素；如果该值为负数，则函数将在距离数组末端 length 远的地方终止取出。如果没有设置该值，则返回从 start 参数设置的位置开始直到数组末端的所有元素。

可选参数 preserve_keys 规定函数是保留键名还是重置键名。当其值为 true 时，表示保留键名；当其值为 false（默认）时，表示重置键名。

3. 将数组中的选定元素用其他元素替代——array_splice()函数

array_splice()函数从数组中移除选定的元素，并用新元素替代。该函数返回移除或替换元素后的数组。其语法格式如下：

```
array array_splice ( array &$array, int $start [,int $length [,mixed $replacement]])
```

该函数把 array 数组中由 start 和可选参数 length 指定的元素去掉，如果定义了可选参数 replacement，则用 replacement 数组中的元素取代。返回最后生成的数组。其中 array 中的数字键名不被保留。

> 如果函数没有移除任何元素（length=0），则将从 start 参数的位置插入被替换数组。

【例 6-15】 拆分数组。实例代码如下：（实例位置：素材与实例\example\ph06\15）

```php
<?php
$a1 = array("a"=>"red","b"=>"green","c"=>"blue","d"=>"yellow");
$a2 = array("a"=>"purple","b"=>"orange");
echo "<br> 数组默认为：<br>";
foreach ($a1 as $key => $a){                 //使用 foreach()循环遍历数组
    echo "$key => $a \n";                    //输出数组元素
    }
    echo "<hr>";
echo "从数组中取出一部分元素：<br>";
print_r(array_slice($a1,1,2));               //Array ( [b] => green [c] => blue )
    echo "<br>";
print_r(array_slice($a1,-2,1));              //Array ( [c] => blue )
    echo "<hr>";
echo "将数组中的选定元素用其他元素替代：<br>";
print_r(array_splice($a1,0,2,$a2));          //Array ( [a] => red [b] => green )
    echo "<hr>";
```

```
        echo "被替代后的数组元素: <br>";
        foreach ($a1 as $key => $a){                    //使用 foreach()循环遍历数组
            echo "$key => $a \n";                       //输出数组元素
            }
        ?>
```

运行结果如图 6-15 所示。

图 6-15　拆分数组

6.4　PHP 预定义数组

除自定义数组外，PHP 还提供了一组预定义数组，这些数组获取来自 Web 服务器、运行环境和用户输入的数据等信息。这些数组在全局范围内自动生效，也被称为自动全局变量或者超全局变量。

常用预定义数组如表 6-1 所示。

表 6-1　常用预定义数组

数　　组	说　　明
$_SERVER[]	获取服务器和客户配置及当前请求环境有关的信息。如$_SERVER['REMOTE_ADDR']获取浏览当前页面的客户 IP 地址
$_GET[]	获取用 GET 方法传递的参数的有关信息
$_POST[]	获取用 POST 方法传递的参数的有关信息
$_COOKIE[]	获取和设置当前网站的 Cookie 标识
$_FILES[]	获取通过 POST 方法向服务器上传的数据的有关信息

（续表）

数　组	说　明
$_ENV[]	PHP 解析所在服务器环境的有关信息
$_REQUEST[]	记录通过各种方法传递给脚本的变量，特别是 GET，POST 和 COOKIE
$_SESSION[]	存储与所有会话变量有关的信息
$GLOBALS[]	包含全局作用域内的所有变量

 本章实训——过滤敏感字符

在论坛管理中，后台管理员通常需要设置若干过滤字符，在访问者发表留言时，可以将一些敏感字符过滤掉。一般管理员输入的若干字符构成一个字符串，在后台处理时需要将该字符串转换为数组，此时可以使用 explode() 函数。将转换后的数组保存起来，当有访问者发表留言时，可以逐一判断数组中的元素在用户留言中是否存在，如存在则进行相应的处理以屏蔽。

步骤 1▶ 启动 Dreamweaver，新建文档 "index.php"，并将其保存在 "D:\phpEnv\www\exercise\ph06\01" 目录下。

步骤 2▶ 在 Dreamweaver 中打开新建文档，使用 "代码" 视图给该页面设置一个标题 "过滤敏感字"。

步骤 3▶ 在 \<body\>…\</body\> 区域插入表单标签并设置属性，之后在其中输入文本，并分别插入一个文本区域和按钮，如图 6-16 所示。

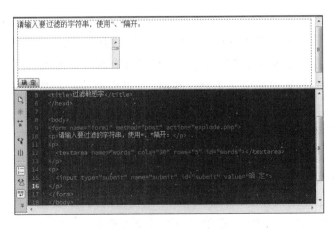

图 6-16　设置表单页面

步骤 4▶ 在 "D:\phpEnv\www\exercise\ph06\01" 目录下新建文档 "explode.php"，作

为表单处理页面。

步骤 5▶ 在 Dreamweaver 中打开新建文档，使用"代码"视图给该页面设置一个标题"表单处理"。

步骤 6▶ 在\<body\>...\</body\>区域输入以下代码，并保存文档。

```php
<?php
if ( $_POST['submit'] != ' ') {
    $con = $_POST['txt'];
    $txt = explode("、" , $con);
    print_r ($txt);
    }
?>
```

步骤 7▶ 切换到表单页面，按【F12】键预览页面，之后输入要过滤的字符，然后单击"确定"按钮，跳转到"表单处理"页面，如图 6-17 所示。

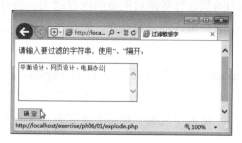 

图 6-17　预览页面

本章总结

本章主要介绍了 PHP 数组的应用。在学完本章内容后，读者应重点掌握以下知识。

➢ 数组由一系列有序的变量组成，每个变量都有编号，形成一个可操作的整体。

➢ 在 PHP 中声明数组的方式主要有两种：一是应用 array()函数声明数组，二是直接为数组元素赋值。

➢ PHP 支持两种数组：索引数组（indexed array）和关联数组（associative array），前者使用数字作为键（下标），默认索引值从 0 开始；后者使用字符串作为键（下标），也可以是数值和字符串混合的形式。

➢ 数组本质上是用来存储、管理和操作一组变量的，PHP 支持一维数组和二维数组。

➢ 除自定义数组外，PHP 还提供了一组预定义数组，这些数组获取来自 Web 服务器、运行环境和用户输入的数据等信息。

知识考核

一、填空题

1. _____由一系列有序的变量组成，每个变量都有编号，形成一个可操作的整体。

2. 在 PHP 中声明数组的方式主要有两种：一是应用_____函数声明数组，二是直接为数组元素_____。

3. PHP 支持两种数组：_____数组（indexed array）和_____数组（associative array），前者使用数字作为键（下标），默认索引值从 0 开始；后者使用字符串作为键（下标），也可以是数值和字符串混合的形式。

4. 一个数组中只要有一个键名不是数字，那么该数组就称为_____数组。

5. 在 PHP 中，要对数组某一元素进行输出，通常使用_____和_____语句；要将数组结构输出，可以通过_____函数来实现。

6. 在 PHP 编程中，经常需要将数组元素转换成字符串，或者将字符串转换成数组元素，使用_____和_____函数可以分别实现上述效果。

7. _____函数可用于统计数组中元素的个数。

8. _____函数用于对索引数组进行升序排列；_____函数用于对数值数组进行降序排序。

9. _____函数可以根据关联数组的值，对数组进行升序排列；_____函数可以根据关联数组的键，对数组进行升序排列。

10. _____函数用于搜索数组中是否存在指定的值。

11. array_key_exists()函数用于检查某个数组中是否存在指定的键名，如果键名存在则返回_____，否则返回_____。

12. _____函数把一个或多个数组合并为一个新数组。

二、简答题

简述数组的概念。

第7章 PHP 与 Web 页面交互

PHP 与 Web 页面交互是 PHP Web 应用开发的基础，在 PHP 中有两种与 Web 页面交互的方法，一种是通过 Web 表单提交数据，一种是通过 URL 参数传递。本章主要介绍 PHP 与 Web 页面交互的相关知识。

 学习目标

- 掌握表单和常用表单元素的创建方法
- 掌握表单提交和参数值获取方式
- 了解如何在 Web 页中嵌入 PHP 脚本
- 掌握在 PHP 中获取表单数据的方法
- 了解如何对 URL 传递的参数进行编/解码

7.1 表单及常用表单元素

表单主要用于收集用户信息，它是网页程序与用户交互的重要渠道。例如，用户在网页上进行注册、登录和留言等操作时，都是通过表单向网站数据库提交或读取数据的。在用户填写完注册信息并单击"提交"按钮后，程序将表单内容从客户端浏览器传送到服务器端，经过服务器上的 PHP 程序进行相应处理后，再把反馈信息传送到客户端浏览器，从而实现客户端和服务器端的交互。

一个网页表单通常由表单标签和各种表单元素组成，下面分别介绍。

7.1.1 认识及创建表单

表单的 HTML 标签为\<form\>，添加\<form\>标签，并在其中放置相关表单元素，如文本字段、复选框、单选框、提交按钮等，即可创建一个表单，表单结构如下：

```
<form name="form1" method="post" action="">
    ……                                    //省略插入的表单元素
```

```
</form>
```

下面简单介绍<form>标签的常用属性。

➢ name：表单名称，用户可自定义表单名称。

➢ method：表单提交方式，通常为 post 或 get，7.2.1 节将会介绍二者的区别。

➢ action：指定处理表单页面的 URL，通常为具有数据处理能力的 Web 程序，如后缀为.php 的动态网页。

知识库

在 Dreamweaver 中插入表单的方法非常简单，在设计视图中定位插入点后，单击"插入"面板"表单"类别中的"表单"按钮，即可插入表单，如图 7-1 所示。

图 7-1 插入表单

7.1.2 认识表单元素

一个表单（form）通常包含很多表单元素。常用的表单元素有输入域<input>、选择域<select>和<option>、文本域<textarea>等，下面分别介绍。

1. 输入域标签<input>

输入域标签<input>是表单中使用最多的标签之一。常见的文本框、密码框、按钮、单选按钮和复选框等都是由<input>标签表示的。语法格式如下：

```
<form name="form1" method="post" action="">
<input name="element_name" type="type_name">
```

</form>

　　参数 name 是指输入域的名称，参数 type 是指输入域的类型。type 属性的取值一共有 10 种，表 7-1 列出了其属性值及应用举例。

表 7-1　type 属性取值及举例

type 属性值	示　　例	说　　明	效　　果
text	<input type="text" value="这是文本框"/>	文本框，value 为默认值	这是文本框
checkbox	<input type="checkbox" value="1" name="cbx"/>打球 <input type="checkbox" value="2" name="cbx"/>照相 <input type="checkbox" value="3" name="cbx"/>跳舞	复选框，允许用户选择多个选项	□打球 □照相 □跳舞
file	<input type="file" value=""/>	文件域，在上传文件时用于打开一个模式窗口以选择文件	浏览...
hidden	<input type="hidden" value="1" />	隐藏域，用于在表单中以隐含的方式提交变量值	
image	<input type="image" src="search.jpg" name="img_btn" />	图像域，可以用在按钮位置上的图像，该图像具有按钮的功能	搜　索
password	<input type="password" value="123456"/>	密码框，用户在其中输入的字符将被显示为*，以起到保密的作用，其属性意义同文本框	●●●●●●
radio	<input type="radio" value="1" name= "rdo1"/>男 <input type="radio" value="2" name= "rdo1"/>女	单选按钮，用于设置一组选项，浏览者只能选择其中一项	◉男 ◯女
button	<input type="button" value="这是按钮"/>	普通按钮，可以激发提交表单的动作，但一般要配合 JavaScript 脚本才能进行表单处理	这是按钮

（续表）

type 属性值	示 例	说 明	效 果
submit	`<input type="submit" name="button" value="提交" />`	提交按钮，将表单内容提交到服务器	提交
reset	`<input type="reset" name="button" value="重置" />`	重置按钮，清除与重置表单内容，用于清除表单中所有文本框的内容，并使选择菜单项恢复到初始值	重置

2. 选择域标签\<select>和\<option>

选择域标签用于创建列表或菜单。列表可以显示一定数量的选项，如果超出该数量，会自动出现滚动条，浏览者可以拖动滚动条来查看各选项，如图 7-2 所示。菜单可以节省空间，正常状态下只显示一个选项，单击右侧的下三角按钮，可以展开菜单项看到全部选项，如图 7-3 所示。列表的实现代码如下：

```
<select name="select" size="3" multiple="multiple">
    <option value="v1">选项 1</option>
    <option value="v2">选项 2</option>
    <option value="v3">选项 3</option>
    …
</select>
```

参数 name 表示选择域名称；参数 size 表示列表行数；参数 value 表示列表选项值；参数 multiple 表示以列表方式显示数据，省略则以菜单方式显示。

【例 7-1】 选择域标签的用法。实例代码如下：（实例位置：素材与实例\example\ph07\01）

```
<form>
<p>请选择所学专业：</p>
    <select name="select" size="4" multiple="multiple">
        <option value="v1" selected>平面设计</option>
        <option value="v2">网页设计</option>
        <option value="v3">电脑办公</option>
        <option value="v3">程序开发</option>
    </select>
</form>
```

运行结果如图 7-2 所示。将上述代码 <select> 标签中的 " size="4" " 和 "multiple="multiple"" 属性删除,再次运行文档,标记将显示为菜单方式,如图 7-3 所示。

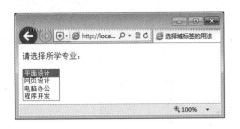

图 7-2 列表方式

图 7-3 菜单方式

3. 文本域标签<textarea>

<textarea></textarea>标签为文本域标签,用于制作多行文本框,可以让用户输入多行文本。语法格式如下:

```
<textarea name="t_name" cols="70" rows="5" wrap="value">
淘宝有权根据需要不时地制订(部分文字省略)
</textarea>
```

参数 name 表示文本域名称,cols 表示文本域列数,rows 表示文本域行数(cols 和 rows 都以字符为单位),wrap 用于设定文本换行方式(值为"soft"表示不自动换行,值为"hard" 表示移动硬回车换行),换行标签一同被发送到服务器,输出时也会换行。

【例 7-2】 文本域标签的用法。本例通过具体实例了解 wrap 属性的"hard"和"soft" 值的区别,实例代码如下:(实例位置:素材与实例\example\ph07\02)

```
<form name="form1" method="post" action="index.php">
<p>
    <textarea name="n1" rows="3" cols="20" wrap="soft">此处使用软回车,输出后不换
行。</textarea>
    <textarea name="n2" rows="3" cols="20" wrap="hard">此处使用硬回车,输出后自动
换行。</textarea>
</p>
<p>
    <input type="submit" name="submit" value="提交">
</p>
</form>
<?php
```

143

```
echo nl2br($_POST[n1])."<br>";    //使用 nl2br()函数将换行符"\n"替换成"<br>"标
```
签，并应用 echo()进行输出
```
echo nl2br($_POST[n2]);
?>
```

运行结果如图 7-4 所示。

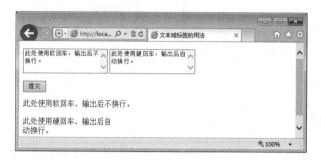

图 7-4　文本域标签的用法

 提　示

　　soft 和 hard 换行标签的使用效果一般在浏览器中看不出来，只有使用 nl2br()函数进行转换后查看。

7.2　表单提交方式和参数值获取方式

　　用户在填写完表单后，需要将表单内容提交到服务器，根据提交方式的不同，参数值获取的方式也不一样。

7.2.1　表单提交方式

　　提交表单的方式有两种：GET 和 POST。采用哪种方式由<form>表单的 method 属性指定。

1．使用 GET 方法提交表单

　　GET 是<form>表单中 method 属性的默认方法。使用 GET 方法提交表单数据时，表单发送的信息对任何人都是可见的（所有变量名和值都显示在 URL 中）。不过，由于变量显示在 URL 中，把页面添加到书签中也更为方便。另外，GET 对所发送信息的数量也有限制，在使用 GET 方法发送表单数据时，URL 的长度应该限制在 1MB 字符以内。如果发送的数据量太大，数据将被截断，从而导致意外或失败的处理结果。因此 GET 方法可用于

传送小数据量和非敏感信息。

使用 GET 方法传递参数的格式如下：

http://www.bjjqe.com/counter.php?name=zhangsan&password=123

    URL   参数 1   参数 2

URL 为表单响应地址，name 和 password 为表单元素的名称，zhangsan 和 123 为表单元素的值。URL 和表单元素之间用"？"隔开，多个表单元素之间用"&"隔开。

【例 7-3】 创建一个表单，并用 GET 方法提交用户名和密码。实例代码如下：（实例位置：素材与实例\example\ph07\03）

```html
<form name="form1" method="get" action="index.php">
  <table width="230" border="0" cellpadding="0" cellspacing="0">
    <tr>
      <td width="230" height="30">   用户名：
        <input name="user" type="text" size="12" >
      </td>
    </tr>
    <tr>
      <td width="230">   密    码：
        <input name="pwd" type="password" id="pwd" size="13">
      </td>
    </tr>
    <tr>
      <td align="right" height="40">
        <input type="submit" name="submit" value="提交">
      </td>
    </tr>
  </table>
</form>
```

运行页面，输入用户名"cc"和密码"123"，单击"提交"按钮，输入的信息显示在浏览器地址栏中，结果如图 7-5 所示。

图 7-5　使用 GET()方法提交表单

由上述实例可见，这种方法会将参数暴露。如果用户要传递的是非保密性参数，则可以采用 GET 方法；如果用户传递的是保密性的参数（如上例中的密码），这种方法就不可用。

2. 使用 POST 方法提交表单

要用 POST 方法提交表单，只需要将<form>表单的 method 属性设置为 POST 即可。通过 POST 方法从表单发送的信息对其他人是不可见的（所有名称/值会被嵌入 HTTP 请求的主体中），并且对所发送信息的数量也无限制。不过，由于变量未显示在 URL 中，也就无法将页面添加到书签。POST 方法比较适合发送一些需要保密或容量较大的数据到服务器。

【例 7-4】　创建一个表单，并用 POST 方法提交文本框信息。实例代码如下：（实例位置：素材与实例\example\ph07\04）

```
<form name="form1" method="post" action="index.php">
<table width="400" border="0" cellpadding="0" cellspacing="0">
  <tr>
    <td height="30">  请输入快递单号：
    <input type="text" name="user" size="26" >
    <input type="submit" name="submit" value="提交">
    </td>
  </tr>
</table>
</form>
```

上述代码中，form 表单的 method 属性指定了 POST 方法的传递方式，action 属性指定了数据处理页为 index.php。所以当单击"提交"按钮后即提交文本框的信息到服务器，地址栏中并不显示参数，运行结果如图 7-6 所示。

图 7-6 使用 POST 方法提交表单

7.2.2 参数值获取方式

PHP 获取参数值的方式有 3 种：$_POST[]、$_GET[]和$_SESSION[]，分别用于获取表单、URL 和 Session 变量的值。

1. $_POST[]全局变量

使用 PHP 的$_POST[]预定义变量可以获取表单元素的值，格式为：

$_POST["element_name"]

例如要获取文本框 user 和密码框 pass 的值，可以使用以下代码：

```php
<?php
    $user=$_POST["user"];           //应用$_POST[]全局变量获取表单元素中文本框的值
    $pass=$_POST["pass"];
?>
```

 提　示

这种情况下，表单的 method 属性值必须为 POST。

2. $_GET[]全局变量

使用 PHP 的$_GET[]预定义变量可以获取通过 GET()方法传递过来的表单元素的值，格式为：

$_GET["element_name"]

此时需要将表单的 method 属性设置为 GET，其使用方式同$_POST[]。

另外对于非表单提交过来的数据，比如直接通过超链接附加过来的数据，也可以使用$_GET[]方法获取。例如：

<a href="doget.php?user=aaa&pass=123">超链接传递参数</a>

就是说只要出现在浏览器地址栏中的参数都可以用$_GET[]方法获取，不管这些数据是来自表单还是普通超链接。

提 示

$_POST[]和$_GET[]全局变量都可以获取表单元素的值，但获取的表单元素名称是区分大小写的。

3．$_SESSION[]全局变量

使用$_SESSION[]全局变量可以获取表单元素的值，格式为：

$_SESSION["element_name"]

其使用方式同$_POST[]。使用$_SESSION[]变量获取的变量值，保存之后任何页面都可以使用。但这种方法很占用系统资源，建议慎重使用。

7.3 在 Web 页中嵌入 PHP 脚本

在 Web 页中嵌入 PHP 脚本的方法有两种，一种是直接在 HTML 标签中添加 PHP 标记符<?php… ?>；另一种是为表单元素的 value 属性赋值。

7.3.1 在 HTML 标记中添加 PHP 脚本

在 Web 编码过程中，通过在 HTML 标记中添加 PHP 脚本标记<?php… ?>来嵌入 PHP 脚本，两个标记之间的所有文本都会被解释为 PHP 语言，而标记之外的任何文本都会被认为是普通的 HTML。

例如，在<body>标记中添加 PHP 脚本标记，使用 include()语句引用外部文件 bottom.php，代码如下：

```php
<?php
include ("bottom.php");                //引用外部文件
?>
```

7.3.2 为表单元素的 value 属性赋值

在 Web 程序开发过程中，为使表单元素在运行时有默认值，通常需要为表单元素的 value 属性赋值。下面通过具体的实例讲解赋值的方法。

【例 7-5】 为表单元素的 value 属性赋值。首先定义一个变量$sno2 并为其赋值，然后创建一个表单，将变量值赋给表单中的输入域标签。实例代码如下：（实例位置：素材与实例\example\ph07\05）

```php
<?php
$sno2 = '身份证号码';
?>
<form>
在此处输入身份证号码:
<input type = "text" name = "sno" value = "<?php echo $sno2; ?>">
</form>
```

运行结果如图 7-7 所示。

图 7-7　为表单元素的 value 属性赋值

7.4　在 PHP 中获取表单数据

获取表单元素提交的值是表单最基本的应用。本节主要以 POST 方法提交表单为例讲述获取表单元素的值。GET 方法与 POST 方法相同。

7.4.1　获取文本框、密码框、隐藏域、按钮和文本域的值

获取表单数据，实际上是获取不同表单元素的值。<form>标签中的 name 属性表示表单元素名称，value 属性表示表单元素的值，在获取表单元素值时需要使用 name 属性来获取相应的 value 属性值。所以表单中添加的所有表单元素必须定义对应的 name 属性值，并且 name 属性值最好是具有一定意义的字符串，该字符串可以由英文字母和数字组合。另外表单元素在命名上尽可能不要重复，以免获取的表单元素值出错。

在网站程序开发中，获取文本框、密码框、隐藏域、按钮和文本域的值的方法相同，都是使用 name 属性来获取相应的 value 属性值。本节仅以获取文本框中的值为例，来介绍获取表单元素值的方法。

【例 7-6】　获取文本框中的值。本例通过获取用户名和密码文本框中的值，来学习如何获取文本框的值。（实例位置：素材与实例\example\ph07\06）

步骤 1▶　在 Dreamweaver 中新建文档“index.php”，并将其保存在“D:\phpEnv\www\example\ph07\06”目录下。

步骤 2▶　在新文档中添加一个表单，两个文本框和一个“提交”按钮，并分别设置

其属性。代码如下:

```
<form    id="form1" name="form1" method="post" action="index.php">
用户名:
<input type="text" name="user" id="user" value="James" size="12" />
    密  码:
<input type="password" name="pass" id="pass" value="123456" size="12" />
   <input type="submit" name="tj_btn" id="tj_btn" value="提交" />
</form>
```

步骤3▶　在<form>表单元素外添加 PHP 标记符, 使用 if 语句判断用户是否提交了表单, 如果提交, 则使用 echo 语句输出使用$_POST[]方法获取的用户名和密码。代码如下:

```
<?php
if($_POST["tj_btn"] == "提交"){                    //判断所提交的按钮值是否为 "提交"
    //使用 echo 语句输出使用$_POST 方法获取的用户名和密码
    echo "<br>您的用户名是:".$_POST["user"];
    echo "  您的密码是:".$_POST["pass"];
}
?>
```

步骤4▶　保存网页并预览, 单击 "提交" 按钮, 结果如图 7-8 所示。

图 7-8　获取文本框的值

7.4.2　获取单选按钮的值

单选按钮 (radio) 一般是成组出现的, 具有相同的 name 值和不同的 value 值。一组单选按钮中, 同一时间只能有一个被选中。

【例 7-7】　获取单选按钮的值。本例中有一组单选按钮和一个 "提交" 按钮, 选中其中一个单选按钮, 并单击 "提交" 按钮, 将会返回被选中单选按钮的 value 值。(实例位置: 素材与实例\example\ph07\07)

步骤1▶　在 Dreamweaver 中新建文档 "index.php", 并将其保存在 "D:\phpEnv\www\example\ph07\07" 目录下。

步骤2▶ 在新文档中添加一个表单，两个单选按钮和一个"提交"按钮，并分别设置其属性。代码如下：

```
<form id="form1" name="form1" method="post" action="index.php">
    您的性别是：
    <input type="radio" name="sex" id="radio" value="男" checked="checked" />男
    <input type="radio" name="sex" id="radio2" value="女" />女
    <input type="submit" name="tj_btn" id="tj_btn" value="提交" />
</form>
```

步骤3▶ 在<form>表单元素外添加PHP标记符，使用if语句判断用户是否提交了表单，如果提交，则使用echo语句输出使用$_POST[]方法获取的性别。代码如下：

```
<?php
if($_POST["tj_btn"]=="提交"){
    echo "您的性别是：".$_POST["sex"];
}
?>
```

步骤4▶ 保存网页并预览，单击"提交"按钮，结果如图7-9所示。

图7-9 获取单选按钮的值

7.4.3 获取列表框和菜单框的值

在进行Web程序设计时，列表框和菜单框的应用非常广泛，其基本语法一致。

1. 获取菜单框的值

菜单框值的获取非常简单，与文本框一样，首先需要定义菜单框的name属性值，然后应用$_POST[]全局变量进行获取。

【例7-8】 获取菜单框的值。本例新建一个只有一个菜单框和一个提交按钮的表单，在菜单框中选择指定条件后，单击"提交"按钮，将会输出用户选择的条件值。（实例位置：素材与实例\example\ph07\08）

步骤 1▶ 在 Dreamweaver 中新建文档 "index.php"，并将其保存在 "D:\phpEnv\www\example\ph07\08" 目录下。

步骤 2▶ 在新文档中添加一个表单，一个菜单框和一个 "提交" 按钮，并分别设置其属性。代码如下：

```
<form id="form1" name="form1" method="post" action="index.php">
您的爱好是：
    <select name="interest" id="select">
      <option value="游泳" selected="selected">游泳</option>
      <option value="读书">读书</option>
      <option value="旅游">旅游</option>
      <option value="逛街">逛街</option>
    </select>
    <input type="submit" name="tj_btn" id="tj_btn" value="提交" />
</form>
```

步骤 3▶ 在<form>表单元素外添加 PHP 标记符，使用 if 语句判断用户是否提交了表单，如果提交，则使用 echo 语句输出使用$_POST[]方法获取的值。代码如下：

```
<?php
if ( $_POST["tj_btn"]=="提交" ) {
    echo "您的爱好是：";
    echo $_POST["interest"]; }
?>
```

步骤 4▶ 保存网页并预览，单击 "提交" 按钮，结果如图 7-10 所示。

图 7-10　获取菜单框的值

2. 获取列表框的值

当为<select>标签设置 multiple 属性后，其将变为列表框，格式为：

```
<select name="interest[]" id="interest[]" size="4" multiple="multiple"> … </select>
```

在返回页面可以使用 count()函数计算数组大小，结合 for 循环语句即可输出选择的菜

单项的值。

【例 7-9】 获取列表框的值。本例新建一个只有一个列表框和一个提交按钮的表单，在列表框中选择指定条件后，单击"提交"按钮，将会输出用户选择的条件值。（实例位置：素材与实例\example\ph07\09）

步骤 1▶ 在 Dreamweaver 中新建文档"index.php"，并将其保存在"D:\phpEnv\www\example\ph07\09"目录下。

步骤 2▶ 在新文档中添加一个表单，一个列表框和一个"提交"按钮，并分别设置其属性。代码如下：

```
<form id="form1" name="form1" method="post" action="index.php">
您的爱好是：
    <select name="interest[]" id="interest[]" size="4" multiple="multiple">
        <option value="游泳">游泳</option>
        <option value="读书">读书</option>
        <option value="旅游">旅游</option>
        <option value="逛街">逛街</option>
    </select>
    <input type="submit" name="tj_btn" id="tj_btn" value="提交" />
</form>
```

步骤 3▶ 在<form>表单元素外添加 PHP 标记符，使用 if 语句判断用户是否提交了表单，如果提交，则使用 count()函数计算数组大小，结合 for 循环语句输出使用$_POST[]方法获取的值。代码如下：

```
<?php
if($_POST["tj_btn"]=="提交"){              //判断所提交的按钮值是否为"提交"
    echo "您的爱好是：";
//使用 count()函数计算数组大小，并结合 for 循环语句输出选择的菜单项的值
    for ($i=0;$i<count($_POST[interest]);$i++){
    echo $_POST[interest][$i]."  ";
    }
  }
?>
```

步骤 4▶ 保存网页并预览，单击"提交"按钮，结果如图 7-11 所示。

 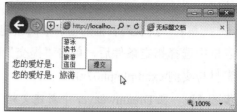

图 7-11　获取列表框的值

7.4.4　获取复选框的值

当需要进行项目的多项选择时，可以使用复选框。例如，网上购物时，在购物车中结账时需要选择多个选项，就会用到复选框。复选框一般是多个选项同时存在，为便于传值，name 的名字可以是一个数组形式，其格式为：

```
<input type="checkbox" name="chkbox[]" id="checkbox" value="chkbox1">
```

在返回页面可以使用 count()函数计算数组大小，并结合 for 循环语句输出选择的复选框的值。

【例 7-10】　获取复选框的值。本例新建一个只有一组复选框和一个"提交"按钮的表单，在复选框中选择指定条件后，单击"提交"按钮，将会输出用户选择的条件值。（实例位置：素材与实例\example\ph07\10）

步骤 1▶　在 Dreamweaver 中新建文档"index.php"，并将其保存在"D:\phpEnv\www\example\ph07\10"目录下。

步骤 2▶　在新文档中添加一个表单，一个表格，一组复选框和一个"提交"按钮，并分别设置其属性。代码如下：

```
<form name="form1" method="post" action="index.php">
<table width="360" cellpadding="0" cellspacing="0">
  <tr>
    <td height="25" valign="top">您平时的爱好有:</td>
  </tr>
  <tr>
    <td height="25">
        <input type="checkbox" name="mrbook[]" value="读书">  读书
        <input type="checkbox" name="mrbook[]" value="写字">  写字
        <input type="checkbox" name="mrbook[]" value="爬山">  爬山
        <input type="checkbox" name="mrbook[]" value="旅游">  旅游
```

```
                <input type="checkbox" name="mrbook[]" value="逛街">　逛街
        </td>
    </tr>
    <tr>
        <td height="25" align="right"><input type="submit" name="submit" value="提交
"></td>
    </tr>
    </table>
    </form>
```

步骤 3▶　在<form>表单元素外添加 PHP 标记符,使用 if 语句判断用户是否选择了复选项,如果选择了,则使用 count()函数计算数组大小,结合 for 循环语句输出使用$_POST[]方法获取的值。代码如下:

```
<?php
    if(($_POST[mrbook]!= null)){                        //使用 if 语句判断数
组是否为空,也就是用户是否选择了某个或某几个选项
        echo "您平时的爱好有: ";                         //不为空则输出语句
        for($i = 0;$i<count($_POST[mrbook]);$i++)
        echo $_POST[mrbook][$i]."  ";
//使用 for 循环语句输出用户选择的爱好
    }
?>
```

步骤 4▶　保存网页并预览,单击"提交"按钮,结果如图 7-12 所示。

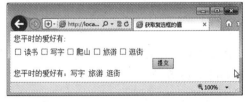

图 7-12　获取复选框的值

7.4.5　获取文件域的值

使用文件域可以实现文件的上传。文件域值的获取同文本框一样,首先要定义输入框的 name 属性值,然后应用$_POST[]全局变量进行获取。

【例 7-11】 获取文件域的值。本例新建一个只有一个文件域和一个"提交"按钮的表单，在复选框中选择指定条件后，单击"提交"按钮，将会输出用户选择的条件值。（实例位置：素材与实例\example\ph07\11）

步骤 1▶ 在 Dreamweaver 中新建文档"index.php"，并将其保存在"D:\phpEnv\www\example\ph07\11"目录下。

步骤 2▶ 在新文档中添加一个表单，一个文件域和一个"提交"按钮，并分别设置其属性。代码如下：

```
<form action="biaodan5.php" method="post" name="form1" id="form1">
    选择照片：
    <input type="file" name="zhaopian" id="zhaopian" size="30" />
    <input type="submit" name="tj_btn" id="tj_btn" value="提交" />
</form>
```

> **提 示**
>
> 本例实现的是获取文件域的值，并没有实现文件的上传，因此不需要设置<form>标签的 enctype 属性为 multipart/form-data。

步骤 3▶ 在<form>表单元素外添加 PHP 标记符，使用 if 语句判断用户是否提交了表单，如果提交了，则使用 echo 语句输出使用$_POST[]方法获取的文件名。代码如下：

```
<?php
if($_POST["tj_btn"]=="提交"){
    echo "您选择的照片是：";
    echo $_POST[zhaopian];
    }
?>
```

步骤 4▶ 保存网页并预览，单击"浏览…"按钮选择文件，之后单击"提交"按钮，结果如图 7-13 所示。

图 7-13 获取文件域的值

在使用文件域上传文件时，如果需要限制上传文件的类型，可以通过设置其 accept 属性来实现，这是文件域特有的属性。

7.5　对 URL 传递的参数进行编/解码

7.5.1　对 URL 传递的参数进行编码

使用 URL 参数传递数据，就是在 URL 地址后面加上适当的参数。URL 实体对这些参数进行处理。使用方法如下：

http://www.bjjqe.com/book.php?name1=value1&name2=value2……

　　　　　URL　　　　　　　URL 传递的参数（也称查询字符串）

可以看出，这种方法会将参数暴露无疑，下面针对该问题介绍一种 URL 编码方式，以对 URL 传递的参数进行编码。

URL 编码是一种浏览器用来打包表单输入数据的格式，浏览器从表单中获取所有name 和其中的值，将它们以 name/value 参数编码（移去那些不能传送的字符，将数据排行等等）作为 URL 的一部分或者分离地发给服务器。例如，在参数中带有空格，则传递参数时就会发生错误，而用 URL 编码过以后，空格转换成了 "%20"，这样错误就不会发生。对中文进行编码也是同样的情况，最主要的一点就是它可以对 URL 传递的参数进行编码。

PHP 中对字符串进行 URL 编码使用的是 urlencode()函数，其语法格式如下：

string urlencode(string $str)

该函数可以实现对字符串 str 进行 URL 编码。

【例 7-12】　本实例中，单击图片，通过 URL 传递图片名称到指定文件页，应用 urlencode()函数对图片名称进行 URL 编码，显示在 IE 地址栏中的字符串是 URL 编码后的字符串，代码如下：（实例位置：素材与实例\example\ph07\12）

```
<a href="index.php?picname=<?php echo urlencode("茶道知识");?>">
<img src="images/tea.png" border="1">
</a>
```

运行结果如图 7-14 所示。

图 7-14　对 URL 传递的参数进行编码

提　示

　　对于服务器来说，编码前后的字符串没有什么区别，服务器能够自动识别。此处是为讲解 URL 编码的用法。在实际应用中，对一些非保密性的参数不需要进行编码，读者可根据实际情况有选择地使用。

7.5.2　对 URL 传递的参数进行解码

　　对于 URL 传递的参数直接应用$_GET[]方法获取即可。而对于进行 URL 加密的查询字符串，需要通过 urlencode()函数对获取后的字符串进行解码。其语法格式如下：

string urldecode(string $str)

该函数可以实现对 URL 编码 str 查询字符串进行解码。

　　【例 7-13】　在例 7-12 中应用 urlencode()函数实现了对字符串"茶道知识"进行编码，将编码后的字符串传给变量 picname。本例中，将应用 urldecode()函数对获取的变量 picname 进行解码，将解码后的结果输出到浏览器，代码如下：（实例位置：素材与实例\example\ph07\13）

```
<a href="index.php?picname=<?php echo urlencode("茶道知识");?>">
<img src="images/tea.png" border="1">
</a>
<?php echo "您单击的图片名称是："".urldecode(@$_GET[picname]);?>
```

运行结果如图 7-15 所示。

图 7-15　对 URL 传递的参数进行解码

 本章实训——制作用户注册页面

表单是实现网站互动功能的重要组成部分，主要用于收集客户端提交的信息。本实训综合前面介绍的有关表单中的各元素，实现对这些元素的综合应用。首先通过 POST() 方法将各元素值提交到页面，再通过$_POST[]预定义变量来获取提交的值。

步骤 1▶ 在 Dreamweaver 中新建文档"index.php"，并将其保存在"D:\phpEnv\www\exercise\ph07"目录下。

步骤 2▶ 在新文档中添加一个表单，在其中插入一个 8 行 2 列的表格，之后在其中添加各个表单元素，并设置各元素属性。代码如下：

```
<form action="index.php" method="post" name="form1" enctype="multipart/form-data">
  <table>
    <tr> <td width="103" align="right">用户名：</td>
      <td align="left"><input name="user" type="text" id="user" size="20"
maxlength="100"></td> </tr>
      <tr> <td width="103" align="right">密　码：</td>
      <td colspan="2" align="left"><input name="pwd" type="password" id="pwd"
size="20" maxlength="100"></td> </tr>
      <tr> <td align="right">性　别：</td>
      <td colspan="2" align="left"><input name="sex" type="radio" value="男"
checked> 男
<input type="radio" name="sex" value="女">女</td> </tr>
      <tr> <td align="right">学　历：</td>
      <td colspan="2" align="left"><select name="select">
        <option value="初中" selected>初中</option>
        <option value="高中">高中</option>
        <option value="专科">专科</option>
        <option value="本科">本科</option>
        <option value="研究生">研究生</option>
        <option value="博士生">博士生</option>
      </select></td> </tr>
    <tr> <td align="right">爱　好：</td>
      <td colspan="2" align="left">
        <input name="fond[]" type="checkbox" id="fond[]" value="读书">
```

读书

```
<input name="fond[]" type="checkbox" id="fond[]" value="写作">
```
写作

```
<input name="fond[]" type="checkbox" id="fond[]" value="旅游">
```
旅游

```
<input name="fond[]" type="checkbox" id="fond[]" value="健身">
```
健身</td> </tr>

```
<tr> <td align="right">照 片： </td>
    <td colspan="2" align="left"><input name="photo" type="file" size="20"
maxlength="1000" id="photo"></td> </tr>
    <tr> <td align="right">个人简介： </td>
    <td colspan="2" align="left"><textarea name="intro" cols="28" rows="3"
id="intro"></textarea></td> </tr>
    <tr align="center">
    <td colspan="3"><input type="submit" name="submit" value="提交">
      
    <input type="reset" name="submit2" value="重置"></td> </tr>
</table>
</form>
```

步骤 3▶ 在<form>表单元素外添加 PHP 标记符，对表单提交的数据进行处理，输出各元素提交的数据。代码如下：

```php
<?php
if($_POST[submit]!=" "){      //使用 if 语句判断数组是否为空，不为空则执行以下语句
    echo "请确认您输入的信息： <br>";
    echo " 用户名:".$_POST[user]."  ";
    echo " 密 码:".$_POST[pwd]."  ";
    echo " 性 别:".$_POST[sex]."  ";
    echo " 学 历:".$_POST[select]."  ";
    echo " 爱 好： ";
    for($i=0;$i<count($_POST[fond]);$i++)           //使用count()函数计算数组大小，
并结合 for 循环语句输出选择的复选框的值
        echo $_POST[fond][$i]."  ";
        $path = './upfiles/'.$_FILES['photo']['name'];    //指定上传文件的路径及文件名
        move_uploaded_file($_FILES['photo']['tmp_name'],$path);           //上传文件
```

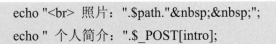

```
            echo "<br> 照片："".$path."  ";          //输出上传照片的路径
            echo " 个人简介："".$_POST[intro];                //输出个人简介的内容
        }
    ?>
```

步骤 4▶ 在本实例根目录下创建一个文件夹 "upfiles"，用于存储上传的文件。

步骤 5▶ 保存网页并预览，填充各项，之后单击 "提交" 按钮，结果如图 7-16 所示。

图 7-16 用户注册表单

 本章总结

本章主要介绍了 PHP 与 Web 页面的交互。在学完本章内容后，读者应重点掌握以下知识。

➢ 一个网页表单通常由表单标签和各种表单元素组成。表单的 HTML 标签为 <form>，添加<form>标签，并在其中放置相关表单元素，即可创建一个表单。

➢ 用户在填写完表单后，需要将表单内容提交到服务器，根据提交方式的不同，参数值获取的方式也不一样。提交表单的方式有两种：GET 和 POST。

➢ PHP 获取参数值的方式有 3 种：$_POST[]、$_GET[]和$_SESSION[]，分别用于获取表单、URL 和 Session 变量的值。

➢ 在 Web 页中嵌入 PHP 脚本的方法有两种，一种是直接在 HTML 标签中添加 PHP 标记符<?php… ?>；另一种是为表单元素的 value 属性赋值。

➢ 获取表单数据，实际上是获取不同表单元素的值。<form>标签中的 name 属性表示表单元素名称，value 属性表示表单元素的值，在获取表单元素值时需要使用 name 属性来获取相应的 value 属性值。

 知识考核

一、填空题

1. _____主要用于收集用户信息，它是网页程序与用户交互的重要渠道。

2. 一个表单（form）通常包含很多表单元素。常用的表单元素有输入域_____、选择域_____和_____、文本域_____等。

3. _____是表单中使用最多的标签之一。常见的文本框、密码框、按钮、单选按钮和复选框等都是由_____标签表示的。

4. _____标签为文本域标签，用于制作多行文本框，可以让用户输入多行文本。

5. _____方法是<form>表单中 method 属性的默认方法。使用_____方法提交表单数据时，表单发送的信息对任何人都是可见的（所有变量名和值都显示在 URL 中）。

6. _____方法比较适合发送一些需要保密或容量较大的数据到服务器。

7. PHP 获取参数值的方式有 3 种：_____、_____和_____，分别用于获取表单、URL 和 Session 变量的值。

8. 单选按钮（radio）一般是成组出现的，具有相同的_____值和不同的_____值。

9. PHP 中对字符串进行 URL 编码使用的是_____函数。

二、简答题

简述为表单元素的 name 属性赋值的规则和注意事项。

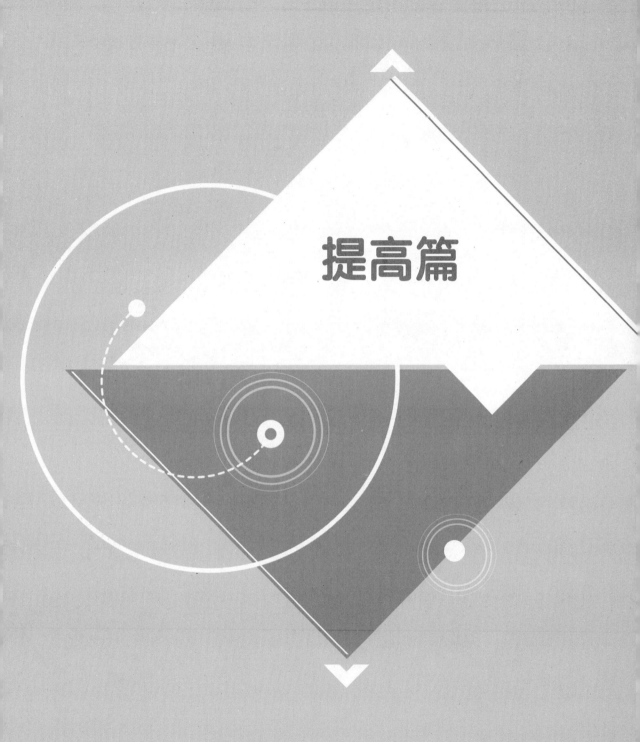

提高篇

第8章 面向对象的程序开发

一般在软件开发过程中，使用者会不断提出各种更改要求，总是需要不断地修改。对于用结构化方法开发的程序来说，后期的修改往往很困难，并且较低的代码重用率也会使程序员的工作效率受到影响。为解决这一系列问题，面向对象编程（Object Oriented Programming，OOP）便应运而生了。面向对象编程比面向过程编程具有更强的灵活性和扩展性。

学习目标

- 了解面向对象的概念
- 了解类和对象的关系
- 掌握类中变量和方法的应用
- 了解构造方法与析构方法的应用
- 掌握继承及其相关知识的应用
- 掌握面向对象编程的高级特性
- 掌握接口的应用
- 了解 PHP 中魔术方法的应用

8.1 面向对象的基本概念

此处的面向对象，准确地说应该叫做"面向对象编程"。面向对象编程（Object Oriented Programming，OOP）是一种计算机编程架构，它能使代码更加简洁，更易于维护，并且具有更强的可重用性。

8.1.1 类和对象的关系

类（class）和对象（object）是面向对象编程的核心概念。类是对一类事物的描述，它定义了事物的抽象特点，类的定义包含了数据的形式以及对数据的操作。对象是类的实例，是实际存在的该类事物的某个个体。在计算机中，可以理解为类是一个抽象模型，而对象是实实在在存储在内存区域中的一个实体。

简单来说，类是用于生成对象的代码模块。同很多面向对象的语言一样，PHP 也是通过关键字 class 加类名来声明类的，与一个类关联的代码必须用大括号括起来。其定义的格式如下：

```php
<?php
class SimpleClass {
    //类体

}
?>
```

知识库

类名可以是任意数字和字母的组合，但不能以数字开头，一般采用首字母大写，而后每个单词首字母大写的形式，以便于阅读。

上面定义的 SimpleClass 是一个最简单的类，仅有一个框架，但这并不影响其存在。如果把类看成是生成对象的模板，则对象就是根据该模板构造的数据。可以把 SimpleClass 类作为生成 SimpleClass 对象的模型。

```php
<?php
class SimpleClass {
    //类体

}
$S = new SimpleClass() ;
?>
```

上述代码使用"new"关键字创建了一个 SimpleClass 的对象。

8.1.2 类中的变量

类中的变量，是指在 class 中声明的变量，也称成员变量（也有称为属性或字段），用于存放数据信息。成员变量与普通变量相似，其定义的格式如下：

```
key $age = "23";
```

关键字 key 可以是 public，protected，private，static 和 final 中的任意一个。

➢ public（公有）：表示变量在类的内部和外部都可以被读取和修改。

➢ protected（受保护）：表示变量可以被其自身以及其子类和父类读取和修改。

> private（私有）：表示变量只能被其定义所在的类访问。

提 示

这些关键字不仅可用于修饰变量，也可用于类和方法。static 和 final 的应用将在 8.3 节详细介绍。

要访问成员变量，可以使用"->"符号连接对象和变量名。在方法（函数）内部通过"$this->"访问同一对象的变量。

【例 8-1】 成员变量的应用。实例代码如下：（实例位置：素材与实例\example\ph08\01）

```php
<?php
class SimpleClass {
        public $nationality = "China";                      //定义公有变量$nationality
        public $age = "23";                                 //定义公有变量$age
}
$S = new SimpleClass() ;                                //创建对象
echo "女孩的国籍是："  . $S->nationality ."<br>";       //输出对象$S 的属性$nationality
echo "女孩的年龄是："  . $S->age;                        //输出对象$S 的属性$age
?>
```

运行结果如图 8-1 所示。

图 8-1 成员变量的应用

例 8-1 中为类定义了两个变量，并设置了初始值，也可以在变量定义时不设置初始值。PHP 并没有强制变量必须在类中声明，可以随时动态增加变量到对象。如以下代码：

```php
$S->age = 23;
```

但是这种用法并不好，一般不建议使用。

private 修饰的变量不能在当前对象之外被直接访问，一般用于隐藏数据，以保证某些数据的安全。

在 PHP 中，指向对象的变量是引用变量，该变量里存储的是所指向对象的内存地址。引用变量传值时，传递的是对象的地址，而非复制该对象。

```php
$S = new SimpleClass() ;
```

$S1 = $S;

此处是引用传递，$S1 与$S 指向同一个内存地址。

【例 8-2】 引用传递的应用。实例代码如下：（实例位置：素材与实例\example\ph08\02）

```php
<?php
class SimpleClass {
    public $nationality = "China";                    //定义共有变量$nationality
}
$S = new SimpleClass() ;                              //创建对象
$S1 = $S;
$S1->nationality = "England";                        //改变$S1 的 nationality 属性值
echo "对象 S1 的 nationality 属性值是： " . $S1->nationality ."<br>";        //输出对
象$S1 的属性$nationality 值
echo "对象 S 的 nationality 属性值是： " . $S->nationality;   //$S 的属性$nationality 值
?>
```

运行结果如图 8-2 所示。

图 8-2 引用传递

由运行结果可以看出，两个对象的 nationality 属性值都为"England"，说明$S1 和$S
指向的是同一个对象。

8.1.3 类中的方法

类中的方法（又叫成员方法）是指在类中声明的特殊函数。它与普通函数的区别在于，
普通函数实现的是某个独立的功能；而成员方法是实现类的一个行为，是类的一部分。其
定义的格式如下：

```php
public function setAge ($age) {
    $this->age = $age;                  //方法体
}
```

【例 8-3】　成员方法的定义与使用。实例代码如下：（实例位置：素材与实例\example\ph08\03）

```php
<?php
class SimpleClass{
  /* 成员变量 */
  public $age = 23;
  /* 成员方法 */
  public function setAge($age){
      $this->age = $age;
  }
  public function getAge(){
      return $this->age;
  }
}
  $a = new SimpleClass();          //创建对象
  $a->setAge("26");                //改变$a 的 age 值
  echo $a->getAge();               //输出改变后的值
?>
```

运行结果如图 8-3 所示。

图 8-3　成员方法的定义与使用

上例中，定义方法时定义了参数$age，使用该方法时，可以向方法内部传递参数变量。方法内接受到的变量是局部变量，仅在方法内部有效。可以通过向属性传递变量值的方式，让该变量应用于整个对象。同属性的访问一样，可以使用"->"连接对象和方法名来调用方法，所不同的是，调用方法时必须带有圆括号（参数可选）。

　提　示

如果声明类的方法时带有参数，而调用该方法时没有传递参数，或者参数数量不够，系统将会报错。如果参数数量超过方法本身定义参数的数量，PHP 会忽略后面多出来的参数，不会报错。

PHP 允许在定义函数时为参数设定默认值。在调用该方法时若没有传递参数，将使用默认值填充该参数变量。同时还允许向一个方法内部传递另一个对象的引用。

【例 8-4】 引用对象。实例代码如下：（实例位置：素材与实例\example\ph08\04）

```php
<?php
class m{
    public $age = 23;
}
class n{
    public function getAge($a){
        return $a->age;
    }
}
    $a = new m();
    $P = new n();
    echo $P->getAge($a);
?>
```

运行结果如图 8-4 所示。

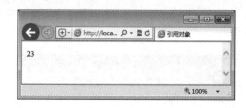

图 8-4　引用对象

8.1.4　构造方法

当将一个类实例化为一个对象时，可能同时需要初始化一些变量。下面定义了一个类，代码如下：

```php
class SimpleClass {
    public $name = "糖糖";                    //定义公有变量$name
    public $height = "172";                  //定义公有变量$ height
    public $nationality = "China";           //定义公有变量$nationality
    public $sex = "女";                       //定义公有变量$ sex
    public $age = "23";                      //定义公有变量$age
```

```
}
```

下面将类 SimpleClass 声明为一个对象，并为该类的一些成员变量赋初值。代码如下：

```
$girl = new SimpleClass（'糖糖','172','China','女','23'）;            //实例化类，并传递参数
$girl->name = "糖糖";                      //为变量$name 赋值
$girl->height = "172";                     //为变量$height 赋值
$girl->nationality = "China";              //为变量$nationality 赋值
$girl->sex = "女";                          //为变量$sex 赋值
$girl->age = "23";                         //为变量$age 赋值
```

由以上代码可以看出，如果赋值较多，写起来会特别麻烦。为此 PHP 引入了构造方法。构造方法是一种特殊的方法，主要用于在创建对象时初始化对象，即为对象成员变量赋初始值，总与 new 运算符一起使用在创建对象的语句中。定义构造方法的格式如下：

```
void __construct（[ mixed $args [, $... ]] ）
```

提 示

上式中的 "__" 是两条下划线 "_"。

【例 8-5】 构造方法。下面通过具体实例来查看构造方法的应用，体会它与普通成员方法的不同之处。实例代码如下：（实例位置：素材与实例\example\ph08\05）

```php
<?php
class SimpleClass {
    public function __construct($name,$height,$nationality,$sex,$age){           //定
义构造方法
        $this->name = $name;                      //为变量$name 赋值
        $this->height = $height;                  //为变量$height 赋值
        $this->nationality = $nationality;        //为变量$nationality 赋值
        $this->sex = $sex;                        //为变量$sex 赋值
        $this->age = $age;                        //为变量$age 赋值
    }
    public function modelsize(){                  //声明成员方法
        if ($this->height<180 and $this->age<20){
            return $this->name.", 符合模特招聘的要求！ ";        //方法实现的功能
            }else{
            return $this->name.", 不符合模特招聘的要求！ ";      //方法实现的功能
        }
```

```
    }
}
$girl = new SimpleClass('糖糖','172','China','女','16');    //实例化类，并传递参数
echo $girl->modelsize();                                 //执行类中的方法
?>
```

运行结果如图 8-5 所示。

图 8-5　构造方法

由例 8-5 可以看出，使用构造方法，在将方法实例化为对象时，只需一条语句即可完成对成员变量赋值。

8.1.5　析构方法

析构方法（析构函数）与构造方法正好相反，当对象结束其生命周期时（例如，对象所在的函数已调用完毕），系统自动执行析构函数以释放内存。定义析构函数的格式如下：

```
void __destruct (void)
```

【例 8-6】　使用析构方法。实例代码如下：（实例位置：素材与实例\example\ph08\06）

```php
<?php
class Destructable {
    function __destruct() {
        echo "执行析构函数";
    }
}
$obj = new Destructable();
for($i = 0; $i < 6; $i++) {
    echo $i . "  ";
}
?>
```

运行结果如图 8-6 所示。

图 8-6 　使用析构方法

知识库

　　PHP 使用 "垃圾回收" 机制，自动清除不再使用的对象，释放内存。就是说即便不使用 unset 函数，系统也会自动调用析构方法，此处只是说明析构方法在何时会被调用。一般情况下不用手动创建析构方法。另外，当对象没有被引用时也同样会被销毁。

8.2　继承

　　类可以从其他类中扩展出来，扩展或派生出来的类拥有其基类（父类）的所有变量和函数，并包含所有派生类（子类）中定义的新功能，这称为继承。继承是面向对象最重要的特点之一，可以实现对类的复用。

8.2.1　怎样继承一个类

　　PHP 是单继承的，一个扩充类只能继承一个基类，但一个父类却可以被多个子类所继承。子类不能继承父类的私有属性和私有方法。在 PHP 5 之后的版本中，类的方法可以被继承，类的构造函数也能被继承。当子类被实例化时，PHP 会先在子类中查找构造方法，如果子类有自己的构造方法，PHP 会优先调用子类中的构造方法；当子类中没有时，PHP 会转而去调用父类中的构造方法。

　　继承使用关键字 "extends" 来声明，声明继承的格式如下：

```
class extendTest extends test {
    ...
}
```

　　extendTest 为子类名称，test 为父类名称。

　　【例 8-7】 　使用继承类。实例代码如下：（实例位置：素材与实例\example\ph08\07）

```php
<?php
 //父类
class site{
    private $url;                            //私有属性
```

```
        public function setUrl($par){
            return $this->url = $par;
        }
         public function getUrl(){
            return $this->url;
        }
    }
//子类
class child_site extends site{
    public function output(){                        //子类新增方法
        echo "我们网站的 URL 是："  . @$this->url;
        }
    }
$child_site = new child_site();                      //实例化子类
$child_site->setUrl("http://www.bjjqe.com/");        //直接调用继承自父类的方法 setUrl()
echo $child_site->getUrl()."<br>";                   //直接调用继承自父类的方法 getUrl()
echo $child_site->output();
?>
```

运行结果如图 8-7 所示。

图 8-7　使用继承类

上例中，在实例化子类 child_site 时，父类 site 的方法 setUrl()和 getUrl()被继承，可以直接调用父类的方法设置其属性$url，并取得其值。由于子类不能继承父类的私有属性，所以 output()方法不能取得父类的$url 值,如果将父类的属性$url 声明为 public 或 protected，则是可以的，读者可自行尝试。

8.2.2 重写

如果从父类继承的方法不能满足子类的需求，可以对其进行改写，该过程叫做方法的

覆盖（override），也称为方法的重写。在对父类的方法进行重写时，子类中的方法必须与父类中对应的方法具有相同的名称。

【例 8-8】　使用重写。实例代码如下：（实例位置：素材与实例\example\ph08\08）

```php
<?php
//父类
class site{
    private $url = "http://www.bjjqe.com/";         //私有属性
    private $title = "金企鹅联合出版中心";            //私有属性
    public function getUrl(){
        return $this->url;
    }
      public function getTitle(){
        return $this->title;
    }
}
//子类
class child_site extends site{
    private $title = "金企鹅文化发展中心";            //私有属性
    public function getTitle(){                      //重写 getTitle 方法
          return $this->title;
    }
}
$site = new site();                                  //实例化父类
echo $site->getUrl()."<br>";                         //调用父类的方法 getUrl()
echo $site->getTitle()."<hr>";                       //调用父类的方法 getTitle()
$child_site = new child_site();                      //实例化子类
echo $child_site->getUrl()."<br>";                   //直接调用继承自父类的方法 getUrl()
echo $child_site->getTitle();                        //调用重写后的方法 getTitle()
?>
```

运行结果如图 8-8 所示。

图 8-8　方法的重写

在重写方法时需注意以下几点：

➢ 子类中的覆盖方法不能使用比父类中被覆盖方法更严格的访问权限。在声明方法时如果没有定义访问权限，则权限默认为 public。

➢ 子类中的覆盖方法可以拥有与父类中被覆盖方法不同的参数数量，如上例中的覆盖方法可以这么写。

```
public function getTitle($t){                        //重写 getTitle 方法
    $this->title = $t;
    return $this->title;
}
```

➢ 父类中的构造方法也可以被重写。

8.2.3 "$this->" 和 "::" 的使用

子类不仅可以调用自己的变量和方法，也可以调用父类的变量和方法。并且对于其他不相关的类成员同样可以调用。PHP 是通过伪变量"$this->"和作用域操作符"::"来实现这些调用的。前面的学习中曾简单介绍过这两个字符，本节将详细介绍它们的应用。

1. $this->

在 8.1.3 节介绍成员方法时曾简单介绍过"->"符号的应用，就是用"对象名->方法名"的格式来调用成员方法。但一般在定义类时，是无法得知对象的名称是什么的。这样如果想调用本类中的方法，就要使用伪变量$this->。$this 就是指本身，所以$this->只能在类的内部使用。

【例 8-9】　当将类实例化后，$this 同时被实例化为本类的对象，此时对$this 使用 get_class()函数将返回本类的类名。实例代码如下：（实例位置：素材与实例\example\ph08\09）

```
<?php
    class checkout{                                  //创建类 checkout
        function test(){                             //创建成员方法
```

```
            if(isset($this)){                    //判断变量$this 是否存在
            echo '$this 的值为：'.get_class($this);   //如存在，输出$this 所属类的名称
            }else{
            echo '$this 未定义';
            }
        }
    }
    $class_name = new checkout();                 //实例化对象$class_name
    $class_name->test();                          //调用方法 test()
?>
```

运行结果如图 8-9 所示。

图 8-9 $this 的应用

 提 示

get_class()函数返回对象所属的类名，如不是对象，则返回 false。

2. 操作符 "::"

相对只能在类内部使用的伪变量$this->来说，操作符 "::" 更为强大。它可以在没有声明任何实例的情况下访问类中的方法或变量。其使用格式如下：

关键字::变量名/常量名/方法名

此处的关键字可以为以下 3 种情况。

- parent：用于调用父类中的成员变量、成员方法和常量。
- self：用于调用当前类中的静态成员和变量。
- 类名：用于调用本类中的变量、常量和方法。

【例 8-10】 本例依次使用了类名、parent 关键字和 self 关键字来调用变量和方法。读者可观察输出结果。实例代码如下：（实例位置：素材与实例\example\ph08\10）

```
<?php
class site{
```

```
        const Title = '北京金企鹅文化发展中心';                //常量 Title
        function __construct(){                          //构造方法
            echo '本网站的标题为：'.site::Title.'<br>';      //输出默认值
        }
    }
    class child_site extends site{                       //site 类的子类
        const Title = '北京金企鹅联合出版中心';              //声明常量
        function __construct(){                           //子类的构造方法
            parent::__construct();                        //调用父类的构造方法
            echo '本网站的标题为：'.self::Title.' ';        //输出本类中的默认值
        }
    }
    $obj = new child_site();                              //实例化对象
?>
```

运行结果如图 8-10 所示。

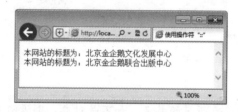

图 8-10　使用操作符"::"

8.3　高级特性

8.3.1　静态变量（方法）

前面的内容中，类被当做模板，对象被当做活动组件，面向对象编程中的操作都是通过类的实例（对象）来完成的。事实上，并不是所有的变量（方法）都要通过创建对象来调用。声明类属性或方法为 static（静态），就可以不实例化类而直接访问。调用静态成员的格式为：

关键字::静态成员

此处的关键字可以是以下两种情况。

➢　self：在类内部调用静态成员时使用。

➢ 静态成员所在类名，在类外部调用类内部的静态成员时使用。

使用静态成员，除了不需要实例化对象外还有一个好处，就是在对象被销毁后，依然保存被修改的静态数据，以便下次继续使用。

【例 8-11】 静态成员的使用。实例代码如下：（实例位置：素材与实例\example\ph08\11）

```php
<?php
class Note{                                    //Note 类
    static $n = 1;                             //声明一个静态变量$n，初值为 1
    public function showMe(){                  //申明一个方法
        echo '我们一共有'.self::$n.'个人！';    //输出静态变量
        self::$n++;                            //将静态变量加 1
    }
}
$notea = new Note();                           //实例化类
$notea -> showMe();                            //调用 showMe()方法
echo "<br>";
$noteb = new Note();                           //实例化类
$noteb -> showMe();                            //再次调用 showMe()方法
echo "<br>";
echo '我们一共有'.Note::$n.'个人！';            //直接使用类名调用静态变量
?>
```

运行结果如图 8-11 所示。

图 8-11　静态成员的使用

例 8-11 首先定义一个静态变量$n，接着定义一个方法，在方法内部调用静态变量，之后给变量加 1。依次实例化类生成两个对象，并调用类方法。可以发现两个对象中的方法返回的结果是有联系的。最后直接使用类名输出静态变量。

　　静态属性不能通过一个类已实例化的对象来访问，但静态方法可以。由于静态方法不需要通过对象即可调用，所以伪变量$this在静态方法中不可用。静态属性不可以由对象通过->操作符来访问。

8.3.2　final 类和方法

　　继承为类的应用带来了巨大的灵活性。通过覆写类和方法，调用同样的成员方法可以得到完全不同的结果，但有时候，也需要类或方法保持不变，这样就用到 final 关键字了。

　　如果要声明一个类为 final，可以采取如下格式：

```
final class Size {
//…
}
```

　　声明为 final 的类不能被继承，也不能有子类。

　　【例 8-12】　final 类的应用。实例代码如下：（实例位置：素材与实例\example\ph08\12）

```php
<?php
    final class Count{                            //final 类 Count
        function __construct(){                    //构造方法
            echo '我是 final 类';
        }
    }
    class Count_a extends Count{                   //创建 Count 的子类 Count_a
        static function exam(){                    //子类中的方法
            echo "我是子类中的方法";
        }
    }
    Count_a::exam();                               //调用子类方法
?>
```

　　运行结果如图 8-12 所示。

图 8-12 final 类的应用

上例设置 final 类 Count，并生成子类 Count_a，可以看出程序报错，无法执行。

如果要声明一个方法为 final，可以采取如下格式：

final function min()

如果父类中的方法被声明为 final，则在子类中无法覆盖或重写该方法。

当不希望一个类被继承时，可以将该类声明为 final；当不希望类中的某个方法被子类重写时，可以设置其为 final 方法。

8.3.3 常量属性

可以把在类中始终保持不变的值定义为常量。PHP 中使用 const 关键字定义常量，在定义和使用常量时不需要使用$符号。另外使用 const 定义的常量名称一般都大写。

类中常量的使用方法类似于静态变量，所不同的是它的值不能被改变。调用常量时使用以下格式：

类名::常量名

【例 8-13】 常量属性。实例代码如下：（实例位置：素材与实例\example\ph08\13）

```php
<?php
class MyClass                          //声明类
{
    const CONSTANT = '常量值';          //声明常量
    function showConstant() {           //成员方法
        echo   self::CONSTANT;          //输出常量值
    }
}
echo MyClass::CONSTANT . "<br>";        //输出常量值
$class = new MyClass();                 //实例化类
$class->showConstant();                 //调用成员方法
```

```
?>
```

运行结果如图 8-13 所示。

图 8-13　常量属性

常量的值必须是一个定值，不能是变量、类属性、数学运算的结果或函数调用。同静态属性一样，只能通过类本身而不是类的实例访问常量属性。

　　当需要在类的所有实例中都能够访问某属性，并且属性值无需改变时，可以使用常量属性。

8.3.4　abstract 类和方法

　　使用 abstract 关键字修饰的类或方法，称为抽象类或者抽象方法。抽象类不能被直接实例化，只能作为其他类的父类来使用。抽象方法只是声明了其调用方式（参数），不能定义其具体的功能实现。子类可以继承它并通过实现其中的抽象方法，来使抽象类具体化。

　　任何一个类，如果它里面至少有一个方法是被声明为抽象的，那么该类就必须被声明为抽象的。抽象类可以像普通类那样去声明，但必须以分号而不是方法体结束。

　　抽象方法只有方法的声明部分，没有方法体。继承一个抽象类的时候，父类中的所有抽象方法在子类中必须被重写；另外，这些方法的访问控制必须和父类中一样（或者更为宽松）。例如某个抽象方法被声明为受保护的，那么子类中实现的方法就应该声明为受保护的或者公有的，而不能定义为私有的。此外方法的调用方式必须匹配，即类型和所需参数数量必须一致。

　　【例 8-14】　抽象类和方法的应用。实例代码如下：（实例位置：素材与实例\example\ph08\14）

```php
<?php
abstract class Test                              //定义抽象类
{
    abstract protected function getValue();      //定义抽象方法
```

```
        abstract protected function prin($p);                    //定义抽象方法
        // 普通方法（非抽象方法）
        public function printOut() {
            print $this->getValue();
        }
    }
    class Test1 extends Test                                      //定义子类，继承抽象类
    {
        protected function getValue() {                          //重写抽象方法
            return "重写抽象方法 1! <br>";
        }
        public function prin($p) {                               //重写抽象方法
            return "{$p}重写抽象方法 2! ";
        }
    }
    $class1 = new Test1;                                         //实例化子类
    $class1->printOut();                                        //调用方法
    echo $class1->prin('FOO_');                                //调用方法
    ?>
```

运行结果如图 8-14 所示。

图 8-14　抽象类和方法的应用

8.4　接口的使用

前面说过，PHP 只支持单继承，父类可以派生出多个子类，但一个子类只能继承自一个父类。接口有效地解决了这一问题。接口是一种类似于类的结构，使用它可以指定某个类必须实现哪些方法。它只包含方法原型，不需要包含方法体。这些方法原型必须被声明为 public，不可以为 private 或 protected。

接口是通过 interface 关键字来声明的，声明格式如下：

```
interface Test {}
```

与继承使用 extends 关键字不同的是，实现接口需要使用 implements 操作符。

```
class checkout implements Test {}
```

实现接口的类中必须实现接口中定义的所有方法，除非该类被声明为抽象类。类可以实现多个接口，用逗号来分隔多个接口的名称。

```
class checkout implements interface1, interface2 {
function interface1(){
    //功能实现
    }
function interface2(){
    //功能实现
    }
    ...
}
```

【例 8-15】 接口的使用。实例代码如下：（实例位置：素材与实例\example\ph08\15）

```php
<?php
    interface Power{                         //定义接口
        function rules();                    //定义方法
    }
    interface Permission{
        function right();
    }
    class User implements Permission{        //创建子类User,实现一个接口Permission
        function right(){
            echo '实现一个接口';
        }
    }
    class Manager implements Power,Permission{    //创建子类 Manager，实现多个接口
        function rules(){
            echo '实现多个接口中的第一个';
        }
        function right(){
            echo '实现多个接口中的第二个';
        }
```

```
    }
    $user = new User();                              //实例化子类 User
    $manager = new Manager();                        //实例化子类 Manager
    $user -> right();                                //调用$user 对象的 right 方法
    echo '<p>';
    $manager -> rules();                             //调用$manager 对象的 rules 方法
    echo '<p>';
    $manager ->right();                              //调用$manager 对象的 right 方法
?>
```

运行结果如图 8-15 所示。

图 8-15　接口的使用

 提 示

由以上实例可以看出，抽象类和接口实现的功能类似。抽象类可以实现公共的方法，而接口则可以实现多继承。可以根据具体情况决定何时使用抽象类和接口。

8.5　PHP 中的魔术方法

在 PHP 中以两个下划线 "__" 开头的方法被称为 "魔术方法"，是系统预定义的方法。如果需要使用这些魔术方法，必须先在类中定义。前面学过的构造方法 "__construct()" 和析构方法 "__destruct()" 都属于魔术方法。

魔术方法的作用、方法名、使用的参数列表和返回值都是规定好的，在使用这些方法时，需要用户自己根据需求编写方法体的内容。使用时无须调用，它会在特定情况下自动被调用。

PHP 将所有以 __（两个下划线）开头的类方法保留为魔术方法。所以在定义类方法时，除魔术方法外，建议不要以 __ 为前缀。

8.5.1　__set()方法

在 PHP 程序试图给一个未定义的属性赋值时，就会调用 __set()方法。__set()方法包含两个参数，分别表示变量名称和变量值，两个参数均不可省略。

【例 8-16】　使用 __set()方法赋值。实例代码如下：（实例位置：素材与实例\example\ph08\16）

```php
<?php
class Test                                      //定义类 Test
{
    public function __set($name, $value){       //声明魔术方法 __set()
        echo "__set 函数被调用了<br>";
        echo "\$name = {$name},\$value = {$value} <br>";
        $this->$name = $value;
    }
}
$a = new Test();                                //实例化类 Test
$a->name = "变量值";                            //给变量赋值
echo $a->name;                                  //调用变量 name
?>
```

运行结果如图 8-16 所示。

图 8-16　使用 __set()方法赋值

8.5.2 __get()方法

当需要调用一个未定义或不可见（私有）的成员变量时，可以使用__get()方法读取变量值。__get()方法有一个参数，表示要调用的变量名。

【例8-17】 使用__get()方法访问私有属性。实例代码如下：（实例位置：素材与实例\example\ph08\17）

```php
<?php
class Test                                  //类 Test
{
    private $data = "私有变量";            //私有变量$data
    public function __get($value){          //声明魔术方法__get()
        echo "__get 函数被调用了<br>";
        return $this->$value;
    }
}
$a = new Test();                            //实例化类 Test()
echo $a->data;                              //调用私有变量$data
?>
```

运行结果如图8-17所示。

图 8-17　使用__get()方法访问私有属性

8.5.3 __call()方法

当程序试图调用不存在或不可见的成员方法时，PHP 会自动调用__call()方法来存储方法名及其参数。该方法包含"方法名"和"方法参数"两个参数，其中的"方法参数"以数组形式存在。

【例8-18】 使用__call()方法。实例代码如下：（实例位置：素材与实例\example\ph08\18）

```php
<?php
class Test                                          //类 Test
{
    public function CheckOut(){                      //方法
        echo '如果调用的方法存在，则执行此方法。<br>';
    }
    public function __call($m, $p)                   //__call ()方法
    {
        echo '当调用的方法不存在时，自动执行__call()方法。<br>';
        echo '方法名为：'.$m.'<br>';                 //输出第一个参数，即方法名
        echo '参数有：';
        var_dump($p);                                //输出第二个参数
    }
}
$Me = new Test();                                    //实例化类 Test()
$Me -> CheckOut();                                   //调用存在的方法 CheckOut()
$Me -> Dream('one','two','three','four');            //调用不存在的方 Dream()
?>
```

运行结果如图 8-18 所示。

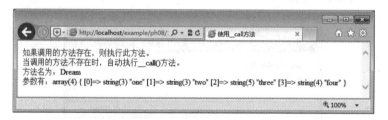

图 8-18　使用__call()方法

8.5.4　__toString()方法

__toString()方法用于在使用 echo 或 print 输出对象时，将对象转化为字符串。

【例 8-19】　使用__toString()方法。实例代码如下：（实例位置：素材与实例\example\ph08\19）

```php
<?php
class Test                          //声明类
{
```

```
        private $text = 'DIR';                    //声明私有变量$text
        public function __toString() {            //声明__toString()方法
            return $this->text;                   //返回私有变量$text 值
        }
    }
    $cs = new Test();                             //实例化类 Test
    echo '对象$cs 的值为：';
    echo $cs;                                     //输出对象$cs
    ?>
```

运行结果如图 8-19 所示。

图 8-19 使用__toString()方法

提 示

如果没有__toString()方法，直接输出对象时将会发生致命错误（fatal error）。

本章实训——制作新闻列表栏目

在新闻列表页面，为确保页面整齐美观，经常需要对其中的字符串进行截取。一般截取英文字符串可以直接使用 5.2.4 节学过的 substr()函数。但是当用其截取中文字符串时，由于一个汉字由两个字节组成，在截取的字符数为奇数时就会出现乱码。为解决这一问题，本实训编写一个用于截取中文字符串的类，并将其应用到实际的网页制作中。（实例位置：素材与实例\exercise\ph08\01）。

步骤 1▶ 启动 Dreamweaver，在 "D:\phpEnv\www\exercise\ph08\01" 目录下新建文档 "index.php" 和文件夹 "images"。并将图像文件 "ico4.gif" 拷贝至 "images" 文件夹中。

步骤 2▶ 在 Dreamweaver 中打开新建文档，使用 "代码" 视图给该页面设置一个标题 "截取中文字符串"。

步骤 3▶ 在网页 "<body>" 标签中用 div，ul 和 li 设置网页结构，并输入 PHP 代码，实例代码如下：

```php
<body>
<?php
class ZsubStr{
    function chinesesubstr($str,$start,$len){
        $strlen = $len - $start;                    //定义需要截取字符的长度
        for($i=0;$i<$strlen;$i++){                   //使用循环语句，单字截取，并用
$tmpstr.=$substr(？，？，？)加起来
            if(ord(substr($str,$i,1))>0xa0){          //ord()函数取得 substr()的第一个字
符的 ASCII 码，如果大于 0xa0 的话则是中文字符
                @$tmpstr.=substr($str,$i,3);          //设置 tmpstr 递加，substr($str,$i,3)
的 3 是指三个字符当一个字符截取(因为 utf-8 编码的三个字符算一个汉字)
                $i+=2;
            }else{                                   //其他情况（英文）按单字符截取
                $tmpstr.=substr($str,$i,1);
            }
        }
        return $tmpstr;
    }
}
$mc = new ZsubStr();                                 //类的实例化
?>
<div id="rizhi">
    <h2>>>>集团新闻</h2>
    <ul>
        <li><a href="#">
        <?php
        $string="能源集团召开 2016 年度财务决算暨 2017 年度全面预算编制工作会";
        if(strlen($string)>50){
                echo substr($string,0,49)."...";
            }else{
                echo $string;
            }
        ?></a></li>
        <li><a href="#">
```

```php
<?php
$string="能源集团召开 2017 年煤炭订货会暨重点客户座谈会";
if(strlen($string)>50){
        echo substr($string,0,49) "    ";
    }else{
        echo $string;
    }
?></a></li>
<li><a href="#">
<?php
$str="能源集团召开安全办公会和总部机关工作例会";
        if(strlen($str)>50){
        echo $mc ->chinesesubstr($str, 0,49)."...";
    }else{
        echo $str;
    }
?></a></li>
<li><a href="#">
<?php
        $str="张希诚到新矿集团和肥矿集团检查安全生产工作";
                if(strlen($str)>50){
        echo $mc ->chinesesubstr($str, 0,49)."...";
    }else{
        echo $str;
    }
    ?></a></li>
<li><a href="#">
<?php
        $str="能源集团与 12 家重点客户签订中长期战略合作协议";
        if(strlen($str)>50){
        echo $mc ->chinesesubstr($str, 0,49)."...";
    }else{
        echo $str;
    }
```

```
            ?></a></li>
        </ul>
    </div>
</body>
```

步骤 4▶ 在 "<title>截取中文字符串</title>" 代码下方设置网页样式。

步骤 5▶ 查看网页运行结果。按【Ctrl+S】组合键保存文档，在文档编辑窗口中任意空白处单击鼠标，然后按【F12】键，在浏览器中打开该页面，如图 8-20 所示。

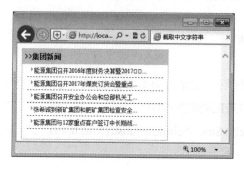

图 8-20 截取中文字符串

本实例为比较两种截取字符串方式的区别，前面两个字符串应用 substr() 函数对字符串进行了截取，后面 3 个字符串应用类中的方法进行了截取。可以看出，应用类中的方法进行截取时，无论截取多少个字符，都不会出现乱码；而应用 substr() 函数时，随意变换一下字符个数就有可能出现乱码。

 本章总结

本章主要介绍了 PHP 中面向对象编程的应用。在学完本章内容后，读者应重点掌握以下知识。

➤ 类是对一类事物的描述，它定义了事物的抽象特点，类的定义包含了数据的形式以及对数据的操作。对象是类的实例，是实际存在的该类事物的某个个体。在计算机中，可以理解为类是一个抽象模型，而对象是实实在在存储在内存区域中的一个实体。

➤ 类中的变量，是指在 class 中声明的变量，也称成员变量（也有称为属性或字段），用于存放数据信息。

➤ 类中的方法（又叫成员方法）是指在类中声明的特殊函数。它与普通函数的区别在于，普通函数实现的是某个独立的功能；而成员方法是实现类的一个行为，是类的一部分。

➢ 类可以从其他类中扩展出来，扩展或派生出来的类拥有其基类（父类）的所有变量和函数，并包含所有派生类（子类）中定义的新功能，这称为继承。PHP 是单继承的，一个扩充类只能继承一个基类，但一个父类却可以被多个子类所继承。了类不能继承父类的私有属性和私有方法。

➢ 并不是所有的变量（方法）都要通过创建对象来调用。声明类属性或方法为 static（静态），就可以不实例化类而直接访问。

➢ 当不希望一个类被继承时，可以将该类声明为 final；当不希望类中的某个方法被子类重写时，可以设置其为 final 方法。

➢ 当需要在类的所有实例中都能够访问某属性，并且属性值无需改变时，可以使用常量属性。

➢ 抽象方法只有方法的声明部分，没有方法体。继承一个抽象类时，父类中的所有抽象方法在子类中必须被重写；另外，这些方法的访问控制必须和父类中一样（或者更为宽松）。

➢ 抽象类和接口实现的功能类似。抽象类可以实现公共的方法，而接口则可以实现多继承。

➢ 在 PHP 中以两个下划线"__"开头的方法被称为"魔术方法"，是系统预定义的方法。如果需要使用这些魔术方法，必须先在类中定义。

知识考核

一、填空题

1. _____是用于生成对象的代码模块。同很多面向对象的语言一样，PHP 也是通过关键字_____加类名来声明类的，与一个类关联的代码必须用_____括起来。

2. 要访问成员变量，可以使用"_____"符号连接对象和变量名。在方法（函数）内部通过"_____"访问同一对象的变量。

3. _____修饰的变量不能在当前对象之外被直接访问，一般用于隐藏数据，以保证某些数据的安全。

4. _____是一种特殊的方法，主要用于在创建对象时初始化对象，即为对象成员变量赋初始值，总与 new 运算符一起使用在创建对象的语句中。

5. PHP 是____继承的，一个扩充类只能继承一个基类，但一个父类却可以被多个子类所继承。子类不能继承父类的_____和_____。

6. 如果从父类继承的方法不能满足子类的需求，可以对其进行改写，该过程叫做方法的_____，也称为方法的_____。

7．声明类属性或方法为＿＿＿＿＿＿＿＿，就可以不实例化类而直接访问。

8．当不希望一个类被继承时，可以将该类声明为＿＿＿＿＿＿；当不希望类中的某个方法被子类重写时，可以设置其为＿＿＿＿＿＿方法。

9．PHP 中使用＿＿＿＿＿＿关键字定义常量，在定义和使用常量时不需要使用＿＿＿符号。

10．使用＿＿＿＿＿＿＿关键字修饰的类或方法，称为抽象类或者抽象方法。抽象类不能被直接实例化，只能作为其他类的＿＿＿＿＿＿来使用。抽象方法只是声明了其＿＿＿＿＿＿＿＿＿＿＿，不能定义其具体的功能实现。

二、简答题

1．在重写方法时有哪些注意事项。

2．简述 PHP 中常用魔术方法及其各自的作用。

第 9 章　Cookie 与 Session

Cookie 与 Session 是两种不同的存储机制。Cookie 常用于识别用户，是一种服务器留在用户计算机上的小文件，每当同一台计算机通过浏览器请求页面时，这台计算机将会发送 Cookie。Session 变量用于存储关于用户会话（Session）的信息，或者更改用户会话（Session）的设置，存储在服务器端。

学习目标

- 了解 Cookie 及其作用
- 掌握创建、读取及删除 Cookie 的方法
- 了解 Session 及其工作机制
- 掌握创建和管理会话的相关操作
- 了解 Session 的生命周期及其设置方法
- 掌握 Session 临时文件以及页面缓存的设置方法

9.1　Cookie

Cookie 常用在提供个人化服务的网站中来区别不同用户，以显示与用户相应的内容。这个作用就像你去超市购物时，第一次给你办张购物卡，购物卡里存放了一些你的个人信息，下次你再来该连锁超市时，超市会识别你的购物卡。

9.1.1　了解 Cookie

简单来说，Cookie 是 Web 服务器暂时存储在用户硬盘上的一个文本文件，并随后被 Web 浏览器读取。当用户再次访问 Web 网站时，网站通过读取 Cookie 文件记录该用户的特定信息（如上次访问的网页、花费的时间、用户名和密码等），从而迅速做出响应，如再次访问相同网站时不需要再输入用户名和密码即可登录等。

 提 示

> Cookie 是具备有效期的，有效期的长短可根据实际需要灵活设定。Cookie 文件中的内容大都经过加密处理，表面看来只是一些普通的字母和数字组合，只有服务器的 CGI 处理程序才知道它们真正的含义。

Web 服务器可以利用 Cookie 来保存和维护很多与网站相关的信息。Cookie 常用作以下用途：

（1）记录访客的某些信息。如可以利用 Cookie 记录用户访问网页的次数，或记录访客曾经输入过的信息，另外，某些网站可以使用 Cookie 自动记录访客上次登录的用户名和密码等信息。

（2）在网页间直接传递变量。一般情况下，浏览器并不会保存当前页面上的任何信息，当页面被关闭时，页面上的所有变量信息将随之消失。而通过 Cookie 可以把需要在页面间传递的变量先保存起来，然后到另一个页面再读取即可。

（3）将所查看过的 Internet 页存储在 Cookie 临时文件夹中，可以提高以后浏览的速度。

 知识库

> 由于 Cookie 存储在客户端机器上，所以不可避免地存在一些安全问题，并且很多浏览器都提供了灵活的控制功能，如图 9-1 为 IE 10 对 Cookie 的控制。

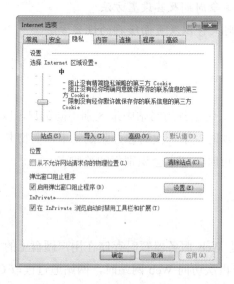

图 9-1 设置安全级别

9.1.2 创建 Cookie

在 PHP 中，setcookie()函数用于创建 Cookie。在创建 Cookie 前必须明白，Cookie 是 HTTP 头标的组成部分，而头标必须在页面其他内容之前发送。这需要将函数的调用放到任何输出之前，包括<html>和<head>标签，以及任何空格，一般将该函数放在网页代码顶端。如果在调用 setcookie()函数之前有任何输出，本函数将失败并返回 false，如果 setcookie()函数成功运行，将返回 true。setcookie()函数的语法格式如下：

bool setcookie(string $name[,string $value[,int $expire[,string $path[,string $domain[,bool $secure]]]]]);

表 9-1 显示了 setcookie()函数的参数说明。

表 9-1　setcookie()函数的参数说明

参　数	说　明	举　例
name	Cookie 变量的名称	可以通过$_COOKIE["cookie_name"]调用变量名为 cookie_name 的 Cookie
value	Cookie 变量的值，该值保存在客户端，不能用来保存敏感数据	假定 name 是"cookie_name"，可以通过$_COOKIE["cookie_name"]取得其值
expire	可选。规定 Cookie 过期的时间	time()+60*60*24*30 将设定 Cookie 30 天后生效。如果未设定，Cookie 将会在会话结束后（一般是浏览器关闭）失效
path	可选。规定 Cookie 在服务器端的有效路径	如果设置该参数为"/"，Cookie 就在整个 domain 内有效，如果设置为"/bm"，Cookie 就只在 domain 下的/bm 目录及其子目录内有效。默认为当前目录
domain	可选。规定 Cookie 有效的域名	要使 Cookie 在 ccb.com 域名下的所有子域都有效，应该设置为 ccb.com

【例 9-1】　创建 Cookie。实例代码如下：（实例位置：素材与实例\example\ph09\01）

```php
<?php
    $value = 'I like reading';
    $value1 = 'I like drawing';
    setcookie("myCookie1",$value);                    //本网页关闭后该Cookie就过期
    setcookie("myCookie2",$value,time()+60);          //1 分钟后过期
    setcookie("myCookie3",$value1,time()+3600);       //1 小时后过期
```

?>

运行上述实例，在 Cookie 文件夹下会自动生成 3 个有效期不同的 Cookie 文件，如图 9-2 所示。在 Cookie 失效后，Cookie 文件会自动删除。

图 9-2　生成的 Cookie 文件

每个用户都有独立的 Cookie 存储位置，在 Windows 7 中一般存储在如下位置：

C:\Users\用户名\AppData\Roaming\Microsoft\Windows\Cookies

Cookies 文件夹默认是隐藏的，要先设置其显示才能看到。

9.1.3　读取 Cookie

在 PHP 中可以通过超级全局数组$_COOKIE[]来读取浏览器端的 Cookie 值。

【例 9-2】　读取 Cookie 变量。实例代码如下：（实例位置：素材与实例\example\ph09\02）

```php
<?php
date_default_timezone_set("Etc/GMT-8");              //设置时区为格林尼治标准时间
if(!isset($_COOKIE["visittime"])){                   //如果 Cookie 不存在
    setcookie("visittime",date("y-m-d H:i:s"));      //设置一个 Cookie 变量
    echo "欢迎您访问网站！您是初次光临本网站喔"."<br>";        //输出字符串
}else{                                               //如果 Cookie 存在
    setcookie("visittime",date("y-m-d H:i:s"),time()+3600);    //设置带 Cookie
失效时间的变量
    echo "您上次访问网站的时间为："$_COOKIE["visittime"];      //输出上次访问
网站的时间
    echo "<br>";                                     //输出回车符
}
```

```
        echo "您本次访问网站的时间为：".date("y-m-d H:i:s");    //输出当前的访问时间
    ?>
```

首次运行上述实例，由于没有 Cookie 文件，运行结果如图 9-3 所示。如果用户在 Cookie 设置的失效时间（此处为 3600 秒）前刷新或再次访问该网页，运行结果如图 9-4 所示。

图 9-3　第一次访问网页

图 9-4　刷新或再次访问网页

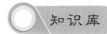

　　如果未设置失效时间，则在关闭浏览器时自动删除 Cookie 数据。如果已设置失效时间，则浏览器会记住 Cookie 数据，即便重启计算机，只要没到失效时间，再访问网页时也会得到图 9-4 所示数据信息。

9.1.4　删除 Cookie

创建 Cookie 后，如果没有设置其失效时间，Cookie 文件会在关闭浏览器时自动删除。如果要在关闭浏览器之前删除 Cookie 文件，可以采取以下两种方法：一是使用 setcookie() 函数，二是在浏览器中手动删除。

1．使用 setcookie() 函数删除 Cookie

删除 Cookie 和创建 Cookie 的方式基本类似，也是使用 setcookie() 函数。只需要将 setcookie() 函数中的第二个参数设置为空值，将第 3 个参数 Cookie 的过期时间设置为小于系统的当前时间即可。

例如，将 Cookie 的过期时间设置为当前时间减 1 秒，代码如下：

```
setcookie("cookie_name","",time()-1);
```

在上述代码中，time() 函数返回以秒表示的当前时间戳，把当前时间减 1 秒就得到过期时间，从而删除 Cookie。当然，如果把过期时间设置为 0 也可以删除 Cookie。

2．在浏览器中手动删除 Cookie

在使用 Cookie 时，Cookie 自动生成一个文本文件并存储在 IE 浏览器的 Cookies 临时文件夹中。在浏览器中也可以非常快捷地删除 Cookie 文件。

启动 IE 浏览器，选择"工具">"Internet 选项"命令，打开"Internet 选项"对话框。在"常规"选项卡的"浏览历史记录"区域单击"删除"按钮，将弹出"删除浏览历史记录"对话框，勾选"Cookie 和网站数据"复选框，然后单击"删除"按钮，即可成功删除全部 Cookie 文件，如图 9-5 所示。

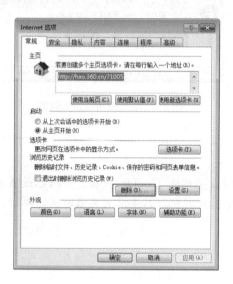

图 9-5　手动删除 Cookie

知识库

对于没有设定失效时间的 Cookie，一般称为会话 Cookie，一般保存在内存中；对于设置了失效时间的 Cookie，一般保存在硬盘中，再次打开浏览器时依然有效，直到超出有效期。

虽然 Cookie 可以长期保存在客户端浏览器中，但由于浏览器最多允许存储 300 个 Cookie 文件，且每个 Cookie 文件支持最大容量为 4KB；每个域名最多支持 20 个 Cookie，当达到限制时，浏览器会自动随机删除 Cookie 文件。

9.2　Session

Cookie 虽然可以在客户端保存一定数量的会话状态，但事实上全部采用 Cookie 来解决会话控制是不现实的，因为 Cookie 本身容量有限。此处提供另外一种解决方案，就是只在客户端保存一个会话标识符，然后将会话数据存储在服务器或数据库中。这种解决方案就是 Session。

PHP Session 变量用于存储有关用户会话的信息，或更改用户会话的设置。Session 变

量保存的信息是单一用户的，并且可供应用程序中的所有页面使用。

9.2.1 了解 Session

一般在运行一个应用程序时，首先会打开它，做些更改，然后关闭它。这很像一次会话。计算机清楚你是谁。它知道你何时启动应用程序，并在何时终止。但是在因特网上存在一个问题：服务器不知道你是谁以及你做什么，这是由于 HTTP 地址不能维持状态。

PHP Session 通过在服务器上存储用户的相关信息（比如用户名称、购买商品等），解决了这个问题（如果没有 Session，则用户每进入一个页面都需要重新登录一次）。不过，会话信息是临时的，在用户离开网站后将被删除。如果要永久储存信息，可以把数据存储在数据库中。

Session 的工作机制是：为每个访问者创建一个唯一的 id（UID），并基于这个 UID 来存储变量。UID 存储在 Cookie 中，亦或通过 URL 进行传导。

9.2.2 创建和管理会话

创建一个会话主要包括启动会话、注册会话、使用会话和删除会话等步骤。

1. 启动会话

在 PHP 中，启动会话（创建一个会话状态）一般使用 session_start()函数。使用 session_start()函数创建会话的语法格式如下：

```
bool session_start([array $options = [] ]);
```

【例 9-3】 创建一个会话状态。实例代码如下：（实例位置：素材与实例\example\ph09\03）

```php
<?php
session_start ();                    //创建一个会话
$_SESSION['dia'] = '创建会话';        //在 SESSION 中存储数据
echo $_SESSION['dia'];               //输出 SESSION 中存储的数据
?>
```

使用 session_start()函数之前，浏览器不能有任何输出（包括<html>和<head>标签以及任何空格），否则会产生错误，所以要把调用 session_start()函数放在网页代码顶端。

2. 注册会话

启动会话变量后，全部保存在数组$_SESSION[]中。通过数组$_SESSION[]注册一个会话变量很容易，只要直接给该数组添加一个元素即可。

例如，以下代码启动会话，且创建一个 Session 变量并赋值：

```php
<?php
session_start();                        //启动会话
$_SESSION['views']=1;                   //声明一个名为 views 的 Session 变量，并赋值
?>
```

3. 使用会话

使用会话变量很简单，首先需要判断会话变量是否存在，如果不存在就要创建它；如果存在就可以用数组$_SESSION[]访问该会话变量。

【例 9-4】 使用会话。实例代码如下：（实例位置：素材与实例\example\ph09\04）

```php
<?php
session_start();                                //启动会话
if(!empty($_SESSION['user'])){                  //判断一个会话变量是否为空
  $user=$_SESSION['user'];                       //存在就将会话变量赋给一个变量$user
  echo $user;                                    //输出变量$user
}else{
  $_SESSION['user']= "James";                    //不存在则创建一个新的会话变量
}
?>
```

运行结果如图 9-6 所示。

图 9-6　使用会话

4. 删除会话

删除会话主要有删除单个会话、删除多个会话和结束当前会话 3 种。删除单个会话变量同删除数组元素一样，直接注销$_SESSION[]数组的某个元素即可。代码如下：

```php
<?php
unset($_SESSION['views']);
```

```
?>
```

 提　示

> 在使用 unset()函数时，要注意$_SESSION[]数组中的某元素不能省略，即不可 次注销整个数组，这样会禁止整个会话的功能。

如果要一次注销所有会话变量，可以将一个空数组赋值给$_SESSION，代码如下：

$_SESSION=array();

如果整个会话已基本结束,首先应注意销毁所有会话变量,然后再使用 session_destroy() 函数清除并结束当前会话，并清空会话中的所有资源，彻底销毁 session，代码如下：

session_destroy();

9.2.3　Session 的生命周期

很多论坛中都可在登录时设置失效时间，如保存一个星期、保存一个月等。此时就可以使用 Cookie 设置登录的失效时间。如果客户端没有禁用 Cookie，则在启动 Session 会话时，Cookie 用于存储 Session ID 和 Session 生存期。

【例 9-5】　手动设置 Session 生存期。（实例位置：素材与实例\example\ph09\05）

步骤 1▶　新建文档"index.php"，并输入以下代码：

```php
<?php
session_start();
$time = 1 * 40;                                    //给出 session 失效时间
setcookie(session_name(),session_id(),time()+$time,"/");   //使用 setcookie 手动设置
session 失效时间
$_SESSION['user'] = "cm";                          //设置 session 名
$expiry = date("H:i:s");
if (!empty($_SESSION))                             //判断 session 是否为空
{
    echo "<a href='session.php?time=$expiry'>SESSION 存在，请点击此处！</a>";
//不为空则输出链接文字
}else
{
    echo "SESSION 不存在";
}
?>
```

步骤 2▶ 新建文档 "session.php"，并输入以下代码:

```php
<?php
date_default_timezone_set("Etc/GMT-8");          //设置时区为格林尼治标准时间
session_start();                                  //初始化 session
echo "传送页面时间：" , @$_GET[time] , "<br>";
echo date("H:i:s");
echo "<p>";
echo @$_SESSION['user'] , "<p>";
?>
```

步骤 3▶ 运行文档"index.php"，如图 9-7 所示(测试之前一定要保证已开启 Cookie)。单击文字链接，将打开 "session.php" 页面，如图 9-8 所示。

图 9-7　设置 Session 生存期

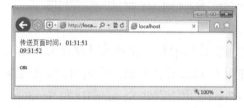

图 9-8　打开 "session.php" 页面

步骤 4▶ 过 40 秒后刷新页面 "session.php"，Session 名 "cm" 将消失。

另外 PHP 还提供了一个函数 session_set_cookie_params()来设置 Session 的生存期，该函数必须在 session_start()函数调用之前调用。

```php
<?php
$time = 24 * 3600;                        // 设置 session 失效时间
session_set_cookie_params($time);         // 使用函数
session_start();
?>
```

9.3　Session 高级应用

9.3.1　Session 临时文件

如果将所有用户的 Session 都保存在服务器的临时目录中，一方面会降低服务器的安全性，另外打开服务器中的站点会非常慢。PHP 一般使用函数 session_save_path()来解决该问题。通过使用该函数设置临时文件存储位置，可以有效缓解因临时文件存储导致的服

务器效率降低和站点打开缓慢的问题。

【例 9-6】 存储 Session 临时文件。实例代码如下：（实例位置：素材与实例\example\ph09\06）

```php
<?php
$path = './ses/';                        // 设置 session 存储路径
session_save_path($path);
session_start();                         // 初始化 session
$_SESSION[username] = true;
echo "Session 文件名称为：sess_" , session_id();
?>
```

运行结果如图 9-9 所示。

图 9-9　存储 Session 临时文件

 提　示

　　session_id()函数可以返回当前会话 ID。

打开 index.php 页面，如果将 SESSION 存储在指定文件夹 ses 下，可根据页面中显示的文件名称在 ses 下查找是否存在该文件。

9.3.2　使用 Session 控制页面缓存

页面缓存是将网页中的内容临时存储在IE客户端的Temporary Internet Files文件夹下。页面缓存可以减少 Web 应用服务器的流量，但相对于动态或敏感内容而言，页面缓存是不安全的。

PHP 提供了函数 session_cache_limiter()来控制页面缓存。其语法格式如下：

```
string session_cache_limiter([string $cache_limiter])
```

参数 cache_limiter 为 public 或 private。页面缓存是指客户端缓存。

➤ public：表示任何人都可以缓存该页面及其相关内容，它适合静态内容。如级联样式单文件、相关联的 JavaScript 文件或图像文件。

> private：表示客户机浏览器可以缓存该页面中的数据，包括相关联的内容，但其他设备（如代理服务器和网络设备）不应该缓存它。

一般使用 session_cache_expire() 来设置缓存时间。其语法格式如下：

```
int session_cache_expire([string $new_cache_expire])
```

参数 new_cache_expire 是缓存时间，单位为分。

提 示

这两个 Session 缓存函数必须在 session_start() 调用之前使用，否则会出错。

【例 9-7】　本例来了解 Session 缓存页面的过程。实例代码如下：（实例位置：素材与实例\example\ph09\07）

```php
<?php
session_cache_limiter('private');
$cache_limit = session_cache_limiter();              //开启客户端缓存
session_cache_expire(60);
$cache_expire = session_cache_expire();              //设置客户端缓存时间
session_start();
?>
```

运行结果如图 9-10 所示。

图 9-10　Session 客户端缓存

本章实训——使用 Session 区分用户身份

一般网站中，都会区分管理员和普通用户对网站的操作权限。本实训通过 Session 技术实现对用户操作权限的划分（实例位置：素材与实例\exercise\ph09\01）。

步骤 1▶ 启动 Dreamweaver，在 "D:\phpEnv\www\exercise\ph09\01" 目录下新建文档 "login.php"。

步骤 2▶ 打开文档，使用 "代码" 视图给该页面设置一个标题 "判断用户操作权限"。

在页面中添加一个表单 form1，设置"method="post""，action 指向的数据处理页为"index.php"。

步骤 3▶　在表单中插入表格，并设置属性，根据排版需要嵌套表格，并在其中添加用户名文本框命名为"user"；添加密码域文本框并命名为"pwd"；添加两个图像按钮"登陆"和"重置"。代码如下：

```
<form name="form1" method="post" action="index.php">
    <table width="100%" height="100%" border="0" cellpadding="0" cellspacing="0">
    <tr>
        <td height="608" background="images/login_03.gif"><table width="862" border="0"
align="center" cellpadding="0" cellspacing="0">
        <tr>
            <td height="266" background="images/login_04.gif"> </td>
        </tr>
        <tr>
            <td height="95"><table width="100%" border="0" cellspacing="0"
cellpadding="0">
            <tr>
                <td width="424" height="95"
background="images/login_06.gif"> </td>
                <td width="183" background="images/login_07.gif"><table width="100%"
border="0" cellspacing="0" cellpadding="0">
                <tr>
                    <td width="21%" height="30"><div align="center"><span
class="STYLE3">用户名</span></div></td>
                    <td width="79%" height="30"><input name="user" type="text"
id="user" style="height:18px; width:130px; border:solid 1px #cadcb2; font-size:12px;
color:#81b432;"/></td>
                </tr>
                <tr>
                    <td height="30"><div align="center"><span class="STYLE3"> 密
  码</span></div></td>
                    <td height="30"><input name="pwd" type="password" id="pwd"
style="height:18px; width:130px; border:solid 1px #cadcb2; font-size:12px;
color:#81b432;"></td>
```

```
            </tr>
            <tr>
              <td height="30"> </td>
              <td     height="30"><input     type="image"    name="imageField"
id="imageField"      src="images/denglu.jpg"     onClick="return     check(form);">
  
                <input   type="image"   name="imageField2"   id="imageField2"
src="images/cz.jpg" /></td>

              ……

      </form>
```

提 示

为节省空间，上面省略了部分代码，完整代码见网页文档"login.php"。

步骤 4▶ 在"登录"按钮的单击事件下，调用自定义函数 check(form)来验证表单元素是否为空。自定义函数的代码如下：

```
<script language="javascript">
    function check(form){
        if(form.user.value==""){
            alert("请输入用户名");form.user.focus();return false;
        }
        if(form.pwd.value==""){
            alert("请输入密码");form.pwd.focus();return false;
        }
        form.submit();
    }
</script>
```

步骤 5▶ 提交表单元素到数据处理页 index.php。首先初始化变量，然后接收表单元素值，将接收到的用户名和密码分别赋给 Session 变量。另外，为防止其他用户非法登录本系统，使用 if 条件语句判断 Session 变量是否为空。代码如下：

```
<?php
session_start();                              //初始化 Session 变量
```

```
$_SESSION[user]=$_POST[user];          //通过 POST 方法接收表单元素值,将获取的
用户名赋给 Session 变量
$_SESSION[pwd]=$_POST[pwd];            //通过 POST 方法接收表单元素值,将获取的
密码赋给 Session 变量
if($_SESSION[user]==""){
    echo "<script language='javascript'>alert('请通过正确的途径登录本系统!
');history.back();</script>";
}
?>
```

步骤 6▶ 在 "index.php" 的导航处添加代码,判断登录用户是管理员还是普通用户,如是管理员,则显示 "用户管理" 超链接,否则不显示。另外添加 "注销用户" 超链接,链接至 "safe.php" 页面。代码如下:

```
<div id="menu">
    <nav>
    <a href="#" class="selected">首页</a><a href="#">日志</a><a href="#">相册</a><a href="#">影视欣赏</a><a href="#">乐曲欣赏</a><a href="#">留言板</a>
        <?php
            if(@$_SESSION[user]=="ccy" && @$_SESSION[pwd]=="123"){
        ?>
            <a href="#">用户管理</a>
        <?php
            }
        ?>
            <a href="safe.php">注销用户</a>
        </nav>
    </div>
```

步骤 7▶ 在 "id" 值为 "left" 的 div 中添加代码,根据登录用户名和密码判断是 "管理员" 还是 "普通用户"。代码如下:

```
<div id="left">
    <h1>当前用户: <?php if(@$_SESSION[user]=="ccy" && @$_SESSION[pwd]=="123"){echo "管理员";}else{echo "普通用户";}?>
    </h1>
    <p>  </p>
    <div align="center"><img src="images/me.jpg" width="220" height="330" alt=""/>
```

```
        </div>
    </div>
```

步骤 8▶ 注销用户的链接页面 "safe.php"。代码如下:

```php
<?php
session_start();                        //初始化 Session
unset($_SESSION['user']);               //删除用户名会话变量
unset($_SESSION['pwd']);                //删除密码会话变量
session_destroy();                      //删除当前所有会话变量
header("location:login.php");           //跳转到用户登录页面
?>
```

步骤 9▶ 运行页面 "login.php",输入用户名和密码,以管理员身份登录网站,运行结果如图 9-11 所示;以普通用户身份登录网站,运行结果如图 9-12 所示。

图 9-11　以管理员身份登录网站的运行结果

图 9-12　以普通用户身份登录网站的运行结果

本章总结

本章主要介绍了 PHP 中 Cookie 与 Session 的应用。在学完本章内容后，读者应重点掌握以下知识。

➤ Cookie 是 Web 服务器暂时存储在用户硬盘上的一个文本文件，并随后被 Web 浏览器读取。当用户再次访问 Web 网站时，网站通过读取 Cookie 文件记录该用户的特定信息（如上次访问的网页、花费的时间、用户名和密码等），从而迅速做出响应，如再次访问相同网站时不需要再输入用户名和密码即可登录等。

➤ Web 服务器可以利用 Cookie 记录访客的某些信息，在网页间直接传递变量，将所查看过的 Internet 页存储在 Cookie 临时文件夹中。

➤ PHP Session 变量用于存储有关用户会话的信息，或更改用户会话的设置。Session 变量保存的信息是单一用户的，并且可供应用程序中的所有页面使用。

➤ Session 的工作机制是：为每个访问者创建一个唯一的 id（UID），并基于这个 UID 来存储变量。UID 存储在 Cookie 中，亦或通过 URL 进行传导。

知识考核

一、填空题

1. ＿＿＿＿＿＿＿是 Web 服务器暂时存储在用户硬盘上的一个文本文件，并随后被 Web 浏览器读取。

2．在 PHP 中，＿＿＿＿＿＿＿＿＿＿函数用于创建 Cookie。

3．在 PHP 中可以通过超级全局数组＿＿＿＿＿＿＿＿＿＿来读取浏览器端的 Cookie 值。

4．PHP Session 变量用于存储有关＿＿＿＿＿＿＿＿＿的信息，或更改＿＿＿＿＿＿＿＿＿的设置。
Session 变量保存的信息是＿＿＿＿＿＿＿用户的，并且可供应用程序中的所有页面使用。

5．Session 的工作机制是：为每个访问者创建一个唯一的＿＿＿＿＿＿＿＿＿＿，并基于这
个＿＿＿＿＿＿来存储变量。

6．创建一个会话主要包括＿＿＿＿会话、＿＿＿＿会话、＿＿＿＿会话和＿＿＿＿会话等步骤。

7．在 PHP 中，启动会话（创建一个会话状态）一般使用＿＿＿＿＿＿＿＿＿＿函数。

8．通过使用函数＿＿＿＿＿＿＿＿＿＿＿＿设置临时文件存储位置，可以有效缓解因临时文件
存储导致的服务器效率降低和站点打开缓慢的问题。

9．PHP 提供了函数＿＿＿＿＿＿＿＿＿＿＿＿＿来控制页面缓存。一般使用＿＿＿＿＿＿＿＿＿＿＿＿＿＿
来设置缓存时间。

二、简答题

1．简述 Cookie 的作用。

2．简述删除 Cookie 的两种方法。

第 10 章　PHP 文件系统

在 PHP 中，可以对文件进行多种操作，如查看文件名称、查看文件目录、打开/关闭文件、读取/写入文件、上传文件等。本章将主要介绍 PHP 中文件处理以及文件上传的相关函数。

学习目标

- 了解查看文件名称和目录的相关知识
- 掌握目录处理相关函数的应用
- 掌握"打开/关闭"文件和"读取/写入"文件的相关操作
- 掌握文件上传的相关知识

10.1　查看文件和目录

在程序中，与文件交互时通常需要查看文件名和其目录。

10.1.1　查看文件名称

使用 basename()函数可以返回路径中的文件名称，其语法格式如下：

```
string basename (string $path [ ,string $suffix])
```

参数$path 定义要检查的路径；$suffix 定义文件扩展名，为可选参数，用于过滤扩展名，如果定义了该参数，则函数将过滤掉扩展名，仅返回文件名。

【例 10-1】　使用 basename()函数查看文件名。实例代码如下：（实例位置：素材与实例\example\ph10\01）

```php
<?php
$path = "\example\ph10\01\index.html";
echo basename($path) . "<br>";
echo basename($path,".html");
```

```
?>
```

运行结果如图 10-1 所示。

图 10-1　查看文件名称

10.1.2　查看文件目录

使用 dirname()函数可以返回路径中的目录部分，其语法格式如下：

string dirname (string $path)

其中$path 为文件全路径。

【例 10-2】　使用 dirname()函数查看文件路径。实例代码如下：（实例位置：素材与实例\example\ph10\02）

```
<?php
$path = "/example/ph10/02/index.html";
echo dirname($path);
?>
```

运行结果如图 10-2 所示。

图 10-2　查看文件目录

10.1.3　查看文件绝对路径

使用 realpath()函数可以返回文件绝对路径。该函数删除所有符号连接（比如 '/./', '/../' 以及多余的 '/'），返回绝对路径。若失败，则返回 false。其语法格式如下：

string realpath (string $path)

其中$path 为需要检查的文件路径。

【例 10-3】　使用 realpath()函数查看文件绝对路径。实例代码如下：（实例位置：素材与实例\example\ph10\03）

```php
<?php
$path = "index.php";
echo realpath($path);
?>
```

运行结果如图 10-3 所示。

图 10-3　查看文件绝对路径

10.2　目录处理

每个文件都有一个属于其自身的目录。要访问文件，首先要打开其所在目录。对目录的处理主要包括创建目录、打开/关闭目录，以及浏览目录等。

10.2.1　创建目录

使用 mkdir()函数可以创建目录，若成功，则返回 true，否则返回 false。其语法格式如下：

```
bool mkdir (string $path[,int $mode[,bool $recursive[,resource $context]]])
```

其中各参数的作用如下：

➢　$path：定义要创建的目录。

➢　$mode：定义目录权限，默认为 0777，在 Windows 下会被忽略。

➢　$recursive：定义是否使用递归模式。

➢　$context：定义文件句柄的环境。

【例 10-4】　使用 mkdir()函数创建目录。实例代码如下：（实例位置：素材与实例\example\ph10\04）

```php
<?php
mkdir("testing");
//创建多级目录，此处需要使用$recursive 参数
```

```
mkdir("t/e/s/t", "0777", true );
?>
```

运行结果如图 10-4 所示。打开网页所在根目录，可以看到系统自动创建了上述代码中的目录，如图 10-5 所示。

图 10-4　创建目录

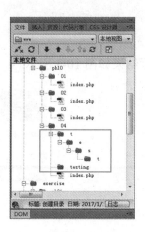

图 10-5　自动创建目录

10.2.2　打开/关闭目录

打开/关闭目录使用 opendir()函数和 closedir()函数。如果打开的目录不正确，将会报错。

1．打开目录

PHP 使用 opendir()函数来打开目录，其语法格式如下：

resource opendir (string $path[, resource $context])

参数$path 定义要打开的合法的目录路径，参数$context 定义目录句柄的环境。成功则返回指向该目录的指针，失败则返回 false。如果$path 不是合法目录，或者由于许可限制或文件系统错误而不能打开目录，将产生一个 E_WARNING 级别的错误。可以通过在函数名称前面添加"@"符号来隐藏 opendir()的错误输出。

2．关闭目录

PHP 使用 closedir()函数来关闭目录，其语法格式如下：

void closedir ([resource $dir_handle])

参数 dir_handle 为要关闭的目录句柄。

【例 10-5】　使用 opendir()和 closedir()函数打开/关闭目录。实例代码如下：（实例位置：素材与实例\example\ph10\05）

```php
<?php
$dir = "D:/phpEnv/www/example/ph10/05/images/";
//打开一个目录，然后读取其内容
if (is_dir($dir)){                               //检测是否是一个目录
    if ($dh = opendir($dir)){                    //判断打开目录是否成功
        while (($file = readdir($dh)) !== false){   //循环返回目录中下一个文件的文件名
            echo "文件名为：" . $file . "<br>";      //输出文件名
        }
    }
    else {
        echo "路径错误";
        exit();
    }

        closedir($dh);                           //关闭目录
}
?>
```

运行结果如图 10-6 所示。

图 10-6　打开/关闭目录

10.2.3　浏览目录

PHP 使用 scandir()函数来浏览目录中的文件，其语法格式如下：

array scandir (string $directory [,int sorting_order])

参数 directory 定义要扫描的目录；参数 sorting_order 定义排列顺序，默认按字母升序排序，如设置了该参数，则按降序排序；该函数返回一个数组，包含 directory 中的所有目录和文件。

【例 10-6】　使用 scandir()函数浏览目录。实例代码如下：（实例位置：素材与实例\example\ph10\06）

```php
<?php
$dir = "D:/phpEnv/www/example/ph10/05/images/";        //定义要浏览的目录
$a = scandir($dir);                                     // 以升序排序 - 默认
$b = scandir($dir,1);                                   // 以降序排序
print_r($a) ;
echo "<br>";
print_r($b);
?>
```

运行结果如图 10-7 所示。

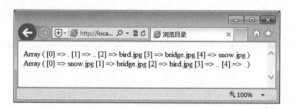

图 10-7　浏览目录

10.2.4　其他常用目录操作函数

可以把目录看成是一种特殊的文件，对文件的操作函数（如重命名）多数也适用于目录。另外也有一些特殊函数只是专门针对目录，表 10-1 列举了一些常用的目录操作函数。

表 10-1　常用的目录操作函数

函数原型	说　明	示　例
getcwd(void)	返回当前工作目录	getcwd( )
rmdir($dirname)	删除指定目录，前提是该目录必须为空	rmdir('temp')
chdir($directory)	改变当前的目录为 directory	chdir('../');
readdir($handle)	返回目录中下一个文件的文件名，使用此函数时，目录必须是使用 opendir()函数打开的	$handle = opendir ("D:/phpEnv/www/") readdir($handle)
rewinddir($handle)	将指定的目录重新指定到目录开头	rewinddir($handle)

218

10.3 PHP **文件处理**

文件处理包括打开、读取、关闭、重写文件等。访问一个文件一般需要 3 步：打开文件、读写文件和关闭文件。

10.3.1 **打开/关闭文件**

打开/关闭文件使用 fopen()和 fclose()函数。

1．打开文件

对文件执行任何操作都需要首先将其打开，在 PHP 中使用 fopen()函数打开文件，其语法格式如下：

> resource fopen (string $filename, string $mode [,bool $use_include_path])

参数 filename 是要打开的包含路径的文件名，可以是相对路径或绝对路径。如果 filename 是"scheme://…"格式，将被看做一个 URL，PHP 将搜索协议处理器来处理此模式。如果 filename 没有任何前缀，则表示打开的是本地文件。

 提 示

PHP 在尝试打开文件时，必须确保该文件是 PHP 能够访问的，也就是要确认文件的访问权限。

参数 mode 定义打开文件的方式，可取值如表 10-2 所示。

表 10-2　fopen()函数中参数 mode 的取值列表

取　值	说　明
r	只读模式——以只读方式打开文件，文件指针位于文件头
r+	读写模式——以读写方式打开文件，文件指针位于文件头
w	只写模式——以只写方式打开文件，若文件存在，则将文件指针指向文件头，并将文件长度清为 0，即该文件内容会消失；若文件不存在，则尝试建立该文件
w+	读写模式——以读写方式打开文件，若文件存在，则将文件指针指向文件头，并将文件长度清为零。若文件不存在，则尝试建立该文件
a	以附加的方式打开只写文件，文件指针指向文件尾。若文件存在，写入的数据会被加到文件尾后，即文件原先的内容会被保留；若文件不存在，则会创建该文件

取 值	说 明
a+	以附加的方式打开可读写的文件，文件指针指向文件尾。若文件存在，写入的数据会被加到文件尾后，即文件原先的内容会被保留；若文件不存在，则会创建该文件
b	二进制模式——以二进制模式打开文件。若文件系统能够区分二进制文件和文本文件，可能会使用它。Windows 可以区分，Unix 则不区分，推荐使用该选项，便于获得最大程度的可移植性。它是默认模式
t	文本模式——用于与其他模式的结合，Unix 系统使用"\n"作为行结束字符，Windows 系统使用"\r\n"作为行结束字符，该模式只是 Windows 下的一个选项

可选参数 use_include_path 的作用是，如果需要在 include_path 中指定的路径下搜索文件，可将该参数设置为 1 或者 true。

2．关闭文件

对文件操作结束后应关闭文件，以释放打开的文件资源。关闭文件使用 fclose()函数。其语法格式如下：

```
bool fclose (resource $file)
```

参数 file 为已打开文件的资源对象，也就是要关闭的文件，该资源对象必须有效，否则将返回 false。

【例 10-7】 打开/关闭文件。实例代码如下：（实例位置：素材与实例\example\ph10\07）

```php
<?php
if (($file = fopen("test.txt","r")) === false )        //使用条件语句判断是否打开文件失败
{
    die("使用只读方式打开文件"test.txt"失败<br>");          //失败则输出语句
}
else
    echo "使用只读方式打开文件"test.txt"成功<br>";
if (fclose($file)){                                //使用条件语句判断是否关闭文件成功
    echo "文件"test.txt"关闭成功<br>";
    }else
    echo "文件"test.txt"关闭失败<br>";
?>
```

运行结果如图 10-8 所示。

图 10-8　打开/关闭文件

10.3.2　读取文件

PHP 中读取文件的方法有多个，下面介绍几个常用函数。

1. 读取整个文件——readfile()、file()和 file_get_contents()

（1）readfile()函数。

readfile()函数常用于读取整个文件，并将其写入到输出缓冲，如出现错误则返回 false。其语法格式如下：

    int readfile (string $filename [, bool $use_include_path [, resource $context]])

使用 readfile()函数，不需要打开/关闭文件，也不需要 echo，print 等输出语句，只需要给出文件路径即可。

（2）file()函数。

file()函数也可用于读取整个文件内容，它是将文件内容按行读入一个数组中，数组的每一项对应文件中的一行，包括换行符在内，如出现错误则返回 false。其语法格式如下：

    array file (string $filename [, int $flags = 0 [, resource $context]])

使用 file()函数，也不需要打开/关闭文件，它将文件作为一个数组返回，如失败则返回 false。

（3）file_get_contents 函数。

file_get_contents 函数也可用于读取整个文件内容，它是将文件读入到一个字符串中。其语法格式如下：

    string file_get_contents (string $filename [,bool $use_include_path = false [, resource $context [, int $offset = -1 [, int $maxlen]]]])

该函数适用于二进制文件，如果有 offset 和 maxlen 参数，将从参数 offset 所指定的位置开始读取长度为 maxlen 的字符串，如读取失败则返回 false。

【例 10-8】　读取整个文件。实例代码如下：（实例位置：素材与实例/example/ph10/08）

```php
<?php
header("Content-type:text/html; charset = utf-8");
```

```
$file = "test.txt";
readfile($file);                        //使用 readfile()函数读取文件内容
echo "<hr>";
$arr = file($file);                     //使用 file()函数读取文件内容
foreach ($arr as $m)
{
    echo $m . "<br>";
}
echo "<hr>";
echo file_get_contents($file);          //使用 file_get_contents()函数读取文件内容
?>
```

运行结果如图 10-9 所示。

图 10-9　读取整个文件

2. 读取文件中任意长度的字符串——fread()函数

在 PHP 中，fread()函数可用于读取文件中任意长度的字符串。其语法格式如下：

string fread (resource $file, int $length)

参数 file 定义要读取的文件；参数 length 定义要读取的字节数。该函数在读取完 length 个字节数，或到达 EOF 时就停止读取文件。

【例 10-9】　读取任意长度字符串。实例代码如下：（实例位置：素材与实例\example\ph10\09）

```
<?php
$filename = "test.txt";
$file = fopen("test.txt","r");          //打开文件
echo fread($file,"18");                 //使用 fread()函数读取文件内容的前 18 个字节
echo "<hr>";
echo fread($file,filesize($filename));  //使用 fread()函数读取文件的其余内容
```

```php
fclose($file);                          //关闭文件
?>
```

运行结果如图 10-10 所示。

图 10-10　读取文件中任意长度的字符串

3. 读取文件的一行字符

当文本内容较多时，可以采取逐行读取文件的方式。使用 fgets()函数可以从打开的文件中读取一行字符。其语法格式如下：

string fgets (resource $file, int $length)

该函数从 file 指向的文件中读取一行，并返回长度最多为 length-1 字节的字符串。在碰到换行符（包括在返回值中）、EOF 或者已经读取了 length-1 字节后停止。如果没有设置参数 length，则默认为 1KB，或者说 1024 字节。若失败，则返回 false。

【例 10-10】　打开文件读取一行字符。实例代码如下：（实例位置：素材与实例\example\ph10\10）

```php
<?php
$file = fopen("test.txt","r");          //使用只读方式打开文档
echo fgets($file);                      //读取打开文件的一行字符
echo "<hr>";
while(! feof($file))                    //利用循环语句输出文档中的其他字符
  {
  echo fgets($file). "<br>";
  }
fclose($file);                          //关闭文档
?>
```

运行结果如图 10-11 所示。

图 10-11　读取文件的一行字符

4．读取文件的一个字符

使用 fgetc()函数可以从打开的文件中读取一个字符。其语法格式如下：

string fgetc (resource $file)

该函数从打开的文件中返回一个字符，遇到 EOF 时则返回 false。

【例 10-11】　打开文件读取一个字符。实例代码如下：（实例位置：素材与实例\example\ph10\11）

```php
<?php
$file = fopen("test.txt","r");          //以只读方式打开文档
echo fgetc($file);                      //使用 fgetc()函数读取一个字符，并输出
echo "<hr>";                            //输出水平分割线
while (! feof ($file))                  //使用循环语句输出文档中的所有字符
  {
  echo fgetc($file);
  }
fclose($file);                          //关闭文档
?>
```

运行结果如图 10-12 所示。

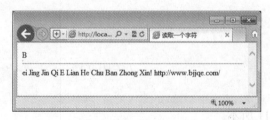

图 10-12　读取一个字符

10.3.3 在文件中写入数据

在文件中写入数据，也是 PHP 的常用操作。使用 fwrite()和 file_put_contents()函数可向文件中写入数据。

fwrite()函数的语法格式如下：

int fwrite (resource $handle, string $string [,int $length])

该函数把 string 定义的字符串，写入 handle 定义的文件指针处，如果设置了 length，当写入 length 个字节，或写完 string 后，写入就会停止。fwrite()函数返回写入的字符数，出现错误时则返回 false。

file_put_contents()函数的语法格式如下：

int file_put_contents (string $filepath, mixed $data [, int $mode=0])

参数 filepath 定义要写入数据的文件。如果文件不存在，则创建一个新文件。参数 data 定义要写入文件中的数据，类型可以是字符串、数组或数据流。参数 mode 可选，定义如何打开/写入文件，可能的值有 FILE_USE_INCLUDE_PATH，FILE_APPEND 或 LOCK_EX（独占锁定）。

使用 file_put_contents()函数与依次调用 fopen()，fwrite()和 fclose()函数所实现的功能一样。

【例 10-12】 在文件中写入数据，并输出。实例代码如下：（实例位置：素材与实例\example\ph10\12）

```php
<?php
    $file = "test1.txt";                          //定义要写入数据的文档
    $str1 = "Love is a lamp, while friendship is the shadow.";        //定义要写入
的字符串 1
    $str2 = "When the lamp is off, you will find the shadow everywhere.";    //定义要
追加的字符串 2
    echo "用 fwrite 函数写入文件：";
    $fopen = fopen($file,'w');                    //以只写方式打开文件
    fwrite($fopen,$str1);                         //将字符串 1 写入文档
    fclose($fopen);                               //关闭文档
    readfile($file);                              //读取整个文档内容并输出
    echo "<p>用 file_put_contents 函数写入文件：";
    file_put_contents($file,$str2,FILE_APPEND);   //以追加的形式将字符串 2 写
入文档
```

```
        readfile($file);                                          //读取整个文档内容并输出
?>
```

运行结果如图 10-13 所示。

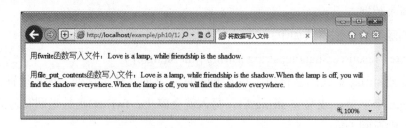

图 10-13　将数据写入文件

10.3.4　其他常用文件操作函数

PHP 除了可以对文件内容进行读写外，也可以对文件本身进行操作，如删除、复制、移动和重命名文件等。常用文件操作函数如表 10-3 所示。

表 10-3　常用文件操作函数

函数原型	说　　明	示　　例
unlink($filename)	删除文件	unlink ('test.txt')
copy($source,$dest)	复制文件	copy("source.txt","target.txt")
rename($oldname,$newname)	重命名文件，如果源文件和目标文件路径不同，可以实现文件的移动	rename("images","pictures")
feof ($file)	检测是否已到达文件末尾	$file = fopen("test.txt", "r"); while(! feof($file))
fgetss($handle)	从打开的文件中读取一行并过滤掉 HTML 和 PHP 标记	$file = fopen("test.html","r"); echo fgetss($file)
fileatime($filename)	返回文件的上次访问时间	fileatime("test.txt")
filemtime($filename)	返回文件的上次修改时间	filemtime("test.txt")
filesize($filename)	返回文件大小	filesize("test.txt")
array stat($filename)	以数组形式返回关于文件的信息，如文件大小、最后修改时间等	$file = fopen("test.txt","r"); print_r(stat($file));

> 在读写文件时，除 file()、readfile()等少数几个函数外，其他操作必须要先使用 fopen()
> 函数打开文件，最后用 fclose()函数关闭文件。文件信息函数，如 filesize()、fileatime()
> 等，则都不需要打开文件，只要文件存在即可。

10.4　文件上传

文件上传是 Web 应用的一个常用功能，就是浏览者通过浏览器将文件上传到服务器上的指定目录，比如注册用户上传自己的头像图片。

10.4.1　文件上传的基本知识

1．可上传文件的类型

PHP 可以上传的文件类型有多种，如图像文件、文本文件、PPT 文件、音频文件、视频文件等。各种文件的数据格式如表 10-4 所示。

表 10-4　文件 MIME 类型列表

文件类型	MIME 类型
图像文件	image/gif、image/jpeg、image/jpg、image/png
纯文本和 HTML 文件	text/txt、text/plain、text/html
PPT 文件	application/vnd.ms-powerpoint
音频文件	audio/basic
视频文件	video/mpeg
二进制或数据流文件	application/octet-stream

> MIME 意为多功能 Internet 邮件扩展，它设计的最初目的是为了在发送电子邮件时附加多媒体数据，让邮件客户程序能根据其类型进行处理。然而当它被 HTTP 协议支持之后，其意义就更为显著了。它使得 HTTP 传输的不仅是普通的文本。
>
> 每个 MIME 类型由两部分组成，前面是数据的大类别，例如声音 audio、图像 image等，后面定义具体的种类。

2. 配置 php.ini 文件

要实现文件上传功能，首先需要在 php.ini 中开启文件上传，并设置其中的一些参数。首先要设置的是 File Uploads 项，其中有 3 个常用属性，其意义分别如下。

- ➢ file_uploads：如果值为 on，表示服务器支持文件上传；如果值为 off，则不支持。
- ➢ upload_tmp_dir：上传文件的临时目录，默认为 "C:\Windows\temp\"。在文件被成功上传之前，先是被存放在服务器端的临时目录中。如果需要指定新位置，可通过设置该项来实现。
- ➢ upload_max_filesize：服务器允许上传的文件的最大值，以 MB 为单位。系统默认为 2MB，用户可根据需要设置合适大小。

10.4.2 预定义变量$_FILES

$_FILES 变量为一个二维数组，用于接收上传文件的相关信息，有 5 个主要元素，具体说明如表 10-5 所示。

表 10-5　预定义变量$_FILES 元素说明

元素名	说　明
$_FILES[filename][name]	存储上传文件的文件名。如 text.txt、snow.jpg 等
$_FILES[filename][size]	存储文件的字节大小
$_FILES[filename][tmp_name]	临时文件名。文件上传时，首先以临时文件的形式存储在临时目录中
$_FILES[filename][type]	存储上传文件的类型
$_FILES[filename][error]	存储上传文件的结果。如果值为 0，说明文件上传成功

【例 10-13】　使用$_FILES 变量输出上传文件的相关信息。实例代码如下：（实例位置：素材与实例\example\ph10\13）

```
<body>
<!--  上传文件的 form 表单必须有 enctype 属性   -->
<form action=" " method="post" enctype="multipart/form-data">
    选择照片：
    <!--  上传文件域的 type 类型必须为 file   -->
    <input type="file" name="zhaopian" id="zhaopian" size="30" />
        <input type="submit" name="tj_btn" id="tj_btn" value="提交" />
```

```
    </form>
    <?php
        if(!empty($_FILES)){                              //判断变量$_FILES 是否为空
            foreach($_FILES['zhaopian'] as $name -> $valuc)          //使用循环语句输出
上传文件的相关信息
                echo $name.' = '.$value.'<br>';
        }
    ?>
    </body>
```

运行结果如图 10-14（a）所示。单击"浏览"按钮选择要上传的文件，之后单击"提交"按钮，结果如图 10-14（b）所示。

（a）　　　　　　　　　　　　　　　　　　（b）

图 10-14　应用$_FILES 变量

　　表单上传时，method 属性必须为 post；enctype 属性必须为"multipart/form-data"（它表示上传二进制数据），这样才能完整地上传文件数据，完成上传操作。input 标签的 type 属性必须为 file，这样服务器才会将 input 作为上传文件来处理。

10.4.3　文件上传函数

PHP 中使用 move_uploaded_file()函数上传文件，该函数将存放在临时目录下的上传文件拷贝出来，存放到指定目录中，如果目标存在，将会被覆盖。其语法格式如下：

　　bool move_uploaded_file (string $filename, string $dest)

该函数将上传文件存储到指定位置。如成功，则返回 true，否则返回 false。参数 filename 是上传文件的临时文件名，即$_FILES[filename][tmp_name]；参数 dest 是文件上传后保存的新路径和名称。

【例 10-14】　　上传文件。实例代码如下：（实例位置：素材与实例\example\ph10\14）

```php
<form action=" " method="post" enctype="multipart/form-data">
    选择照片：
    <input type="file" name="zhaopian" id="zhaopian" size="30" />
    <input type="submit" name="tj_btn" id="tj_btn" value="提交" />
</form>
<?php
    if(!empty($_FILES['zhaopian']['name'])){            //判断上传文件是否存在
    $fileinfo = $_FILES['zhaopian'];                    //将文件信息赋给变量$fileinfo
        if($fileinfo['size'] < 1000000 && $fileinfo['size'] > 0){        //判断文件大小
            move_uploaded_file($fileinfo['tmp_name'],"upload/".$fileinfo['name']);    //
上传文件
            echo '文件上传成功';
        }else{
            echo '文件太大，不符合上传要求';
        }
    }
?>
```

运行结果如图 10-15（a）所示。单击"浏览"按钮选择要上传的文件，之后单击"提交"按钮，结果如图 10-15（b）所示。

（a）

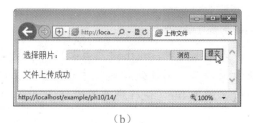
（b）

图 10-15　上传文件

提　示

　　本例必须要在文档根目录下创建一个文件夹"upload"，以放置上传的文件。否则系统会报错。

10.4.4　多文件上传

PHP 支持同时上传多个文件，但需要在表单中对文件上传域使用数组形式命名，这样，上传的文件信息也将会自动以数组形式组织。

【例 10-15】　同时上传多个文件。实例代码如下：（实例位置：素材与实例\example\ph10\15）

```php
<?php
if(!empty($_FILES["u_file"]["name"])){                    //判断$_FILES 变量是否为空
    $file_name = $_FILES["u_file"]["name"];               //将上传文件名另存为数组
    $file_tmp_name = $_FILES["u_file"]["tmp_name"];              //将上传的临时文
件名存为数组
    for($i = 0; $i < count($file_name); $i++){            //循环上传文件
        if($file_name[$i] != ''){                        //判断上传文件名是否为空
            move_uploaded_file($file_tmp_name[$i],"upload/".$i.$file_name[$i]);
            //上传文件，并保存在 upload 文件夹下
            echo '文件'.$file_name[$i].'上传成功。更名为'.$i.$file_name[$i].'<br>';
            //循环输出上传文件名，及其上传后的名称
        }
    }
}
?>
```

运行结果如图 10-16（a）所示。单击"浏览"按钮选择要上传的文件，之后单击"提交"按钮，结果如图 10-16（b）所示。

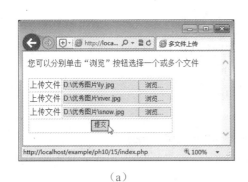

（a）

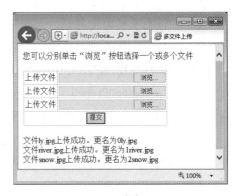

（b）

图 10-16　多文件上传

本例也必须要在文档根目录下创建一个文件夹"upload",以放置上传的文件。

 本章实训——实现上传文件功能

本实训实现上传文件的功能,并要求上传的文件格式必须为"gif""png"或"jpg",文件大小不能超过150K。(实例位置:素材与实例\exercise\ph10\01)。

步骤 1▶ 启动 Dreamweaver,新建文档"index.php",并将其保存在"D:\phpEnv\www\exercise\ph10\01"目录下。

步骤 2▶ 在 Dreamweaver 中打开新建文档,使用"代码"视图给该页面设置一个标题"上传头像文件"。

步骤 3▶ 在页面中添加一个表单,设置其属性"action="" method="post" enctype="multipart/form-data""。并在其中添加一个"name"值为"zhaopian",type 值为"file"的文件域和一个"提交"按钮。代码如下:

```
<form action=" " method="post" enctype="multipart/form-data">
    选择您要上传的头像文件:
    <input type="file" name="zhaopian" id="zhaopian" size="30" />
    <input type="submit" name="tj_btn" id="tj_btn" value="提交" />
</form>
```

步骤 4▶ 在表单下方添加代码,判断上传文件的格式和大小,如满足要求则上传,否则给出提示。代码如下:

```
<?php
    if(empty($_FILES['zhaopian']['tmp_name'])){          //判断上传文件是否存在
    echo "没有文件可上传! ";
//如存在,判断上传文件是否为 gif、png 或 jpeg 格式
    }elseif(!(($_FILES['zhaopian']['type'] == "image/gif")
||($_FILES['zhaopian']['type'] == "image/x-png")
    ||($_FILES['zhaopian']['type'] == "image/png")
    ||($_FILES['zhaopian']['type'] == "image/jpeg"))){
        echo "请检查您的文件格式,必须为 gif,png 或者 jpg!!!";
    }elseif($_FILES['zhaopian']['size'] > 150000){          //判断上传文件是否大于 150K
        echo "请检查您的文件大小,不能大于 150K";
        }else {
```

```
        move_uploaded_file($_FILES['zhaopian']['tmp_name'],"upload/".$_FILES['zhaopian']
['name']);                        //上传文件
    //输出上传文件的保存路径
        echo '文件上传成功<hr>' "保存路径为："."upload/".$_FILES['zhaopian']['name'];
        }
    ?>
```

步骤 5▶ 运行页面，单击"浏览"按钮选择要上传的文件，如图 10-17（a）所示；之后单击"提交"按钮，结果如图 10-17（b）所示。

（a）

（b）

图 10-17 多文件上传

提 示

> 当上传文件格式不属于"gif""png"或"jpg"格式时，系统会提示"请检查您的文件格式…"；当上传大于 150K 的文件时，系统会提示"请检查您的文件大小…"。

本章总结

本章主要介绍了 PHP 文件系统的相关知识。在学完本章内容后，读者应重点掌握以下知识。

➢ 在 PHP 中，查看文件名称、查看文件目录和查看文件绝对路径，分别使用 basename()函数、dirname()函数和 realpath()函数。

➢ 创建目录、打开目录、关闭目录和浏览目录，分别使用 mkdir()函数、opendir()函数、closedir()函数和 scandir()函数。

➢ 在 PHP 中，访问一个文件一般需要 3 步：打开文件、读写文件和关闭文件。实现这些操作，需要分别使用 fopen()函数、readfile()函数、fwrite()函数和 fclose()函数。

➢ 文件上传是 Web 应用的一个常用功能。PHP 可以上传的文件类型有图像文件、文本文件、PPT 文件、音频文件、视频文件等。预定义变量$_FILES，用于接收上传文件的相关信息。

> PHP 中使用 move_uploaded_file()函数上传文件，该函数将存放在临时目录下的上传文件拷贝出来，存放到指定目录中，如果目标存在，将会被覆盖。

> PHP 支持同时上传多个文件，但需要在表单中对文件上传域使用数组形式命名，这样，上传的文件信息也将会自动以数组形式组织。

 知识考核

一、填空题

1．使用_____函数可以返回文件绝对路径。该函数删除所有符号连接（比如 '/./'，'/../' 以及多余的 '/'），返回绝对路径。若失败，则返回_____。

2．使用_____函数可以创建目录，若成功，则返回_____，否则返回 false。

3．打开/关闭目录使用_____函数和_____函数。如果打开的目录不正确，将会报错。

4．访问一个文件一般需要 3 步：_____文件、_____文件和_____文件。

5．对文件执行任何操作都需要首先将其打开，在 PHP 中使用_____函数打开文件。

6．对文件操作结束后应关闭文件，以释放打开的文件资源。关闭文件使用_____函数。

7．使用 readfile()函数，不需要打开/关闭文件，也不需要 echo，print 等输出语句，只需要给出_____即可。

8．使用_____和_____函数可向文件中写入数据。

9．PHP 中使用_____函数上传文件，该函数将存放在临时目录下的上传文件拷贝出来，存放到指定目录的指定文件中，如果目标存在，将会被覆盖。

10．PHP 支持同时上传多个文件，但需要在表单中对文件上传域使用_____形式命名，这样，上传的文件信息也将会自动以数组形式组织。

二、简答题

1．简述要实现文件上传功能，需要在 php.ini 中设置哪些参数。

2．简述在 PHP 中如何实现多文件上传。

第 11 章 MySQL 数据库基础

网络上的众多应用都是基于数据库的,只有与数据库相结合,PHP 才能充分发挥其动态网页编程语言的魅力。PHP 支持多种数据库,尤其对 MySQL 支持最好。MySQL 通过 SQL 语句对数据库进行操作。本章将详细介绍 MySQL 数据库的基础知识,以及使用 SQL 语句对数据库进行基本操作的方法。

学习目标

- 了解 MySQL 的基本概念及特点
- 掌握安装与配置 MySQL 的方法
- 掌握启动、连接、断开和停止 MySQL 服务器等基本操作
- 掌握创建、查看、选择 MySQL 数据库等基本操作
- 掌握创建、查看、修改数据表等基本操作
- 掌握插入、查询、修改表记录等操作
- 掌握数据库备份与恢复的相关操作

11.1 MySQL 概述

11.1.1 什么是 MySQL

MySQL 是目前最为流行的数据库管理系统,它是一种开放源代码的关系型数据库管理系统(RDBMS,Relational Database Management System),开发者为瑞典 MySQL AB 公司,于 2008 年 1 月 16 日被 Sun 公司收购。

目前 MySQL 被广泛应用于 Internet 上的中小型网站中。由于其体积小、速度快、总体拥有成本低,尤其是开放源码这一特点,为许多中小型网站所喜爱。MySQL 官方网站的网址是"www.mysql.com"。

MySQL 的标志是一只名叫"sakila"的海豚,如图 11-1 所示。它代表了 MySQL 及其团队的速度、可靠性和适应性。

11.1.2 MySQL 的特点

MySQL 具有如下特点：

图 11-1 MySQL 的标志

➢ 支持跨平台：MySQL 支持 Windows，Linux，Mac OS，FreeBSD，OpenBSD，OS/2 Wrap，Solaris 和 SunOS 等多种操作系统平台。在任何平台下编写的程序都可以移植到其他平台，而不需要对程序做任何修改。

➢ 支持多种开发语言：MySQL 为多种开发语言提供了 API 支持。这些开发语言包括 C，C++，C#，Delphi，Eiffel，Java，Perl，PHP，Python，Ruby 和 Tcl 等。

➢ 运行速度快：使用优化的 SQL 查询算法，有效地提高查询速度。

➢ 数据库存储容量大：MySQL 数据库的最大有效表容量通常由操作系统对文件大小的限制决定，而不是由 MySQL 内部限制决定。InnoDB 存储引擎将 InnoDB 表存储在一个表空间内，该表空间的容量最大为 64TB，可由数个文件创建，可轻松处理拥有上千万条记录的大型数据库。

➢ 安全性高：灵活安全的权限和密码系统允许主机的基本验证。连接到服务器时，所有密码传输均采用加密的形式。

➢ 成本低：MySQL 数据库是一种完全免费的产品，用户可以直接从网上下载。

11.1.3 安装配置 MySQL

步骤 1▶ 将下载的文件 mysql-5.7.15-winx64.zip 解压，并将解压后的文件放到 C:\Program Files 目录下，如图 11-2 所示。

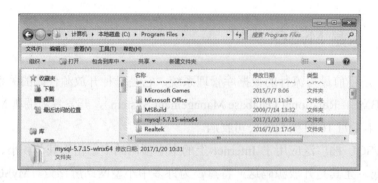

图 11-2 解压文件并放在 C 盘

步骤 2▶ 进入目录 C:\Program Files\mysql-5.7.15-winx64，将文件 my-default.ini 的文

件名修改为 my.ini，用记事本打开该文件。配置节点基准路径 basedir、数据库文件路径 datadir，如图 11-3。其他参数使用缺省设置，最后保存该文件。

图 11-3　重命名并配置文件

步骤 3▶　右击"计算机"图标，在弹出的快捷菜单中选择"属性"。在打开的窗口中单击左侧菜单列表中的"高级系统设置"链接，打开"系统属性"对话框，如图 11-4 所示。

图 11-4　单击"高级系统设置"链接

步骤 4▶　单击下方的"环境变量"按钮，打开"环境变量"对话框，在下方的"系统变量"列表框中选择"Path"，并单击"编辑"按钮，打开"编辑系统变量"对话框，在"变量值"编辑框中首先输入分号";"然后输入要设置的路径 C:\Program Files\mysql-5.7.15-winx64\，并连续单击"确定"按钮完成设置，如图 11-5 所示。

步骤 5▶　单击"开始" > "运行"菜单，打开"运行"对话框，输入"cmd"命令，单击"确定"按钮，如图 11-6 所示。

图 11-5　编辑系统变量　　　　　　图 11-6　打开"运行"对话框

 提　示

　　设置系统环境变量栏的变量 path 的值为";C:\Program Files\mysql-5.7.15-winx64\"（注意这里是追加，path 原来的值不要删除和修改）。

步骤6▶　打开命令运行窗口，在命令提示符下输入 cd "C:\Program Files\mysql-5.7.15-winx64\bin"，并按回车键，进入安装目录下的 bin 目录，如图 11-7 所示。

图 11-7　进入安装目录下的 bin 目录

步骤7▶　安装 MySQL 服务器。在命令窗口中输入 mysqld --install MySQL --defaults-file="my.ini"，然后按回车键，提示服务安装成功，如图 11-8 所示。

图 11-8　安装 MySQL 服务器

默认是将 MySQL 安装在 C:\Program Files\mysql-5.7.15-winx64\bin 目录下，上述命令中的安装路径--defaults-file="my.ini"即表示默认路径。如果将 MySQL 安装在其他盘，那么路径值就应该为绝对路径，比如安装在 D 盘，则--defaults-file 值应该为"D:\Program Files\mysql-5.7.15-winx64\bin\my.ini"。

步骤 8▶ 初始化 data 目录。mysql 5.7+版本的根目录下缺少 data 文件夹，在 cmd 命令窗口中进入到 C:\Program Files\mysql-5.7.15-winx64\bin 目录下，输入 mysqld --initialize-insecure --user=mysql，然后按回车键，如图 11-9 所示。

图 11-9　初始化 data 目录

步骤 9▶ 可以看到在 "C:\Program Files\mysql-5.7.15-winx64\" 目录下创建了 data 目录，如图 11-10 所示。

图 11-10　创建 data 目录

11.2　MySQL 服务器基本操作

通过系统服务器和命令提示符（DOS）都可以启动、连接和断开 MySQL 服务器。但一般不建议停止 MySQL 服务器，否则数据库将无法使用。

11.2.1　启动 MySQL 服务器

安装配置完 MySQL 后，就可以启动 MySQL 服务器了。此处需要说明的一点是，MySQL 服务器和 MySQL 数据库不同，MySQL 服务器是一系列后台进程，而 MySQL 数据库则是一系列的数据目录和数据文件；MySQL 数据库必须在 MySQL 服务器启动之后才可以进行访问。

启动 MySQL 服务器常用的方法有两种：系统服务器和命令提示符（DOS）。下面分别介绍。

1．通过系统服务器

通过系统服务器可以非常直观地启动 MySQL 服务器，前提是 MySQL 被设置为 Windows 服务。具体操作如下。

步骤 1▶　右键单击桌面上的"计算机"图标，在弹出的快捷菜单中选择"管理"，打开"计算机管理"对话框。

步骤 2▶　在左侧列表中选择"服务和应用程序" > "服务"，在右侧打开"服务"窗格，右键单击服务列表中的"MySQL"，在弹出的快捷菜单中选择"启动"，如图 11-11 所示。

图 11-11　通过系统服务器启动 MySQL 服务

知识库

启动 MySQL 服务器的方法有多种，也可在选中 MySQL 后，单击上方工具栏中的"启动服务"按钮 ，或者左上方的"启动"文字链接。

2. 通过命令提示符

选择"开始" > "运行"菜单，在弹出的"运行"对话框中输入"cmd"，按【Enter】键进入 DOS 窗口。在命令提示符下输入"net start mysql"，按【Enter】键即可启动 MySQL 服务器，如图 11-12 所示。

图 11-12　通过命令提示符启动 MySQL 服务器

11.2.2　连接和断开 MySQL 服务器

1. 连接 MySQL 服务器

通过 mysql 命令可以轻松连接 MySQL 服务器，在启动 MySQL 服务器后，打开命令提示符窗口。在命令提示符下输入 "mysql -u root -p"，按【Enter】键，显示提示信息 "Enter password："，一般 MySQL 安装完后默认的 root 用户密码为空，所以此处直接按【Enter】键，如图 11-13 所示。

知识库

> 如果用户在使用 mysql 命令连接 MySQL 服务器时，弹出错误信息 "'mysql'不是内部或外部命令，也不是可运行的程序或批处理文件。"，就说明用户未设置系统的环境变量。根据错误提示进行分析，mysql 文件位于 MySQL 安装目录的 bin 文件夹下，所以需要将 bin 文件加入到 Windows 环境变量 Path 中。参照 11.1.3 节中步骤 3 和步骤 4 的操作，将 "C:\Program Files\mysql-5.7.15-winx64\bin" 追加到 Path 变量值中，记得在路径前输入分号 "；"，并不要删除和修改其原来的值。

图 11-13　连接 MySQL 服务器

知识库

> 如要为 root 用户设置密码，可在连接 MySQL 服务器后，输入代码 "set password for root@localhost = password('123456');"，来设置 root 用户密码为 "123456"，如图 11-14 所示。设置用户密码后，再执行连接 MySQL 服务器操作时就要输入密码。

图 11-14　设置 root 用户密码

2. 断开 MySQL 服务器

如要断开与 MySQL 服务器的连接，可以在 mysql 提示符下输入"exit"或"quit"命令断开 MySQL 连接，如图 11-15 所示。

图 11-15　断开 MySQL 服务器

11.2.3　停止 MySQL 服务器

停止 MySQL 服务器的方法有多种，本节介绍两种比较常用的方法。

1. 通过系统服务器

同 MySQL 服务器的启动一样，通过系统服务器也可以非常直观地停止 MySQL 服务器，前提是 MySQL 被设置为 Windows 服务。具体方法如下。

步骤 1▶　右键单击桌面上的"计算机"图标，在弹出的快捷菜单中选择"管理"，打开"计算机管理"对话框。

步骤 2▶　在左侧列表中选择"服务和应用程序">"服务"，在右侧打开"服务"窗

243

格，右键单击服务列表中的"MySQL"，在弹出的快捷菜单中选择"停止"，如图 11-16 所示。

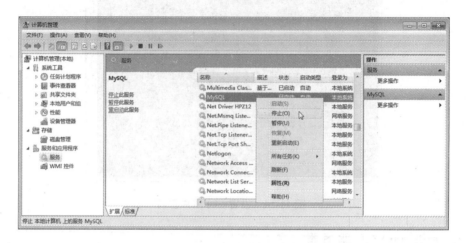

图 11-16　通过系统服务器停止 MySQL 服务器

　　停止 MySQL 服务器的方法有多种，也可在选中 MySQL 后，单击上方工具栏中的"停止服务"按钮■，或者左上方的"停止"文字链接。

2．通过命令提示符

　　选择"开始"＞"运行"菜单，在弹出的"运行"对话框中输入"cmd"，按【Enter】键进入 DOS 窗口。在命令提示符下输入"net stop mysql"，按【Enter】键即可停止 MySQL 服务器，如图 11-17 所示。

图 11-17　通过命令提示符停止 MySQL 服务器

11.3　MySQL 数据库基本操作

　　启动并连接 MySQL 服务器后，就可以对 MySQL 数据库进行操作，本节具体讲解常用数据库操作。

11.3.1 创建数据库

使用 create database 语句可以轻松创建 MySQL 数据库。其语法格式如下：

create database database_name;

上述语句中，参数 database_name 表示所要创建的数据库名。例如，通过 create database 语句创建一个名称为 db_test 的数据库，如图 11-18 所示。

在具体创建数据库时，数据库名不能与已存在的数据库名重名。另外，数据库的命名最好能遵循以下规则：

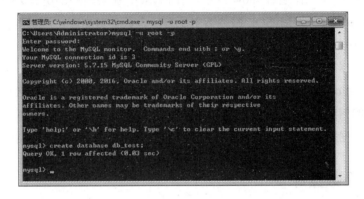

图 11-18 创建数据库

- ➤ 数据库名可以由字母、数字、下划线、@、#和$字符组成，其中，字母可以是小写或大写的英文字母，也可以是其他语言的字母字符。
- ➤ 首字母不能是数字或$字符。
- ➤ 不能使用 MySQL 关键字作为数据库名或表名。
- ➤ 数据库名中不能有空格。
- ➤ 数据库名最长可为 64 个字符，而别名最多可达 256 个字符。
- ➤ 默认情况下，Windows 下数据库名和表名的大小写是不敏感的，而在 Linux 下数据库名和表名的大小写是敏感的。为便于数据库在平台间移植，建议采用小写形式来定义数据库名和表名。

11.3.2 查看数据库

使用 show 命令可以查看 MySQL 服务器中的数据库信息。其语法格式如下：

show databases;

下面使用 show 命令查看 MySQL 服务器中的数据库信息，如图 11-19 所示。

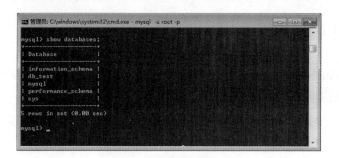

图 11-19　查看数据库

从图 11-19 可以看出，通过 show 命令查看 MySQL 服务器中的所有数据库，结果显示，除前面新建的 db_test 外，MySQL 服务器中还有 4 个其他数据库。这就涉及到了数据库的类型。MySQL 中的数据库可以分为系统数据库和用户数据库两大类。

➢ 系统数据库是指，安装完 MySQL 服务器后附带的一些数据库。如图 11-19 中的 information_schema、mysql、performance_schema 和 sys。系统数据库会记录一些必需的信息，用户不能直接修改这些数据库。

➢ 用户数据库是用户根据实际需求创建的数据库，如前面创建的 db_test。

11.3.3　选择数据库

在创建数据库后，并不表示就可以直接操作数据库，还要选择数据库，使其成为当前数据库。使用 use 语句可以选择一个数据库。其语法格式如下：

use database_name;

例如，选择前面创建的 db_test 数据库，使其成为当前数据库，如图 11-20 所示。

图 11-20　选择数据库

提　示

在成功选择数据库后，即可使用 SQL 语句针对该数据库进行操作。

11.3.4　删除数据库

使用 drop database 语句可以删除数据库。其语法格式如下：

drop database database_name;

例如，使用 drop database 语句删除前面创建的 db_test 数据库，如图 11-21 所示。

图 11-21　删除数据库

数据库删除后，该数据库容器里的全部数据库对象也会被删除，所以应谨慎使用删除数据库操作。

11.4　MySQL 数据表基本操作

表的基本操作包括创建表、查看表、修改表、重命名表和删除表等。

11.4.1　创建数据表

创建表就是在数据库中创建新表，该操作是进行其他表操作的基础。

在 MySQL 数据库管理系统中创建表可以使用 create table 语句来实现，其语法格式如下。

```
create table table_name (
    属性名  数据类型,
    属性名  数据类型,

    .

    .

    .

    属性名  数据类型
)
```

上述语句中，table_name 表示要创建的表名字，表名紧跟在关键字 create table 后面。

表的具体内容定义在圆括号中，各列之间用逗号分隔。其中"属性名"表示表字段名称，"数据类型"指定字段的数据类型。例如，如果列中存储的为数字，则相应的数据类型为"数值"。在具体创建数据库时，表名不能与已存在的表对象重名，其命名规则与数据库名命名规则一致。

【例 11-1】 本例执行 SQL 语句创建数据库"db_shop"，并在数据库中创建表"tb_admin"。具体步骤如下：

步骤 1▶ 启动并连接 MySQL 服务器后，输入以下语句，并按【Enter】键，创建数据库 db_shop，并选择它，结果如图 11-22 所示。

```
create database db_shop;
use db_shop;
```

图 11-22　创建并选择数据库

步骤 2▶ 继续输入以下 create table 语句，创建表 tb_admin，运行结果如图 11-23 所示。

```
create table tb_admin (
    id int(4),
    name varchar(50),
    pwd varchar(20)
);
```

图 11-23　创建表格 tb_admin

提　示

在创建表之前，一定要选择数据库，否则会出现错误信息。在创建表时，如果数据库中已存在该表，也会出现错误信息。

11.4.2 查看表结构

如需要查看数据库中表的结构，可以使用 SQL 语句 describe 来实现。其语法格式如下：

describe table_name;

其中的 table_name 表示所要查看的表名称。

【例 11-2】 本例执行 SQL 语句查看数据库"db_shop"中的表"tb_admin"结构。具体步骤如下：

步骤 1▶ 启动并连接 MySQL 服务器后，输入以下语句，并按【Enter】键，选择数据库 db_shop，结果如图 11-24 所示。

use db_shop;

步骤 2▶ 输入以下语句，并按【Enter】键，查看表 tb_admin 的数据结构，结果如图 11-25 所示。

describe tb_admin;

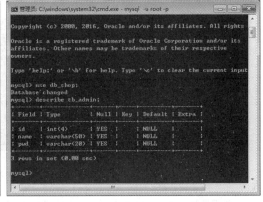

图 11-24　选择数据库　　　　　　　　　图 11-25　查看表结构

11.4.3 修改表结构

修改表结构是指增加或删除字段、修改字段名或字段类型，设置或取消主键外键等。如要修改数据库中表的结构，可以使用 SQL 语句 alter table 来实现。其语法格式如下：

alter table table_name alter_spec[,alter_spec]…;

其中的 table_name 表示所要修改的表名称，alter_spec 子句定义要修改的内容，其语法格式如下：

alter [column] col_name {set default literal | drop default}　　　//修改字段名称

modify [column] create_definition　　　　　　　　　　　　　　//修改字段类型

add [column] create_definition [first | after column_name]	//添加新字段
add index [index_name] (index_col_name,…)	//添加索引名称
add primary key (index_col_name,…)	//添加主键名称
add unique [index_name] (index_col_name,…)	//添加唯一索引
drop [column] col_name	//删除字段名
drop primary key	//删除主键名
drop index index_name	//删除索引名

alter table 语句允许指定多个 alter_spec 子句，子句之间使用逗号分隔，每个子句表示对表的一个修改。

【例 11-3】 本例执行 SQL 语句，在表"tb_admin"中添加一个新字段 tel，类型为 varchar(30)，not null，将字段 name 的类型由 varchar(50)修改为 varchar(40)。具体步骤如下：

步骤 1▶ 连接 MySQL 服务器并选择数据库 db_shop，之后输入以下语句，并按【Enter】键，结果如图 11-26 所示。

```
alter table tb_admin add tel varchar(30) not null,modify name varchar(40);
```

图 11-26 修改数据表结构

步骤 2▶ 输入以下语句，并按【Enter】键，查看修改后的表结构，以确认修改结果，如图 11-27 所示。

```
describe tb_admin;
```

图 11-27 查看修改结果

　　通过 alter 修改表列的前提是，必须将表中的数据全部删除，也就是要确保要修改的
表为空表。

11.4.4　重命名表

　　数据库中的表名是唯一的，不能重复，可以通过表名来区分不同的表。重命名表可以
使用 SQL 语句 alter table 来实现。其语法格式如下：

　　alter table old_table_name rename [to] new_table_name

　　其中的 old_table_name 表示所要修改的表的名称，new_table_name 表示修改后的表的
名称。所要操作的表对象必须在数据库中已经存在。

　　【例 11-4】　本例执行 SQL 语句，修改数据库 db_shop 中的 tb_admin 表的名称为 t_admin。
具体步骤如下：

　　步骤 1▶　连接 MySQL 服务器并选择数据库 db_shop，之后输入以下语句，并按
【Enter】键，结果如图 11-28 所示。

　　alter table tb_admin rename t_admin;

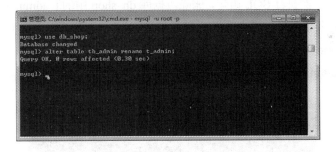

图 11-28　修改表名称

　　步骤 2▶　为检验数据库 db_shop 中是否已修改 tb_admin 表为 t_admin 表，分别输入
以下语句，并按【Enter】键，结果如图 11-29 所示。

　　describe tb_admin;

　　和

　　describe t_admin;

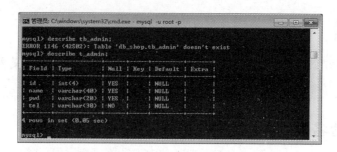

图 11-29　查看表信息

由执行结果可以看出，tb_admin 表已经不存在，已修改其名称为 t_admin。

11.4.5　删除表

删除表是指删除数据库中已经存在的表。具体删除表时，会直接删除表中所保存的所有数据，所以在删除表时要特别小心。删除表可以使用 SQL 语句 drop table 来实现。其语法格式如下：

drop table table_name

其中的 table_name 表示所要删除的表名称，所要删除的表必须是数据库中已经存在的表。

【例 11-5】　本例执行 SQL 语句，删除数据库 db_shop 中的 t_admin 表。具体步骤如下：

步骤 1▶　连接 MySQL 服务器并选择数据库 db_shop，之后输入以下语句，并按【Enter】键，删除表 t_admin，结果如图 11-30 所示。

drop table t_admin;

图 11-30　删除数据表 t_admin

步骤 2▶　为检验数据库 db_shop 中是否还存在表 t_admin，输入以下语句，并按【Enter】键，查看表 t_admin，结果如图 11-31 所示。

describe t_admin;

图 11-31 查看表

由执行结果可以看出，表 t_admin 已经不存在，表示已经成功删除该表。

11.5 MySQL 表记录基本操作

在 MySQL 命令行中使用 SQL 语句可以实现在数据表中插入、浏览、修改和删除记录等操作。

11.5.1 插入记录

在创建好数据库和数据表后，就可以向数据表中添加记录了，该操作可以使用 insert 语句来实现。其语法格式如下：

insert into table_name(column_name,column_name2,…) values (value1,value2,…)

在 MySQL 中，一次可以同时插入多行记录，各行记录的值清单在 VALUES 关键字后以逗号"，"分隔，而标准的 SQL 语句一次只能插入一行记录。

【例 11-6】 本例执行 SQL 语句，向数据库 db_shop 中的 tb_admin 表中插入一条数据信息。具体操作如下：

连接 MySQL 服务器并选择数据库 db_shop，之后输入以下语句，并按【Enter】键，插入表记录，结果如图 11-32 所示。

insert into tb_admin (id,name,pwd) values (1,'ccy','123456');

图 11-32 插入表记录

11.5.2 查询数据库记录

使用数据查询语句 select，可以从数据库中把数据查询出来。其语法格式如下：

select field	//要查询的内容，选择哪些列
from table_name	//指定数据表
where condition	//查询时需要满足的条件
order by fileldm1 [ASC|DESC]	//对查询结果进行排序的条件
limit row_count	//限定输出的查询结果
group by field	//对查询结果进行分组的条件

1. 查询单个数据表

在使用 select 语句时，首先需要确定所要查询的列。"*"代表所有列。

【例 11-7】 本例执行 SQL 语句，查询数据库 db_shop 中 tb_admin 表中的所有数据信息。具体操作如下：

连接 MySQL 服务器并选择数据库 db_shop，之后输入以下语句，并按【Enter】键，结果如图 11-33 所示。

select * from tb_admin;

图 11-33　查询数据表的全部数据

2. 查询表中的一列或多列

要针对表中的多列进行查询，只需在 select 后面指定要查询的列名即可，多列之间用","分隔。

【例 11-8】 本例执行 SQL 语句，查询数据库 db_shop 中 tb_admin 表中的 id 和 name 字段，并指定查询条件为用户 id 编号为 1。具体操作如下：

连接 MySQL 服务器并选择数据库 db_shop，之后输入以下语句，并按【Enter】键，结果如图 11-34 所示。

select id,name from tb_admin where id=1;

图 11-34　查询数据表中指定字段的数据

3．多表查询

当针对多个数据表进行查询时，关键是 where 子句中查询条件的设置，要查找的字段名最好用"表名.字段名"的形式表示，这样可以防止因表之间字段重名而无法获知该字段属于哪个表，在 where 子句中多个表之间所形成的联动关系应按如下形式书写：

table1. column = table2. column and other condition

多表查询的 SQL 语句格式如下：

select column_name from table1,table2…where table1.column=table2.column and other condition

例如，要查询学生表和成绩表中学生表的 userid 等于成绩表的 sid，并且 userid 等于 003 的记录，其查询代码如下：

select ＊ from tb_student,tb_score where tb_student.userid ＝ tb_score.sid and tb_student.userid ＝ 003;

select 语句的应用形式有很多种，此处只是介绍了其中最简单的内容，有兴趣的读者可以对其进行深入研究。

11.5.3　修改记录

要修改某条记录，可以使用 update 语句，其语法格式如下：

update table_name set column_name ＝ new_value1,column_name2 ＝ new_value2,… [where condition]

其中，set 子句给出要修改的列和其给定值；where 子句可选，一般用于指定记录中哪行应该被更新，否则，所有记录行都将被更新。

【例 11-9】　本例执行 SQL 语句，将数据库 db_shop 中 tb_admin 表中 id 值为 1 的用户密码 123456 修改为 654321。具体操作如下：

连接 MySQL 服务器并选择数据库 db_shop，之后输入以下语句，并按【Enter】键，

结果如图 11-35 所示。

```
update tb_admin set pwd = '654321' where id=1;
```

图 11-35　修改指定条件的记录

为验证修改结果，可以输入以下语句并按【Enter】键，来查看修改后的记录信息，结果如图 11-36 所示。

```
select * from tb_admin where id=1;
```

图 11-36　查看修改后的结果

11.5.4　删除记录

对于数据库中已失去意义或者错误的数据，可以将它们删除。使用 delete 语句可以实现该功能，其语法格式如下：

```
delete from table_name where condition
```

提　示

　　该语句在执行过程中，如果指定了 where 条件，将按照指定条件进行删除；如果未指定 where 条件，将删除所有记录。

【例 11-10】　本例执行 SQL 语句，删除数据库 db_shop 中 tb_admin 表中 id 值为 1 的用户。具体操作如下：

连接 MySQL 服务器并选择数据库 db_shop，之后输入以下语句，并按【Enter】键，结果如图 11-37 所示。

```
delete from tb_admin where id=1;
```

图 11-37　删除数据表中指定记录

11.6　MySQL **数据库备份和恢复**

前面简单介绍了 MySQL 数据库和数据表的基本操作。本节将介绍数据库备份和恢复的相关知识。

11.6.1　**数据的备份**

使用 mysqldump 命令可以实现对数据的备份，将数据以文本文件的形式存储在指定文件夹下。具体过程如下：

步骤 1▶　打开"运行"对话框，输入"cmd"后按"确定"按钮，进入命令行模式。

步骤 2▶　在命令行模式中直接输入以下代码，然后按【Enter】键运行，如图 11-38 所示。

```
mysqldump -uroot -p db_shop > D:\db_shop.txt
```

图 11-38　使用命令备份 db_shop 数据库

上述代码中，"-uroot"中的"root"是用户名；"-p"后面一般跟密码，此处没有密码；"db_shop"是数据库名；"D:\db_shop.txt"是数据库备份存储的位置和名称。

步骤 3▶　打开上述代码中的备份文件存储位置，可以看到生成的备份文件，如图 11-39 所示。

257

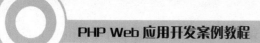

图 11-39　生成的备份文件

> 在输入命令时，"-uroot"中是没有空格的，并且该命令结尾处也没有任何结束符，只需按【Enter】键即可。

11.6.2　数据的恢复

前面介绍了数据的备份，使用备份文件可以轻松地对数据库文件进行恢复操作。执行数据库的恢复操作可以使用如下 MySQL 命令。

```
mysql -uroot -proot db_database < D:\db_database.txt
```

其中的 mysql 是使用的命令，"-uroot"中的"root"为用户名，"-proot"中的"root"为密码，db_database 代表数据库名（或表名），"<"号后面的"D:\db_database.txt"是数据库备份文件的存储位置及名称。

数据库恢复的具体过程如下：

步骤 1▶　打开"运行"对话框，输入"cmd"后按"确定"按钮，进入命令行模式。

步骤 2▶　在命令行模式中输入以下代码，然后按【Enter】键运行，以连接 MySQL 服务器。

```
mysql -u root -p
```

步骤 3▶　输入以下代码，然后按【Enter】键运行，以创建一个空数据库，如图 11-40 所示。

```
create database db_shop1;
```

图 11-40　创建空数据库

在进行数据库恢复时，必须已经存在一个空的、将要恢复的数据库，否则将出现错误，且无法完成恢复。

步骤 4▶ 重新进入命令行模式，直接输入以下代码，然后按【Enter】键运行，以恢复数据库，如图 11-41 所示。

```
mysql -uroot -p db_shop1 < D:\db_shop.txt
```

图 11-41　恢复数据库

步骤 5▶ 最后查看一下数据库是否恢复成功，如图 11-42 所示。

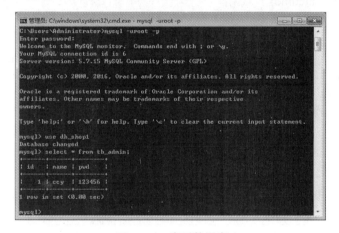

图 11-42　查看数据库

 本章实训——创建数据库和表并向其中添加信息

本章主要介绍了数据库的基本操作，本实训对前面所学进行总结和巩固。创建一个数据库 db_chang，在数据库中，按照如图 11-43 所示创建一个表 tb_news，并向该表中添加 6 条新闻信息。

图 11-43   创建表结构

步骤 1▶   进入命令行模式，连接 MySQL 服务器，并创建一个数据库 db_chang，如图 11-44 所示。

步骤 2▶   选择数据库 db_chang，并创建新闻信息表 tb_news，如图 11-45 所示。

```
create table tb_news (
    id int(10) auto_increment primary key,
    title varchar(100),
    content text,
    createtime datetime)
default character set utf8;
```

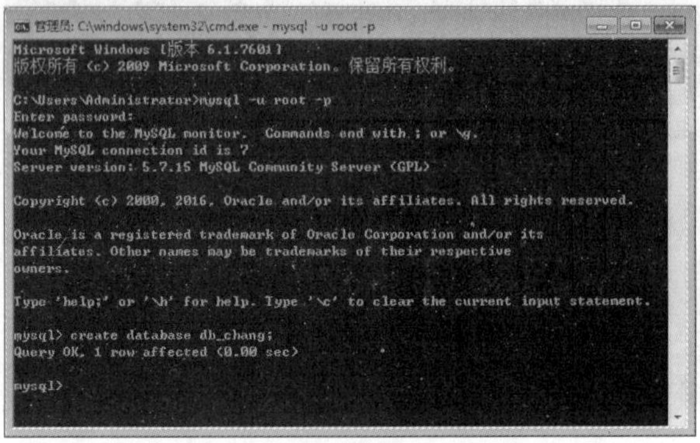

图 11-44   创建数据库 db_chang

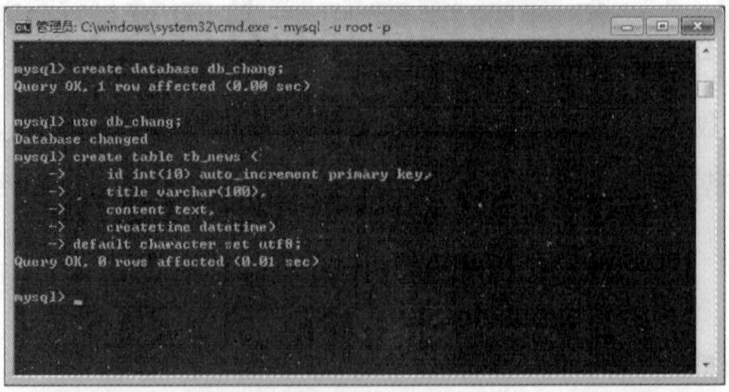

图 11-45   创建新闻信息表 tb_news

提　示

代码 default character set utf8 的作用，是可以在表格中添加中文信息。如果不添加该代码，在插入中文信息时会报错。

步骤 3▶ 向新闻信息表 tb_news 中添加 1 条新闻信息，如图 11-46 所示。

图 11-46　添加 1 条新闻信息

insert into tb_news (title,content,createtime) values ('松花江惊现锦鲤','2 月 6 日，黑龙江省哈尔滨市，在滨州铁路桥下的松花江面上，几位冬捕的渔民，多次网上橘红色的锦鲤。','2017-02-07');

步骤 4▶ 参照步骤 3 的方法，向数据表中依次添加剩余的 5 条新闻信息。

本章总结

本章主要介绍了 MySQL 数据库的基础知识。在学完本章内容后，读者应重点掌握以下知识。

➢ MySQL 具有支持跨平台、支持多种开发语言、运行速度快、数据库存储容量大、安全性高、成本低等特点。

➢ 通过系统服务器和命令提示符（DOS）都可以启动、连接和关闭 MySQL 服务器。

➢ MySQL 服务器和 MySQL 数据库不同，MySQL 服务器是一系列后台进程，而 MySQL 数据库则是一系列的数据目录和数据文件；MySQL 数据库必须在 MySQL 服务器启动之后才可以进行访问。

➢ MySQL 中的数据库可以分为系统数据库和用户数据库两大类。系统数据库是指，安装完 MySQL 服务器后附带的一些数据库；用户数据库是用户根据实际需求创建的数据库。

> 在创建数据库后，并不表示就可以直接操作数据库，还要选择数据库，使其成为当前数据库。

> MySQL 数据表的基本操作包括创建表、查看表、修改表、重命名表和删除表等。

> 在 MySQL 命令行中使用 SQL 语句可以实现在数据表中插入、浏览、修改和删除记录等操作。

> 使用 mysqldump 命令可以实现对数据的备份，将数据以文本文件的形式存储在指定文件夹下。使用备份文件又可以轻松恢复数据库。

 知识考核

一、填空题

1．MySQL 是目前最为流行的数据库管理系统，它是一种开放源代码的_____数据库管理系统。

2．MySQL 具有支持跨平台、支持多种开发语言、_____、数据库存储容量大、安全性高、_____等特点。

3．如要断开与 MySQL 服务器的连接，可以在 mysql 提示符下输入_____或_____命令断开 MySQL 连接。

4．数据库名可以由字母、_____、_____、@、#和$字符组成，其中，字母可以是小写或大写的英文字母，也可以是其他语言的字母字符。

5．使用_____命令可以查看 MySQL 服务器中的数据库信息。

6．使用____语句可以选择一个数据库。使用_____语句可以删除数据库。

7．如要修改数据库中表的结构，可以使用 SQL 语句_____来实现。

8．在创建好数据库和数据表后，就可以向数据表中_____了，该操作可以使用 insert 语句来实现。

9．对于数据库中已失去意义或者错误的数据，可以将它们删除。使用_____语句可以实现该功能。

二、简答题

1．简述 MySQL 的特点。
2．简述数据库的命名规则。

第12章 使用图形化管理工具 phpMyAdmin 管理数据库

前面介绍了在命令提示符下操作 MySQL 数据库的方法，这种方法非常麻烦，并且需要专业的 SQL 语言知识。为此，PHP 官方开发了一个类似 SQL Server 的可视化图形管理工具 phpMyAdmin。使用该工具可以对数据库进行可视化操作，从而大大提高程序开发的效率。

学习目标

✍ 掌握安装和配置 phpMyAdmin 的方法

✍ 掌握使用 phpMyAdmin 操作数据库和数据表的方法

✍ 掌握使用 SQL 语句在数据表中插入、修改、查询和删除数据的方法

✍ 掌握在可视化界面插入、浏览和搜索数据的方法

✍ 了解生成和执行 MySQL 数据库脚本的方法

12.1 安装和配置 phpMyAdmin

phpMyAdmin 是众多 MySQL 图形化管理工具中使用最广泛的一种，是使用 PHP 开发的基于 B/S 模式的 MySQL 客户端软件。使用该工具可以对 MySQL 进行各种操作，如创建数据库、数据表等。用户可以在官方网站 www.phpmyadmin.net 免费下载最新版本。其具体安装配置过程可参考以下操作。

步骤 1▶ 将下载后的文件解压到可以访问的 web 根目录下，此处为"www"文件夹，并重命名为"phpmyadmin"，如图 12-1 所示。

步骤 2▶ 用记事本打开 libraries 目录下的 config.default.php 文件，选择"编辑">"查找"菜单，查找"$cfg['PmaAbsoluteUri']"，并设置其值为 phpmyadmin 的访问网址，此处为"http://localhost/phpmyadmin/"，如图 12-2 所示。

图 12-1 解压并重命名文件

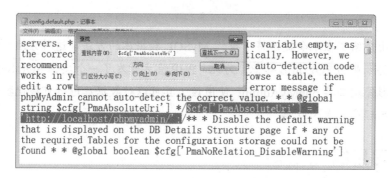

图 12-2 设置 phpmyadmin 的访问网址

步骤 3▶ 参照步骤 2 的方法设置主机信息。首先设置$cfg['Servers'][$i]['host'] = 'localhost'; 然后设置$cfg['Servers'][$i]['port'] = ' '。

 提 示

> 如果 mysql 端口是默认的 3306, 则$cfg['Servers'][$i]['port']值保留为空即可。

步骤 4▶ 按照同样的方法设置 mysql 用户名和密码。首先设置$cfg['Servers'][$i]['user'] = 'root', 然后设置 fg['Servers'][$i]['password'] = '123456', 要与 MySQL 本身的用户名和密码相一致。

步骤 5▶ 按照同样的方法设置认证方法。$cfg['Servers'][$i]['auth_type'] = 'cookie'.

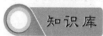 知识库

> 此处有四种模式可供选择, 分别为 cookie, http, HTTP 和 config。使用 config 模式, 直接输入 phpmyadmin 的访问网址即可进入, 无需输入用户名和密码, 该模式不安全, 不推荐使用。当使用 cookie, http 或 HTTP 时, 登录 phpmyadmin 需要输入用户名和密码进行验证, 具体如下: PHP 安装模式为 Apache, 可以使用 http 和 cookie; PHP 安装模式为 CGI, 可以使用 cookie。

步骤 6▶ 按照同样的方法设置短语密码。设置$cfg['blowfish_secret']为任意值，此处为"654321"。

> 如果认证方法设置为 cookie，就必须要设置短语密码，不能留空，否则会在登录 phpmyadmin 时提示错误。

步骤 7▶ 至此便完成了 phpmyadmin 的配置，在浏览器地址栏中输入 phpmyadmin 的访问网址 "http://localhost/phpmyadmin/"，按回车键打开登录页面，输入前面设置的用户名和密码，单击"执行"按钮，即可登录 phpmyadmin，如图 12-3 所示。

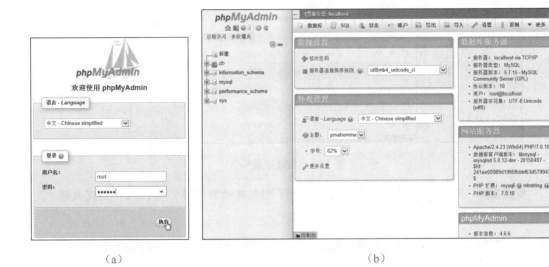

（a）   （b）

图 12-3　登录 phpmyadmin

12.2　使用 phpMyAdmin 管理数据库

登录 phpMyAdmin 后，进入其主页面，如图 12-3（b）所示。该页面列出了当前数据库的一些基本信息，包括数据库和网站服务器的相关信息，以及 phpMyAdmin 的相关信息。如数据库版本、数据库类型、连接用户、服务器字符集等。通过上方菜单栏中的各项菜单可以对数据库执行各项管理操作，如操作数据库、操作数据表、管理数据记录等。

12.2.1　操作数据库

对数据库的操作主要包括创建数据库、修改数据库和删除数据库。

1. 创建数据库

步骤 1▶ 在 phpMyAdmin 的主页面中，单击上方菜单栏中的"数据库"，接下来在"新建数据库"文本框中输入数据库名"db_blog"，然后在下拉列表框中选择所要使用的编码，此处选择"utf8_unicode_ci"，单击【创建】按钮，创建数据库，如图 12-4 所示。

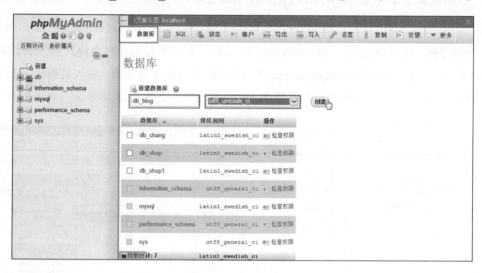

图 12-4　新建数据库

步骤 2▶ 可以看到在左侧的列表中显示了刚创建的数据库，并进入"新建数据表"页面，如图 12-5 所示。

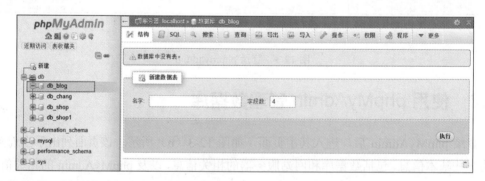

图 12-5　成功创建数据库"db_blog"

2. 修改数据库

在图 12-5 所示界面右侧，可以对当前数据库进行修改。单击上方菜单栏中的"操作"链接，进入操作页面，如图 12-6 所示。

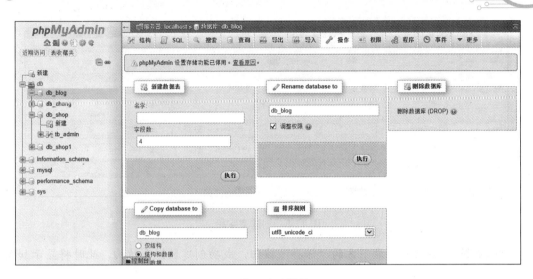

图 12-6　数据库"操作"页面

在该页面中，可以对数据库执行新建数据表、重命名数据库、删除数据库、复制数据库、修改排序规则等操作。

12.2.2　操作数据表

创建数据库后，还需要在其中创建数据表，之后才能应用于动态网页。下面介绍在数据库中创建、修改和删除数据表的操作。

1．创建和修改数据表

步骤 1▶　首先在左侧列表中选择要创建数据表的数据库，然后在右侧界面中输入数据表名和字段总数，最后单击右下方的【执行】按钮，如图 12-7 所示。

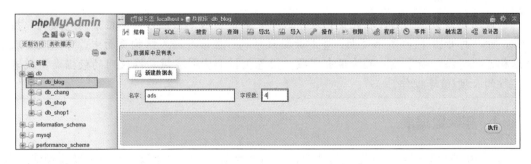

图 12-7　新建数据表

步骤 2▶　显示数据表结构页面，如图 12-8 所示。在该页面中设置各个字段的详细信息，包括字段名、数据类型、长度值等属性，以完成对表结构的详细设置。

267

图 12-8　创建表字段

步骤 3▶ 最后单击右下方的"保存"按钮，成功创建数据表结构，此时将显示如图 12-9 所示的页面。

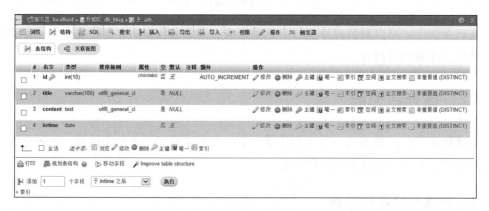

图 12-9　数据表结构

　提　示

　　成功创建数据表后，在左侧列表中选择表名，然后单击上方菜单栏中的"结构"按钮，可以打开图 12-9 所示页面，查看数据表结构。在该数据表结构页面中，可以改变表结构，执行添加新字段，删除现有字段，设置主键和索引字段，修改列的数据类型或者字段的长度/值等操作。

2. 删除数据表

　　要删除某个数据表，首先在左侧列表中选择数据库，然后在数据库中选择要删除的数据表，最后单击页面右侧相应的"删除"链接，即可删除指定数据表，如图 12-10 所示。

图 12-10　删除数据表

12.2.3　使用 SQL 语句操作数据表

单击 phpMyAdmin 主页面上方菜单栏中的"SQL"按钮，将打开 SQL 语句编辑区，可在编辑区输入 SQL 语句来实现数据的查询、添加、修改和删除操作。

1. 使用 SQL 语句插入数据

在语句编辑区输入以下代码：

INSERT INTO `db_blog`.`ads` (`title`, `content`, `intime`) VALUES ('海洋馆', '海洋馆，又称海洋世界，神秘奇特的海洋世界包含诸如白鲸馆、鲨鱼馆、珊瑚礁鱼类馆、海底观光隧道等许多景观。', '2017-02-16');

单击"执行"按钮，可向数据表中插入一条数据，如图 12-11 所示。

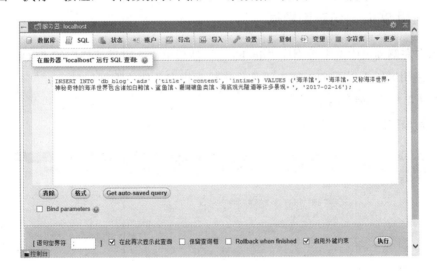

图 12-11　插入数据

如果提交的 SQL 语句有错误，系统会给出一个警告，提示用户修改它；如果提交的 SQL 语句正确，则弹出图 12-12 所示的提示信息。

图 12-12　成功插入数据

2．使用 SQL 语句修改数据

在 SQL 语句编辑区可应用 update 语句修改数据信息，如要将 ads 表里面的 intime 值改为 2017-02-15，可输入以下语句：

UPDATE`db_blog`.`ads`SET`intime`='2017-02-15' WHERE`ads`.`intime`='2017-02-16';

单击"执行"按钮后，显示如图 12-13 所示，表示成功修改数据。

图 12-13　成功修改数据

3．使用 SQL 语句查询数据

首先在左侧列表中选中数据库"db_blog"，然后单击上方导航栏中的"SQL"，接着在 SQL 语句编辑区输入以下 SELECT 语句，来检索指定条件的数据信息：

SELECT * FROM `ads`;

检索结果如图 12-14 所示。

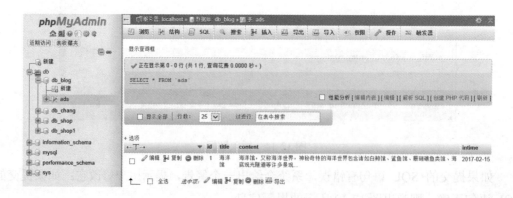

图 12-14　检索结果

除了对整个表的简单查询外，还可以实现一些复杂的条件查询及多表查询，如使用 where 子句提交 LIKE、ORDER BY、GROUP BY 等条件查询语句。

4. 使用 SQL 语句删除数据

在 SQL 语句编辑区可应用 delete 语句删除指定条件的数据或全部数据信息，添加的 SQL 语句如下：

```
DELETE FROM `db_blog`.`ads` WHERE `ads`.`id` = 1;
```

12.2.4 管理数据记录

在创建好数据库和数据表后，就可以非常方便地在数据表中执行插入数据、浏览数据和搜索数据等操作。

1. 插入数据

在左侧列表中选择某个数据表后，单击上方菜单栏中的"插入"链接，将进入插入数据页面，如图 12-15 所示。在各文本框中输入各字段值，单击"执行"按钮，即可插入记录。默认情况下，一次可插入两条记录。

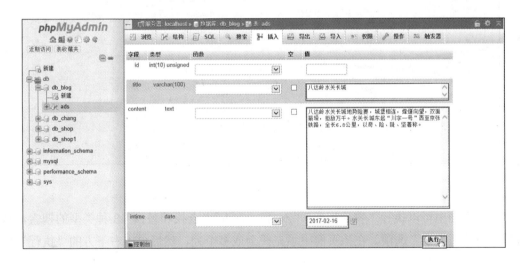

图 12-15　插入数据

2. 浏览数据

在左侧列表中选择某个数据表后，单击上方菜单栏中的"浏览"链接，将进入浏览界面，如图 12-16 所示。单击每行记录中的"编辑"链接，可以对当前记录进行编辑；单击

每行记录中的"删除"链接，可以删除当前记录。

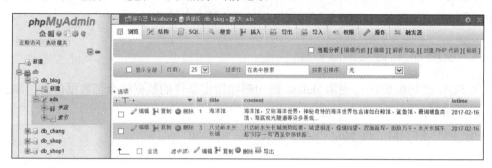

图 12-16　浏览数据

3．搜索数据

在左侧列表中选择某个数据表后，单击上方菜单栏中的"搜索"链接，将进入搜索页面，如图 12-17 所示。

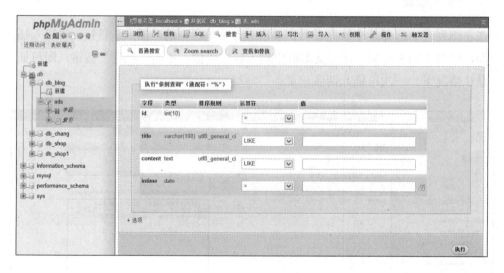

图 12-17　搜索数据

在该页面中可以执行"普通搜索""Zoom search""查找和替换"3 种类型的搜索，默认显示"普通搜索"选项，在该页面中填充一个或多个列，然后单击右下方的"执行"按钮，查询结果将按填充的字段名进行输出。

12.2.5　生成和执行 mysql 数据库脚本

生成和执行数据库脚本是互逆的两个操作，生成 MySQL 脚本是将数据表结构、表记录存储为扩展名为".sql"的脚本文件；执行 MySQL 脚本通过执行扩展名为".sql"的文件，导入数据记录到数据库中。可以通过生成和执行 MySQL 脚本实现数据库的备份和还原操作。

1. 生成 MySQL 数据库脚本

首先在左侧列表中选择要导出的对象，可以是数据库或数据表（如不选择任何对象将导出当前服务器中的所有数据库）。之后单击 phpMyAdmin 主页面上方菜单栏中的"导出"链接，将打开"导出"编辑区，如图 12-18 所示（此处未选择任何对象）。

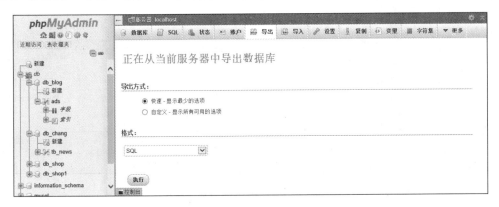

图 12-18　打开"导出"编辑区

选择导出文件的格式，在"导出方式"保持默认的"快速"单选项，在"格式"下拉列表中使用默认的"SQL"选项，单击"执行"按钮，弹出下载提示框，在"保存"下拉列表中选择"另存为"，在弹出的"另存为"对话框中设置文件保存位置，之后单击"保存"按钮保存文件。

 知识库

如果在左侧列表中选中某个数据库后再单击"导出"链接，可单独导出该数据库文件，也可以单独导出其中的某个或多个数据表（只需要在"导出方式"列表区选择"自定义"单选项，然后在下方的列表中选择要导出的数据表即可）。

2. 执行 MySQL 数据库脚本

单击 phpMyAdmin 主页面上方菜单栏中的"导入"链接，可进入执行 MySQL 数据库脚本的页面，如图 12-19 所示。

图 12-19　执行 MySQL 数据库脚本

单击"浏览"按钮查找脚本文件所在位置，之后单击下方的"执行"按钮，即可执行数据库导入。

 提　示

在执行 MySQL 脚本文件之前，首先检测是否有与所导入的数据库同名的数据库，如果没有同名的数据库，则首先要在数据库中创建一个名称与数据文件中的数据库名相同的数据库，然后再执行 MySQL 数据库脚本文件。另外，在当前数据库中，不能有与将要导入数据库中的数据表重名的数据表存在，如果有重名的表存在，导入文件就会失效，提示错误信息。

本章总结

本章主要介绍了使用 phpMyAdmin 来管理数据库的方法。在学完本章内容后，读者应重点掌握以下知识。

➢ 掌握安装和配置 phpMyAdmin 的方法。

➢ 掌握在 phpMyAdmin 中创建和修改数据库的方法。

➢ 掌握在 phpMyAdmin 中创建、修改和删除数据表的方法。

> ➢ 掌握使用 SQL 语句操作数据表的方法。单击 phpMyAdmin 主界面上方菜单栏中的 "SQL" 按钮，将打开 SQL 语句编辑区，可在编辑区输入 SQL 语句来实现数据的查询、添加、修改和删除操作。
>
> ➢ 掌握使用 phpMyAdmin 管理数据记录的方法。在创建好数据库和数据表后，就可以非常方便地在数据表中执行插入数据、浏览数据和搜索数据等操作。
>
> ➢ 生成和执行数据库脚本是互逆的两个操作，生成 MySQL 脚本是将数据表结构、表记录存储为扩展名为 ".sql" 的脚本文件；执行 MySQL 脚本通过执行扩展名为 ".sql" 的文件，导入数据记录到数据库中。可以通过生成和执行 MySQL 脚本实现数据库的备份和还原操作。

 知识考核

一、填空题

1．phpMyAdmin 是众多 MySQL 图形化管理工具中使用最广泛的一种，是使用＿＿＿＿＿开发的基于 B/S 模式的 MySQL 客户端软件。

2．在＿＿＿＿＿＿＿页面中，可以对数据库执行新建数据表、重命名数据库、＿＿＿＿＿＿数据库、复制数据库、修改排序规则等操作。

3．在 SQL 语句编辑区可应用＿＿＿＿＿＿＿语句修改数据信息。

4．在 SQL 语句编辑区应用＿＿＿＿＿＿＿语句删除指定条件的数据或全部数据信息。

5．＿＿＿＿＿＿和＿＿＿＿＿＿数据库脚本是互逆的两个操作，＿＿＿＿＿＿＿MySQL 脚本是将数据表结构、表记录存储为扩展名为 ".sql" 的脚本文件；＿＿＿＿＿＿＿MySQL 脚本通过执行扩展名为 ".sql" 的文件，导入数据记录到数据库中。

二、简答题

1．简述创建数据表的操作。

2．简述生成 MySQL 数据库脚本的过程。

第 13 章 PHP 操作 MySQL 数据库

大多数网站中的数据都存储在数据库中，所以任何一种编程语言都不可避免地要对数据库进行操作。PHP 支持对多种数据库的操作，并提供了相关的数据库连接函数和操作函数。其对 MySQL 数据库提供了更加强大的支持，可以非常方便地实现数据的访问和读取等操作。

 学习目标

- 了解 PHP 访问 MySQL 数据库的一般流程
- 掌握 PHP 访问 MySQL 数据库的具体方法
- 掌握 PHP 操作 MySQL 数据库的常用技术

13.1 PHP 访问 MySQL 数据库的一般流程

通过前面两章的学习，相信读者已经对 MySQL 数据库有了一定认识。本节主要介绍 PHP 访问 MySQL 数据库的一般流程，如图 13-1 所示。

图 13-1 PHP 访问 MySQL 数据库的一般流程

1. 连接 MySQL 服务器

使用 mysqli_connect()函数建立与 MySQL 服务器的连接。关于 mysqli_connect()函数的应用可参考本书 13.2.1 节。

2. 选择 MySQL 数据库

使用 mysqli_select_db()函数选择 MySQL 服务器上的数据库，并与数据库建立连接。

关于 mysqli_select_db()函数的应用可参考本书 13.2.2 节。

3．执行 SQL 语句

在选择的数据库中使用 mysqli_query()函数执行 SQL 语句。关于 mysqli_query()函数的应用可参考本书 13.2.3 节。

4．关闭结果集

数据库操作完成后，需要关闭结果集，以释放系统资源，语法格式如下：

```
void mysqli_free_result(mysqli_result $result);
```

5．关闭 MySQL 连接

使用 mysqli_close()函数关闭先前打开的与 MySQL 服务器的连接，以节省系统资源。语法格式如下：

```
bool mysqli_close(mysqli $Link);
```

知识库

> PHP 中与数据库的连接是非持久连接，一般不需要设置关闭，系统会自动回收。如果一次性返回的结果集比较大，或者网站访问量比较多，那么最好用 mysqli_close()函数关闭连接。

13.2　PHP 访问 MySQL 数据库的具体方法

为方便对 MySQL 数据库进行操作，PHP 提供了大量 MySQL 数据库函数，以使 Web 程序的开发更加简单灵活。

13.2.1　连接 MySQL 服务器

要操作 MySQL 数据库，首先必须与 MySQL 服务器建立连接。连接 MySQL 服务器的语句如下：

```
mysqli mysqli_connect([string $hostname [,string $username[,string password[,string $dbname]]]]);
```

其中的 hostname 定义 MySQL 服务器的主机名或 IP 地址；username 定义 MySQL 服务器的用户名；password 定义 MySQL 服务器的用户密码；dbname 可选，用于定义默认使用的数据库文件名。该函数的返回值用于表示该数据库连接。如果连接成功，则返回一个资源，为以后执行 SQL 指令做准备。

【例 13-1】　使用 mysqli_connect()函数连接 MySQL 服务器。实例代码如下：（实例位置：素材与实例\example\ph13\01）

```php
<?php
$con=mysqli_connect("localhost","root","123456");
// 检查连接
if (!$con)
{
    die("连接错误: " . mysqli_connect_error());        //返回一个描述错误的字符串
}
?>
```

如果运行后不出错，表明已成功连接至 MySQL 服务器。如果数据库服务器不可用，或连接数据库的用户名或密码错误，将会引发一条 PHP 警告信息，如图 13-2 所示。

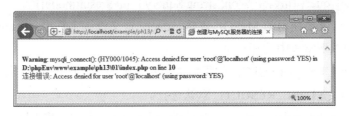

图 13-2　连接 MySQL 服务器

图 13-2 中的警告信息提示，使用 root 账号无法连接到数据库服务器，并且该警告不能停止脚本的继续执行。这种提示信息会暴露数据库连接的敏感信息，对数据库的安全造成威胁。这种情况下，可以在连接语句前面加上@符号来屏蔽警告信息的输出（如下所示），并加上由 die()函数进行屏蔽的错误处理机制。

```php
$con = @mysqli_connect("localhost","root","1234");
```

13.2.2　修改默认的 MySQL 数据库文件

要修改连接 MySQL 服务器时定义的默认 MySQL 数据库，或者要选择服务器上的数据库，可以使用 mysqli_select_db()函数。其语法格式如下：

```
bool mysqli_select_db (mysqli $link, string $dbname)
```

其中的 link 定义要使用的 MySQL 连接，dbname 定义传入 MySQL 服务器的数据库名称。成功则返回 true，失败则返回 false。

【例 13-2】　使用 mysqli_select_db()函数选择 MySQL 数据库。实例代码如下：（实例

位置：素材与实例\example\ph13\02）

```php
<?php
$con = mysqli_connect('localhost', 'root', '123456')
        or die ('不能连接到数据库服务器！');              //连接 MySQL 服务器
    $db_selected = mysqli_select_db($con,'db_blog')
        or die ('不能选择数据库文件！');                 //选择数据库文件
?>
```

如果运行后不出错，表明已成功连接至 MySQL 服务器，并选择数据库文件。

13.2.3 执行 SQL 语句

要对数据库中的表执行操作，就要使用 mysqli_query()函数执行 SQL 语句。其语法格式如下：

```
mixed mysqli_query (mysqli $con, string $query [, int $resultmode])
```

其中的 con 定义要使用的 MySQL 连接，query 定义查询字符串，resultmode 为可选参数，其值可以为以下常量中的任一个。

> MYSQLI_USE_RESULT：如果需要检索大量数据，可使用该项。

> MYSQLI_STORE_RESULT：默认选择。

该函数针对成功的 select、show、describe 或 explain 查询，将返回一个 mysqli_result 对象。针对其他成功的查询，将返回 true；如果失败，则返回 false。

【例 13-3】 使用 mysqli_query()函数执行 SQL 语句。实例代码如下：（实例位置：素材与实例\example\ph13\03）

```php
<?php
 //连接 MySQL 数据库服务器
$con = mysqli_connect("localhost","root","123456","db_blog");
if (!$con)
{
    echo "连接 MySQL 失败: " . mysqli_connect_error();
}
 //设置编码
mysqli_set_charset($con,"utf8");
 //执行查询表记录的 SQL 语句
mysqli_query($con,"SELECT * FROM ads");
 //执行添加表记录的 SQL 语句
```

```
mysqli_query($con,"INSERT INTO ads (title, content, intime)
VALUES ('西山','北京西山，是太行山的一条支阜，古称"太行山之首"，又称小清凉
山。宛如腾蛟起蟒，从西方遥遥拱卫着北京城。因此，古人称之为"神京右臂"。
','2017-02-20')");
mysqli_close($con);                       //关闭 MySQL 数据库连接
?>
```

运行网页后，如未出现错误，则表示成功执行 SQL 语句，此时打开数据库，可看到
新添加的数据记录，如图 13-3 所示。

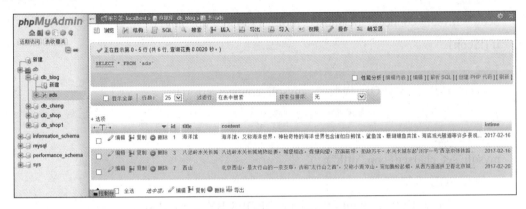

图 13-3　执行 SQL 语句

13.2.4　处理查询结果集

在成功执行 SQL 语句后，将返回结果集，本节介绍如何处理这些结果集中的信息。

1. 使用 mysqli_fetch_array()函数

使用 mysqli_fetch_array()函数可以从查询结果集中取得一行作为关联数组、数字数组，
或二者兼有。其语法格式如下：

mixed mysqli_fetch_array (mysqli_result $result [,int $resulttype])

其中，result 定义由 mysqli_query()返回的结果集标识符。resulttype 为可选项，定义应
该产生哪种类型的数组。其值可以是下列选项中的一个：

➢ 　MYSQLI_ASSOC：关联索引。

➢ 　MYSQLI_NUM：数字索引。

➢ 　MYSQLI_BOTH：默认值，表示同时包含关联和数字索引的数组。

提 示

该函数返回与读取行匹配的字符串数组。如果结果集中没有更多行则返回 NULL。
需注意返回的字段名区分大小写。

【例 13-4】 使用 mysqli_fetch_array()函数从查询结果集中获取信息并输出。实例代
码如下：（实例位置：素材与实例\example\ph13\04）

```php
<?php
// 连接服务器
$con = mysqli_connect("localhost","root","123456","db_blog");
if (!$con)
{
    echo "连接 MySQL 失败: " . mysqli_connect_error();
}
// 设置编码
mysqli_set_charset($con,"utf8");
// 执行 SQL 语句
$sql = "SELECT title,content FROM ads ORDER BY intime desc";
$result = mysqli_query($con,$sql);
// 数字数组
$row = mysqli_fetch_array($result,MYSQLI_NUM);
printf ("%s : %s",$row[0],$row[1]);
echo '<br>';
// 关联数组
$row = mysqli_fetch_array($result,MYSQLI_ASSOC);
printf ("%s : %s",$row["title"],$row["content"]);
// 释放结果集
mysqli_free_result($result);
mysqli_close($con);
?>
```

运行结果如图 13-4 所示。

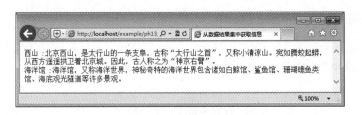

图 13-4　获取数据信息

printf()函数用于输出格式化的字符串。

2. 使用 mysqli_fetch_object()函数

使用 mysqli_fetch_object()函数可以从查询结果集中取得当前行，并将其作为对象返回。其语法格式如下：

object mysqli_fetch_object(mysqli_result $result [,string $classname[,array $params]]);

该函数与 mysqli_fetch_array()函数类似，唯一的区别是，其返回的是对象而不是数组。该函数只能通过字段名来访问数组。使用以下格式获取查询结果集中行的元素值。

$result->col_name　　　　//$result 代表查询结果集，col_name 为列名

本函数返回的字段名也是区分大小写的。

【例 13-5】　使用 mysqli_fetch_object()函数从查询结果集中获取信息，并循环输出。实例代码如下：（实例位置：素材与实例\example\ph13\05）

```php
<?php
// 连接服务器
$con = mysqli_connect("localhost","root","123456","db_blog");
if (!$con)
{
    echo "连接 MySQL 失败: " . mysqli_connect_error();
}
// 设置编码
mysqli_set_charset($con,"utf8");
// 执行 SQL 语句，并循环输出查询结果集
$sql = "SELECT title,content FROM ads ORDER BY intime desc";
```

```
if ($result=mysqli_query($con,$sql))
{
    while ($obj=mysqli_fetch_object($result))
    {
        printf("%s : %s",$obj->title,$obj->content);
        echo "<br><br>";
    }
//释放结果集合
    mysqli_free_result($result);
}
//关闭数据库连接
mysqli_close($con);
?>
```

运行结果如图 13-5 所示。

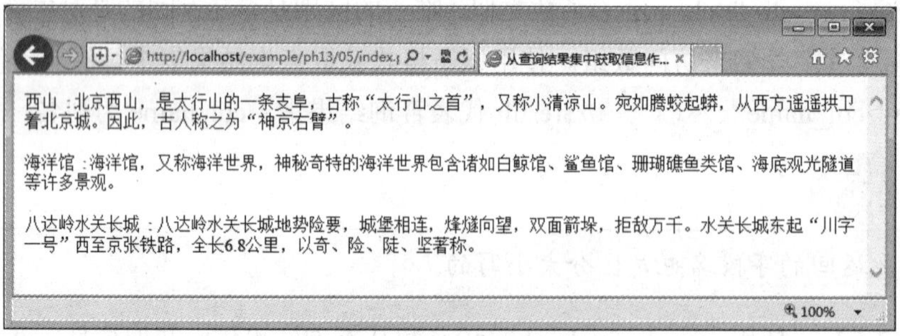

图 13-5　输出查询结果集

3．使用 mysqli_fetch_row()函数

使用 mysqli_fetch_row()函数，可以逐行获取查询结果集中的每条记录。其语法格式如下：

mixed mysqli_fetch_row (mysqli_result $result)

参数 result 定义由 mysqli_query()返回的结果集标识符。该函数返回一个与所取得行相对应的字符串数组，将该行赋予数组变量$row，每个结果的列存储在一个数组元素中，下标自 0 开始，即以$row[0]的形式访问第 1 个数组元素，依次调用 mysqli_fetch_row()函数逐行返回查询结果集中的记录。

 提　示

本函数返回的字段名也是区分大小写的。

【例 13-6】　使用 mysqli_fetch_row()函数逐行获取查询结果集中的记录，并输出。实例代码如下：（实例位置：素材与实例\example\ph13\06）

```php
<?php
// 连接服务器
$con = mysqli_connect("localhost","root","123456","db_blog");
if (!$con)
{
    echo "连接 MySQL 失败: " . mysqli_connect_error();
}
// 设置编码
mysqli_set_charset($con,"utf8");
// 执行 SQL 语句
$sql= "SELECT title,content FROM ads ORDER BY id Asc";
if ($result=mysqli_query($con,$sql))
{
    // 逐条获取
    while ($row=mysqli_fetch_row($result))
    {
        printf ("%s : %s",$row[0],$row[1]);
        echo "<br><br>";
    }
    // 释放结果集合
    mysqli_free_result($result);
}
mysqli_close($con);
?>
```

运行结果如图 13-6 所示。

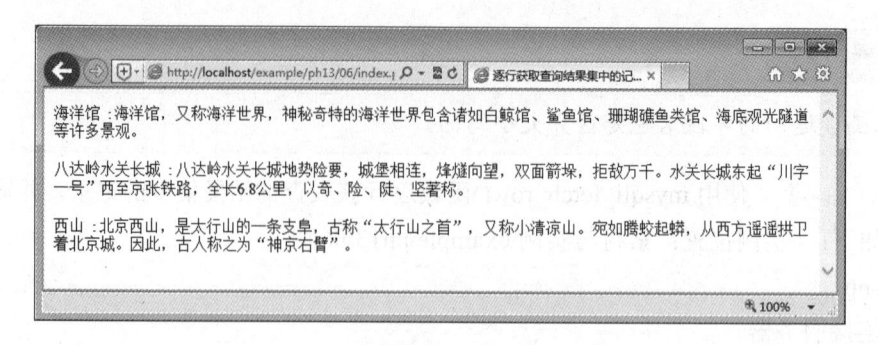

图 13-6　逐行获取查询结果集中的数据

4. 使用 mysqli_num_rows()函数

使用 mysqli_num_rows()函数，可以获取查询结果集中的记录数。其语法格式如下：

```
int mysqli_num_rows(mysqli_result $result)
```

参数 result 定义由 mysqli_query()返回的结果集标识符。

【例 13-7】　使用 mysqli_num_rows()函数获取查询结果集中的记录数，并输出。实例代码如下：（实例位置：素材与实例\example\ph13\07）

```php
<?php
// 连接服务器
$con = mysqli_connect("localhost","root","123456","db_blog");
if (!$con)
{
    echo "连接 MySQL 失败: " . mysqli_connect_error();
}
// 设置编码
mysqli_set_charset($con,"utf8");
// 执行 SQL 语句
$sql = "SELECT title,content FROM ads ORDER BY intime desc";
if ($result=mysqli_query($con,$sql))
{
    // 返回记录数
    $rowcount=mysqli_num_rows($result);
    printf("找到相关记录 %d 条。",$rowcount);
    // 释放结果集
    mysqli_free_result($result);
```

```
}
// 关闭数据库连接
mysqli_close($con);
?>
```

运行结果如图 13-7 所示。

图 13-7 获取记录数

13.3 PHP 操作 MySQL 数据库——制作公告信息管理系统

PHP 操作数据库技术是 Web 开发中的核心技术，本节通过一个简单的公告信息管理系统的实现，来介绍在网页中添加、查询、修改、删除，以及分页显示信息的实现方法和技术。

13.3.1 使用 insert 语句在网页中添加信息

在实现添加信息前，首先需要创建数据库和数据表。在 phpMyAdmin 图形化管理界面中，新建数据库"db_notice"，并在其中创建数据表"tb_notice"，如图 13-8 所示。

	#	名字	类型	排序规则	属性	空	默认	注释	额外
☐	1	id 🔑	int(11)			否	无		AUTO_INCREMENT
☐	2	title	varchar(200)	utf8_general_ci		否	无		
☐	3	content	text	utf8_general_ci		否	无		
☐	4	time	int(11)			否	无		

图 13-8 利用 phpMyAdmin 创建数据表

创建好数据表后，就可以创建网页并连接数据库，以实现通过网页对数据库进行操作。

【例 13-8】 创建网页"add_notice.php"，在网页中添加表单，并设置表单的 action 属性值；之后创建表单处理页面"doAction.php"，使用 insert 语句实现在网页中添加数据信息的功能（实例位置：素材与实例\example\ph13\08）。

步骤 1▶ 启动 Dreamweaver，新建文档"index.php"，完成页面布局。为左侧导航中的"添加公告信息"添加超链接，链接到网页"add_notice.php"。代码如下：

287

```
<ul><li><a href="add_notice.php">添加公告信息</a></li></ul><hr/>
```

步骤 2▶ 创建网页 "add_notice.php"，完成页面布局，并在页面主体位置添加一个表单、一个文本框、一个文本区域和两个按钮（"提交"和"重置"），设置表单的 action 属性值为 "doAction.php"，代码如下：

```
<form name="form1" method="post" action="doAction.php">
    <table width="520" height="212" border="0" cellpadding="0" cellspacing="0" bgcolor="#FFFFFF">
        <tr>
            <td width="87" align="center">公告主题：</td>
            <td width="433" height="31"><input name="title" type="text" id="txt_title" size="40">*</td>
        </tr>
        <tr>
            <td height="124" align="center">公告内容：</td>
            <td><textarea name="content" cols="50" rows="8" id="txt_content"></textarea></td>
        </tr>
        <tr>
            <td height="40" colspan="2" align="center">
                <input name="Submit" type="button" class="btn_grey" value="提交" onClick="return check(form1);">
                  <input type="reset" name="Submit2" value="重置"></td>
        </tr>
    </table>
</form>
```

步骤 3▶ 在上述代码中，"提交"按钮的 onClick 事件下调用了一个由 JavaScript 脚本自定义的 check() 函数，用于判断表单中的文本框是否为空，如为空，则弹出提示信息。check() 函数的代码如下：

```
<script language="javascript">
function check(form){
    if(form.txt_title.value==""){
        alert("请输入公告标题!");form.txt_title.focus();return false;
    }
    if(form.txt_content.value==""){
```

```
    alert("请输入公告内容!");form.txt_content.focus();return false;
    }
form.submit();
}
</script>
```

步骤 4▶ 新建网页 "doAction.php"，对表单提交的信息进行处理。首先连接数据库，并设置编码格式；然后通过 POST 方法获取浏览者在网页中输入的信息；最后，使用 insert 语句将信息添加到数据表，设置弹出信息，并重新定位到网页 "add_notice.php"。具体代码如下：

```php
<?php
    $conn = mysqli_connect("localhost","root","123456","db_notice") or die("数据库服务器连接错误".mysqli_connect_error());        //连接数据库
    mysqli_set_charset($conn,"utf8");       //设置编码格式
    $title = $_POST[title];             //获取公告标题信息
    $content = $_POST[content];          //获取公告内容信息
    $createtime = time();               //获取系统当前时间
    //应用 mysqli_query()函数执行 insert…into 语句添加数据到数据库,并使用 if 语句判断是否添加成功
    $sql = mysqli_query($conn,"insert into tb_notice ( title,content,time ) values ('$title','$content','$createtime')");
    if($sql){
        echo "<script>alert('公告信息添加成功!'); window.location.href = 'add_notice.php';</script>";
        }else{
            echo "<script>alert('公告信息添加失败!'); window.location.href = 'add_notice.php';</script>";
            }
    mysqli_free_result($sql);              //关闭结果集
    mysqli_close($conn);                   //关闭 MySQL 数据库服务器
?>
```

 提 示

在完成特定功能后，最好及时关闭结果集和 MySQL 服务器，以释放系统资源。

步骤 5▶ 运行"index.php"网页，在左侧列表中单击"添加公告信息"链接，然后在右侧输入公告标题和公告内容，单击"提交"按钮，弹出"公告信息添加成功！"提示信息，如图 13-9 所示。

图 13-9　添加公告信息页面运行结果

13.3.2　使用 select 语句在网页中查询信息

实现添加信息后，就可以对添加的信息进行查询。本节在 13.3.1 节的基础上实现查询信息的功能。

【例 13-9】 创建网页"search_notice.php"，在网页中添加表单，并连接到数据库，对数据库信息进行查询（实例位置：素材与实例\example\ph13\09）。

步骤 1▶ 打开素材中的网页"index.php"，为左侧导航中的"查询公告信息"添加超链接，链接到网页"search_notice.php"。代码如下：

```
<ul><li><a href="search_notice.php">查询公告信息</a></li></ul><hr/>
```

步骤 2▶ 创建网页"search_notice.php"，完成页面布局，并在页面主体位置添加一个表单，一个文本框和一个"搜索"按钮，代码如下：

```
<form name="form1" method="post" action="search_notice.php">
    查询关键字 
    <input name="keyword" type="text" id="keyword" size="40">
     <input type="submit" name="Submit" value=" 搜索 " onClick="return
check(form)">
</form>
```

步骤 3▶ 为防止用户不输入信息就直接搜索，在"搜索"按钮的 onClick 事件下，调用了一个由 JavaScript 脚本自定义的 check()函数,用于检查文本框信息是否为空。check()

函数的代码如下:

```
<script language="javascript">
function check(form){                          //验证表单信息是否为空
//若查询关键字为空,则弹出提示信息,并定位光标
    if(form1.keyword.value==""){
        alert("请输入查询关键字!");
        form1.keyword.focus();
        return false;
    }
form1.submit();                                //若各控件不为空,则提交表单信息
}
</script>
```

步骤 4▶ 连接 MySQL 数据库服务器,选择数据库,并设置数据库编码格式为 utf8。通过 POST 方法获取表单提交的查询关键字,通过 mysqli_query()函数执行模糊查询,并用 mysqli_fetch_object()函数获取查询结果集,通过循环语句输出查询结果集,最后关闭结果集和数据库。代码如下:

```
<?php
    $conn = mysqli_connect("localhost","root","123456","db_notice") or die("数据库服
务器连接错误".mysqli_connect_error());              //连接数据库
    mysqli_set_charset($conn,"utf8");               //设置编码格式
    $keyword = $_POST[keyword];                      //获取查询关键字内容
    $sql = mysqli_query($conn,"select * from tb_notice where title like '%$keyword%' or
content like '%$keyword%'");
    $row = mysqli_fetch_object($sql);               //获取查询结果集
    if(!$row){
    echo "<font color='red'>您搜索的信息不存在,请使用类似的关键字进行检
索!</font>";
    }                                               //如果要检索的信息资源不存在,则弹出提示信息
    do{                                             //使用 do…while 循环语句输出查询结果
    ?>
    <tr>
        <td style="font-size:14px; text-align:left"><?php echo $row->title;?></td>
        <td style="font-size:14px; text-align:left"><?php echo $row->content;?></td>
    </tr>
```

```php
<?php
    }while($row = mysqli_fetch_object($sql));          //循环语句结束
    mysqli_free_result($sql);                          //释放结果集合
    mysqli_close($conn);                               //关闭数据库连接
?>
```

步骤 5▶ 运行 "index.php" 网页，在左侧列表中单击 "查询公告信息" 链接，如图 13-10 所示。

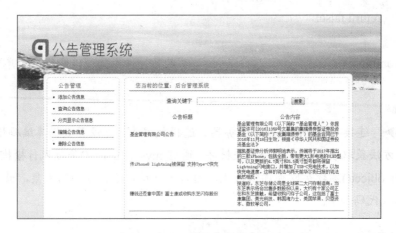

图 13-10　查询公告信息页面运行结果

步骤 6▶ 在右侧输入查询关键字 "iPhone8"，单击 "搜索" 按钮，输出相匹配的信息，如图 13-11 所示。

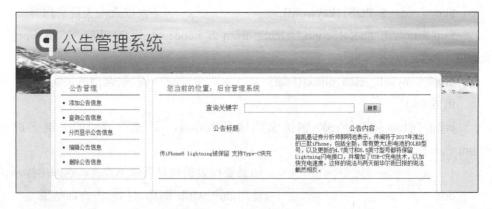

图 13-11　查询结果

13.3.3　分页显示网页中的信息

当公告信息非常多时，就需要将这些信息分页显示，并按照一定顺序进行排列。

【例 13-10】　创建网页 "page_notice.php"，使用 select 语句检索数据库中的公告信息，并使用分页技术实现对公告信息的输出（实例位置：素材与实例\example\ph13\10）。

步骤 1▶　打开素材中的网页 "index.php"，为左侧导航中的 "分页显示公告信息" 添加超链接，链接到网页 "page_notice.php"，代码如下：

```
<ul><li><a href="page_notice.php">分页显示公告信息</a></li></ul><hr/>
```

步骤 2▶　创建网页 "page_notice.php"，完成页面布局，在页面主体位置插入一个 2 行 2 列的表格，并实现公告信息的分页显示，代码如下：

```php
<table class="table1">
    <tr>
        <td>公告标题</td>
        <td>公告内容</td>
    </tr>
        <?php
$conn = mysqli_connect("localhost","root","123456","db_notice") or die("数据库服务器连接错误".mysqli_connect_error());                    //连接数据库
mysqli_set_charset($conn,"utf8");                    //设置编码格式
/*  $_GET[page]为当前页，如果$_GET[page]为空，则初始化为 1   */
if ($_GET[page]==""){
$_GET[page]=1;}
if (is_numeric($_GET[page])){        //判断变量$page 是否为数字，如果是则返回 true
$page_size = 4;                            //每页显示 4 条记录
$query = "select id from tb_notice order by id desc";
$result = mysqli_query($conn,$query);                //查询符合条件的记录总条数
$message_count = mysqli_num_rows($result);        //要显示的总记录数
$page_count = ceil($message_count/$page_size);        //根据记录总数除以每页显示的记录数求出所分的页数
$offset = ($_GET[page]-1)*$page_size;        //计算下一页从第几条数据开始循环
$sql = mysqli_query($conn,"select * from tb_notice order by id desc limit $offset,$page_size");
$row = mysqli_fetch_object($sql);                //获取查询结果集
if(!$row){                            //如果未检索到信息，则输出提示信息
echo "<font color='red'>暂无公告信息!</font>";
    }
do{
```

```
        ?>
        <tr>
            <td style="font-size:14px; text-align:left"><?php echo $row->title;?></td>
            <td style="font-size:14px; text-align:left"><?php echo $row->content;?></td>
        </tr>
        <?php
            }while($row = mysqli_fetch_object($sql));          //循环语句结束
        }
        ?>
    </table>
```

提 示

do…while 循环是先执行{}中的代码段，然后判断 while 中的条件表达式是否成立，如果返回 true，则重复输出{}中的内容，否则结束循环，执行 while 下面的语句。

步骤 3▶ 在上述表格中添加一个 1 行 1 列的表格，并实现翻页功能，代码如下：

```
<table style="width:100%; font-size:14px; border:0px; cellspacing:0px; cellpadding:0px">
    <tr>
    <!--  翻页条  -->
        <td width="37%">  页次: <?php echo $_GET[page];?>/<?php echo
$page_count;?>页 记录: <?php echo $message_count;?> 条  </td>
        <td width="63%" align="right">
    <?php
        if($_GET[page]!=1){                              //如果当前页不是首页
        echo   "<a href=page_notice.php?page=1>首页</a> ";          //显示"首
页"超链接
        echo "<a href=page_notice.php?page=".($_GET[page]-1).">上一页</a> ";
//显示"上一页"超链接
                }
        if($_GET[page]<$page_count){                    //如果当前页不是尾页
        echo "<a href=page_notice.php?page=".($_GET[page]+1).">下一页</a> ";
    //显示"下一页"超链接
        echo "<a href=page_notice.php?page=".$page_count.">尾页</a>";
    //显示"尾页"超链接
```

```
                                    }
    mysqli_free_result($sql);                    //释放结果集
    mysqli_close($conn);                         //关闭数据库连接
    ?>
    </tr>
</table>
```

步骤 4▶ 运行 "index.php" 网页, 在左侧列表中单击 "分页显示公告信息" 链接, 如图 13-12 所示。

图 13-12 分页显示公告信息

13.3.4 使用 update 语句编辑网页信息

公告信息并不是一成不变的, 随着时间的推移, 有时候需要对公告主题或内容进行简单编辑和修改, 本节在 13.3.3 节的基础上, 实现对公告信息的编辑。

【例 13-11】 创建网页 "update_notice.php", 使用 select 语句检索数据库中的公告信息, 并使用 update 语句实现对公告信息的编辑(实例位置: 素材与实例\example\ph13\11)。

步骤 1▶ 打开素材中的网页 "index.php", 为左侧导航中的 "编辑公告信息" 添加超链接, 链接到网页 "update_notice.php"。代码如下:

```
<ul><li><a href="update_notice.php">编辑公告信息</a></li></ul><hr/>
```

步骤 2▶ 在网页 "update_notice.php" 中, 使用 select 语句读出全部公告信息, 显示在一个 2 行 3 列的表格中, 与 "search_notice.php" 页面所不同的是, 多出的一列中显示 "编辑公告" 文字和一个小图标, 并为该图标设置超链接, 链接到网页 "modify.php", 并将公

告的 id 作为超链接的参数传递到该网页，主要代码如下：

```php
<table class="table1">
    <tr>
        <td width="180">公告标题</td>
        <td width="397">公告内容</td>
        <td width="55" style="width:70px">编辑公告</td>
    </tr>
<?php
    $conn = mysqli_connect("localhost","root","123456","db_notice") or die("数据库服
务器连接错误".mysqli_connect_error());        //连接数据库
    mysqli_set_charset($conn,"utf8");              //设置编码格式
    /*  $_GET[page]为当前页，如果$_GET[page]为空，则初始化为 1   */
    if ($_GET[page]==""){
    $_GET[page]=1;}
    if (is_numeric($_GET[page])){        //判断变量$page是否为数字,如果是则返回true
    $page_size = 4;                        //每页显示 4 条记录
    $query = "select id from tb_notice order by id desc";
    $result = mysqli_query($conn,$query);        //查询符合条件的记录总条数
    $message_count = mysqli_num_rows($result);        //要显示的总记录数
    $page_count = ceil($message_count/$page_size);        //根据记录总数除以每页
显示的记录数求出所分的页数
    $offset = ($_GET[page]-1)*$page_size;        //计算下一页从第几条数据开始循环
    $sql = mysqli_query($conn,"select * from tb_notice order by id desc limit $offset,
$page_size");
    $row = mysqli_fetch_object($sql);              //获取查询结果集
    if(!$row){                                      //如果未检索到信息，则输出提示信息
    echo "<font color='red'>暂无公告信息!</font>";
            }
    do{
    ?>
    <tr>
        <td style="font-size:14px; text-align:left"><?php echo $row->title;?></td>
        <td style="font-size:14px; text-align:left"><?php echo $row->content;?></td>
        <td align="center"><a href="modify.php?id=<?php echo $row->id;?>"><img
```

```
src="images/edit.jpg" width="50" height="50" border="0"></a></td>
        </tr>
        <?php
    }while($row = mysqli_fetch_object($sql));        //循环语句结束
    }
    ?>
</table>
```

步骤 3▶　创建网页"modify.php"，完成页面布局，然后参照网页"add_notice.php"
在页面主体位置插入一个表单、一个文本框、一个文本域、一个隐藏域、一个提交（修改）
按钮和一个重置按钮，设置表单的 action 属性值为"update_modify_ok.php"，最后连接数
据库，并根据超链接中传递的 id 值将数据库中读出的值显示在表单中。主要代码如下：

```
<?php
$conn = mysqli_connect("localhost","root","123456","db_notice") or die("数据库服务器
连接错误".mysqli_connect_error());        //连接数据库
mysqli_set_charset($conn,"utf8");        //设置编码格式
$id = $_GET[id];                         //使用 get 方法接收欲编辑的公告 id
$sql = "select * from tb_notice where id=$id"; //从数据库中查找公告 id 对应的公告信息
$result = mysqli_query($conn,$sql);      //检索公告 id 对应的公告信息
$row = mysqli_fetch_object($result);     //获取结果集
?>
```

步骤 4▶　创建网页"update_modify_ok.php"，对表单提交的数据进行处理，根据表
单隐藏域中传递的 id 值，执行 update 更新语句，完成对公告信息的编辑。代码如下：

```
<?php
$conn = mysqli_connect("localhost","root","123456","db_notice") or die("数据库服务器
连接错误".mysqli_connect_error());               //连接数据库
mysqli_set_charset($conn,"utf8");        //设置编码格式
$title = $_POST[title];                  //获取公告主题
$content = $_POST[content];              //获取公告内容
$id = $_POST[id];                        //获取公告 id
//应用 mysqli_query()函数向 MySQL 数据库服务器发送修改公告信息的 SQL 语句
$sql = "update tb_notice set title='$title',content='$content' where id=$id";
$result = mysqli_query($conn,$sql);
if($result){
echo "<script>alert('公告信息编辑成功！');
```

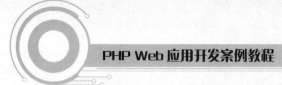

```
history.back();window.location.href='modify.php?id=$id';</script>";
    }else{
    echo "<script>alert('公告信息编辑失败！');
history.back();window.location.href='modify.php?id=$id';</script>";
    }
    ?>
```

步骤 5▶ 运行 "index.php" 网页，在左侧列表中单击 "编辑公告信息" 链接，如图 13-13 所示。

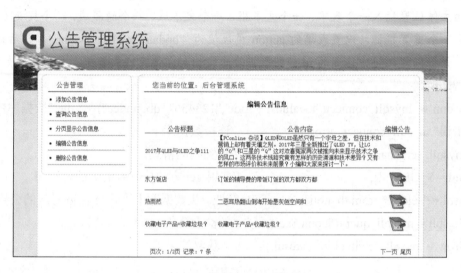

图 13-13 编辑公告信息页面

步骤 6▶ 单击要编辑公告对应的 "编辑公告" 列的图标，打开编辑页面 "modify.php"，修改信息后，单击 "修改" 按钮，如图 13-14 所示。

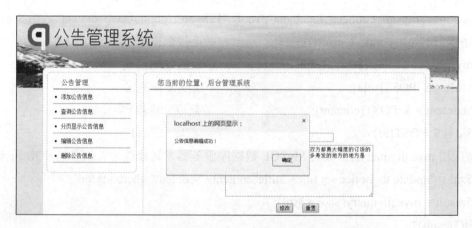

图 13-14 编辑成功

13.3.5　使用 delete 语句删除网页信息

公告一般用于发布企业的最新信息，为节约系统资源，一般要定期对公告信息进行删除，本节在 13.3.3 节的基础上，实现对公告信息的删除。

【例 13-12】　创建网页"delete_notice.php"，使用 select 语句检索数据库中的公告信息，并使用 delete 语句实现对公告信息的删除（实例位置：素材与实例\example\ph13\12）。

步骤 1▶　打开素材中的网页"index.php"，为左侧导航中的"删除公告信息"添加超链接，链接到网页"delete_notice.php"。代码如下：

```
<ul><li><a href="delete_notice.php">删除公告信息</a></li></ul><hr/>
```

步骤 2▶　在网页"delete_notice.php"中，使用 select 语句读出全部公告信息。参照网页"update_notice.php"的样式设计主题部分的布局，唯一的不同是把"编辑公告"变为"删除公告"，小图标也要换一下，并将图标链接到网页"delete_notice_ok.php"，关键代码如下：

```
<a href="delete_notice_ok.php?id=<?php echo $row->id;?>">
<img src="images/del.jpg" width="50" height="50" border="0"></a>
```

步骤 3▶　新建网页"delete_notice_ok.php"，根据超链接传递的公告信息 ID 值，执行 delete 删除语句，删除数据表中指定的公告信息。最后使用 if 语句进行判断，并给出相应提示信息。代码如下：

```php
<?php
$conn = mysqli_connect("localhost","root","123456","db_notice") or die("数据库服务器
连接错误".mysqli_connect_error());               //连接数据库
mysqli_set_charset($conn,"utf8");               //设置编码格式
$id = $_GET[id];                                //获取公告 id
//应用 mysqli_query()函数向 MySQL 数据库服务器发送删除公告信息的 SQL 语句
$sql = mysqli_query($conn,"delete from tb_notice where id=$id");
if($sql){
    echo "<script>alert('公告信息删除成功！');
history.back();window.location.href='delete_affiche.php?id=$id';</script>";
}else{
    echo "<script>alert('公告信息删除失败！');
history.back();window.location.href='delete_affiche.php?id=$id';</script>";
}
?>
```

步骤 4▶ 运行 "index.php" 网页，在左侧列表中单击 "删除公告信息" 链接，如图 13-15 所示。

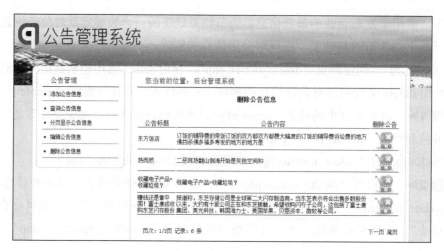

图 13-15　"删除公告信息" 页面

步骤 5▶ 单击要删除信息右侧对应的 "删除公告" 图标，弹出提示 "公告信息删除成功！"，如图 13-16 所示。单击 "确定" 按钮，之后刷新页面，可以看到信息删除成功。

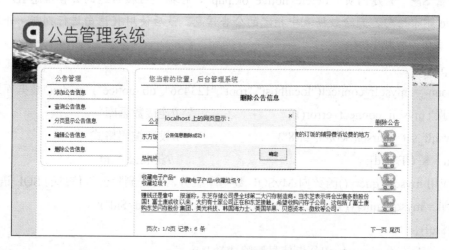

图 13-16　删除公告

本章实训——制作公告信息管理系统

13.3 节简单介绍了公告信息管理系统的实现，本实训使用面向对象方法，将数据库连接、操作、分页显示等方法封装到类中，然后对类中的方法进行调用，来实现与数据库的连接、查询数据库中的数据和数据的分页显示（实例位置：素材与实例\exercise\ph13\01）。

步骤 1▶ 启动 Dreamweaver，新建文档 "config.php"，并将其保存在 "D:\phpEnv\www\exercise\ph13\01" 目录下。在其中定义常量，代码如下：

```php
<?php
//公共配置文件，定义常量
define("HOST","localhost");
define("USER","root");
define("PASS","123456");
define("DBNAME","db_notice");
?>
```

步骤 2▶ 创建页面 "Model.php"，创建数据库操作类 Model，并在类中定义构造方法 "__construct()"，实现连接数据库的功能；loadFields()，实现加载表字段信息的功能；findAll()，实现无条件查询表中数据的功能。主要代码如下：

```php
//数据库操作类
class Model
{
    protected $tabname;      //表名
    protected $link = null; //数据库连接对象
    protected $pk = "id"; //主键名
    protected $fields = array(); //表字段
    protected $where = array(); //查询条件
    protected $order = null; //排序
    protected $limit = null; //分页

    //构造方法，连接数据库
    public function __construct($tabname)
    {
        $this->tabname = $tabname;
        //连接数据库
        $this->link = mysqli_connect(HOST,USER,PASS,DBNAME) or die("数据库连接失败！");
        //设置字符编码
        mysqli_set_charset($this->link,"utf8");
        //初始化表字段信息
        $this->loadFields();
```

```
        }
    //加载当前表字段信息
    private function loadFields()
    {
        $sql = "desc {$this->tabname}";
        $result = mysqli_query($this->link,$sql);
        //解析结果
        while($row = mysqli_fetch_assoc($result)){
            //封装字段
            $this->fields[] = $row['Field'];
            //判断是否是主键
            if($row['Key']=="PRI"){
                $this->pk = $row['Field'];
            }
        }
        mysqli_free_result($result);
    }
    //数据查询，无条件查询所有数据
    public function findAll()
    {
        $sql = "select * from {$this->tabname}";
        $result = mysqli_query($this->link,$sql);
        $list = mysqli_fetch_all($result,MYSQLI_ASSOC);
        mysqli_free_result($result);
        return $list;
    }
```

提 示

除上述三个方法外，还有其他方法，具体见网页 "Model.php"。

步骤 3▶ 创建页面 "add_notice.php"，在页面中插入表单，设置其 action 属性值为 doAction.php，并根据是否具有 id 值，来判断是更新记录还是添加记录。代码如下：

```
    <form name="form1" method="post" action="doAction.php?a=<?php if($_GET['id']){echo
"update&id=$_GET[id]";}else{echo "add";}?>">
```

```
    <table   width="520"   height="212"   border="0"   cellpadding="0"   cellspacing="0"
bgcolor="#FFFFFF">
        ……
    </table>
</form>
```

步骤 4▶　由于编辑记录也是调用该页面，设置文本框和文本域的 value 值，在该值中实例化类，并调用类中的方法，读取相应"公告标题"和"公告内容"字段。代码如下：

```
    <table   width="520"   height="212"   border="0"   cellpadding="0"   cellspacing="0"
bgcolor="#FFFFFF">
        <tr>
            <td width="87" align="center">公告主题：</td>
            <td  width="433"  height="31"><input  name="title"  type="text"  id="txt_title"
size="40" value="<?php
            if($id = $_GET['id']){
            //1.导入配置文件和 Model 类
            require("config.php");
            require("Model.php");
            $mod = new Model('tb_notice');              //实例化类
            $result = $mod->find($id);                  //调用 find()方法
            echo $result['title'];                      //读取标题字段
                            }
            ?>">
            * </td>
        </tr>
        <tr>
            <td height="124" align="center">公告内容：</td>
            <td><textarea  name="content"  cols="50"  rows="8"  id="txt_content"><?php
echo $result['content']?></textarea></td>
        </tr>
        <tr>
            <td    height="40"    colspan="2"    align="center"><input    name="Submit"
type="button" class="btn_grey" value="提交" onClick="return check(form1);">
              <input type="reset" name="Submit2" value="重置"></td>
        </tr>
```

```
</table>
```

步骤 5▶　创建页面 "doAction.php"，首先导入配置文件和 Model 类，然后实例化类，最后创建 switch 语句，根据参数 a 执行重置、添加或删除操作。代码如下：

```php
<?php
//1.导入配置文件和 Model 类
require("config.php");
require("Model.php");
//2.实例化类
$mod = new Model("tb_notice");
//3.根据参数 a 执行对象操作
switch($_GET['a']){
    case "update":                      //对获取值进行判断，如果是 update，则执行下述语句
        $data['id'] = $_GET['id'];              //将读取的 id 值赋给数组变量
        $data['title'] = $_POST['title'];       //将获取的公告标题赋值给数组变量
        $data['content'] = $_POST['content'];   //将获取的公告内容赋值给数组变量
        $row = $mod->update($data);             //调用 update()方法，更新记录
        //定义 sql 语句并发送执行
        if($row){
            echo "<script>alert('修改成功');window.location.href=
'search_notice.php'</script>";
        }else{
            echo ("<script>alert('修改失败！ ');history.go(-1);</script>");
            exit();
        }
        break;
    case "add" :
        $data['title'] = $_POST['title'];       //将获取的公告标题赋值给数组变量
        $data['content'] = $_POST['content'];   //将获取的公告内容赋值给数组变量
        $data['time'] = time();                 //将系统当前时间赋值给数组变量
        $id = $mod->insert($data);              //调用 insert()方法
        if($id){
            echo "<script>alert('成功');window.location.href=
'search_notice.php'</script>";
            die;
```

```
        }else{
            echo "<script>alert('失败');history.go(-1);</script>";
            die;
        }
        break;
    case "del":
        $row = $mod->del($_GET['id']+0);                    //调用 del()方法，删除记录
        if($row){
            echo "<script>alert('删除成功');window.location.href=
'search_notice.php'</script>";
        }else{
            echo ("<script>alert('删除失败！');history.go(-1);</script>");
            exit();
        }
        break;
    }
?>
```

步骤 6▶　创建页面 "page.php"，自定义分页类 Page，并分别定义__construct()、loadMaxPage()、checkPage()方法等，以实现不同功能。代码如下：

```php
<?php
//自定义分页类
class Page
{
    public $page = 1; //当前页
    public $pageSizc = 5; //页大小
    public $maxRows =0; //总数据条数
    public $maxPage =0; //总页数

    public function __construct($maxRows,$pageSize)
    {
        $this->maxRows = $maxRows;
        $this->pageSize = $pageSize;
        $this->page = isset($_GET['p'])?$_GET['p']:1;
        $this->loadMaxPage();
```

```
        $this->checkPage();
}
//计算最大页数
protected function loadMaxPage()
{
    $this->maxPage = ceil($this->maxRows/$this->pageSize);
}
//验证当前的有效性
protected function checkPage()
{
    $this->Page = $this->Page+1;
    if($this->page > $this->maxPage){
        $this->page = $this->maxPage;
    }
    $this->Page = $this->Page-1;
    if($this->page < 1){
        $this->page = 1;
    }
}
public function limit()
{
    return (($this->page-1)*$this->pageSize).",".$this->pageSize;
}
//输出分页信息
public function show()
{
    $url = $_SERVER["PHP_SELF"];
    //处理参数，实现状态维持
    $params = "";
    foreach($_GET as $k=>$v){
        if($k!="p" && !empty($v)){
            $params .= "&".$k."=".$v;
        }
    }
```

```
        $str = "当前第{$this->page}/{$this->maxPage}页  共计{$this->maxRows}条  ";
        $str .= " <a href='{$url}?p=1{$params}'>首页</a> ";
        $str .= " <a href='{$url}?p=".($this->page-1)."{$params}'>上一页</a> ";
        $str .= " <a href='{$url}?p=" ($this->page+1)."{$params}'>下一页</a> ",
        $str .= " <a href='{$url}?p={$this->maxPage}{$params}'>尾页</a> ";
        return $str;

    }

}
```

步骤 7▶　创建页面 "search_notice.php"，首先为查询关键字文本框设置 value 属性值。代码如下：

```
<input name="keyword" type="text" id="txt_keyword" size="40" value="<?php echo
empty($_POST['keyword'])?"":$_POST['keyword'];?>">
```

步骤 8▶　由于 "分页显示公告信息" 也是调用该页面，并且 "编辑" 和 "删除" 功能也都在该页面上，所以还需要输入以下代码：

```php
<?php
    $keyword=$_POST['keyword'];
    //1.导入配置文件、Model 类和 Page 类
    require("config.php");
    require("Model.php");
    require("Page.php");
    //2.实例化 Model 类
    $mod = new Model("tb_notice");
    //判断并封装搜索条件
    if(!empty($keyword)){
        $mod->where("title like '%$keyword%' or content like '%$keyword%'");
                        }
    //获取数据总条数
    $m = $mod->total();
    //实例化分页类
    $page = new Page($m,4);
    //3.获取所有信息
    $list = $mod->limit($page->limit())->select();
    if(count($list)==0){
        echo "<font color='red'>您搜索的信息不存在，请使用类似的关键字进行检
```

```
索!</font>";
    }else{
        foreach($list as $v){
?>
<table class="table1" style="">
    <tr>
        <td><?php echo $v['title']?></td>
        <td><?php echo substr($v['content'],0,30);?></td>
        <td><a href="doAction.php?a=del&id=<?php echo $v['id']?>" onclick="return
confirm(' 确 定 将 此 记 录 删 除 ?')"> 删 除 </a>|<a href="add_notice.php?id=<?php echo
$v['id']?>">编辑</a></td>
        <td><?php echo date("Y-m-d",$v['time'])?></td>
    </tr>
</table>
<?php
    }
        }
?>
    <div style="text-align: center;margin-top: 50px;">
        <?php echo $page->show();?>
    </div>
```

步骤 9▶ 运行网页 "search_notice.php"，效果如图 13-17 所示。

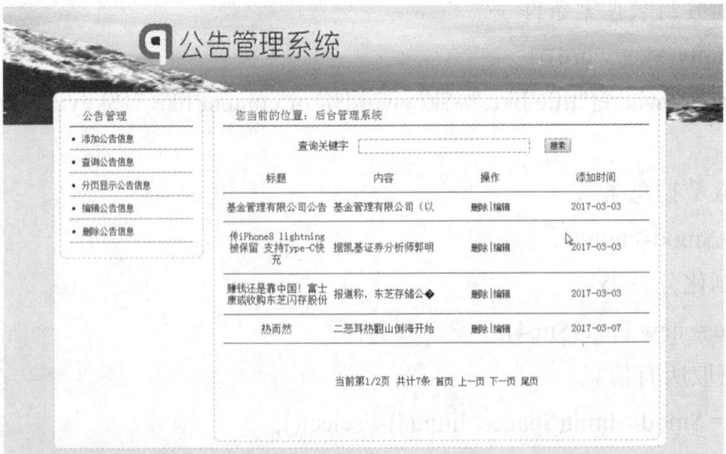

图 13-17　网页运行效果

本章总结

本章主要介绍了 PHP 操作 MySQL 数据库的方法。在学完本章内容后,读者应重点掌握以下知识。

➢ PHP 访问 MySQL 数据库的一般流程为:"连接 MySQL 服务器">"选择 MySQL 数据库">"执行 SQL 语句">"关闭结果集">"关闭 MySQL 连接"。

➢ 连接 MySQL 服务器,一般使用 mysqli_connect()函数。

➢ 要修改连接 MySQL 服务器时定义的默认 MySQL 数据库,或者要选择服务器上的数据库,可以使用 mysqli_select_db()函数。

➢ 要对数据库中的表执行操作,就要使用 mysqli_query()函数执行 SQL 语句。

➢ 处理查询结果集,常用函数 mysqli_fetch_array()、mysqli_fetch_object()、mysqli_fetch_row()和 mysqli_num_rows()。

 知识考核

一、填空题

1. 使用＿＿＿＿＿＿＿＿＿＿函数,可以与 MySQL 服务器建立连接,并设置默认数据库。

2. 要修改连接 MySQL 服务器时定义的默认 MySQL 数据库,或者要选择服务器上的数据库,可以使用＿＿＿＿＿＿＿＿＿＿＿＿函数。

3. 要对数据库中的表执行操作,就要使用＿＿＿＿＿＿＿＿＿＿函数执行 SQL 语句。

4. 使用＿＿＿＿＿＿＿＿＿＿函数可以从查询结果集中取得一行作为关联数组、数字数组,或二者兼有。

5. 使用＿＿＿＿＿＿＿＿＿＿＿函数可以从查询结果集中取得当前行,并将其作为对象返回。

6. 使用＿＿＿＿＿＿＿＿＿＿函数,可以逐行获取查询结果集中的每条记录。

7. 使用＿＿＿＿＿＿＿＿＿＿函数,可以获取查询结果集中的记录数。

二、简答题

简述 PHP 访问 MySQL 数据库的一般流程。

第 14 章　PHP 框架

作为网络开发的强大语言之一，PHP 应用越来越广泛，各种 PHP 开发框架也应运而生，它们让程序开发变得更加简单高效。PHP 框架对很多新手而言，可能会有点难度；但是，只要知道使用框架创建项目的基本流程，并明白其原理，类似框架就基本都能看懂。本章首先简单介绍框架的概念和基础知识，然后以国内最常用的框架——ThinkPHP 为例，介绍框架的应用。

 学习目标

- ﹆ 了解 PHP 框架的特点、主流 PHP 框架及 MVC 的概念
- ﹆ 掌握 ThinkPHP 框架的获取及应用方法
- ﹆ 了解入口文件、模块和控制器的概念
- ﹆ 了解 ThinkPHP 的命名规范及其项目构建流程
- ﹆ 掌握 ThinkPHP 配置文件的设置
- ﹆ 了解 ThinkPHP 中模块化设计、URL 模式、命名空间等概念
- ﹆ 掌握控制器的作用及相关操作
- ﹆ 掌握模型的作用及相关操作
- ﹆ 掌握视图的作用及相关操作

14.1　PHP 框架简介

有一定经验的 PHP 开发者都知道，拥有一个强大的框架可以让开发工作变得更加快捷、安全和有效。框架是程序结构代码的集合，而不是业务逻辑代码。该集合是按照一定标准组成的功能体系（体系有很多设计模式，MVC 是比较常见的一种模式），其中包含了很多类、函数和功能类包。

14.1.1　PHP 框架的特点

可以说，PHP 框架是一个 PHP 应用程序的半成品。它提供的不仅仅是一组工具类，而是可在应用程序之间共享且可复用的公共且一致的结构。PHP 框架有助于促进快速软件开发，使用它不仅有助于创建更为稳定的程序，还有助于减少开发者重复编写代码的劳动，能有效节约开发时间。总的来说，PHP 框架具有以下特点：

➢ 加速开发过程：PHP 框架内置了预建的模块，免去了冗长又令人厌烦的编程工作。这样开发者就能够把时间花在开发实际程序上，而不是每一次都要为每一个项目重建基础模块。

知识库

> PHP 框架背后的思想被称为模型—视图—控制器（MVC）。在 MVC 中，模型负责数据，视图负责表现，控制器则是程序主体或者说是负责业务逻辑。从本质上说，MVC 拆分了一个程序的开发过程，这样就可以修改独立的每一部分，而其他部分不受影响。这使得编写 PHP 代码变得更为简单快捷。14.1.3 节将会详细介绍 MVC 的概念。

➢ 成熟稳健性：大多数初级开发者往往容易因为 PHP 的简单性，而写出低质量的代码。这些 PHP 程序可能在大多数时间内仍能正常工作，但代码中可能留下了安全漏洞，易受攻击。而 PHP 框架对一些基本的细节及安全性等做了处理，在此基础上开发出来的 PHP 代码更加安全可靠。

➢ 可扩展性：PHP 框架往往有着庞大的支持团队，使用者众多，并且是不断升级的，使用者可以直接享受别人升级代码带来的好处。PHP 框架也方便地支持用户根据实际业务需求扩展自己特有的模块。

14.1.2　主流 PHP 框架简介

一直以来，PHP 框架被广泛应用。这些框架，多半是基于 MVC 架构模式，也有基于事件驱动模式的，下面列举几个应用比较广泛的框架。

➢ ThinkPHP：是一个快速、兼容、简单、并且功能丰富的轻量级国产 PHP 开发框架，遵循 Apache 2 开源协议发布，从 Struts 结构移植过来，并做了改进和完善，同时也借鉴了国外很多优秀的框架和模式，使用面向对象的开发结构和 MVC 模式。本身具有很多的原创特性，并且倡导大道至简，开发由我的理念，意在用最少的代码完成更多的功能。本章主要以该框架为例进行介绍。

> Zend Framework：Zend Framework（ZF）是用 PHP 5.3 及更高版本来开发 Web 程序和服务的开源框架。ZF 用 100%面向对象编码实现，其组件结构独一无二，每个组件几乎不依靠其他组件。这样的松耦合结构可以让开发者独立使用组件。ZF 在开发社区中有大量的追随者，掌握它需要一些 PHP 的额外知识。

> Laravel：是一个简单优雅的 PHP Web 开发框架，可以通过简单、高雅的表达式语法，开发出很棒的 Web 应用，其标志如图 14-1 所示。Laravel 拥有富有表现力的语法、高质量的文档、丰富的扩展包，被称为"巨匠级 PHP 开发框架"。Laravel 是完全开源的，所有代码都可以从 GitHub 上获取。

图 14-1　Laravel 框架标志

⬤ 知识库

　　GitHub 是一个面向开源及私有软件项目的托管平台，因其只支持 Git 作为唯一的版本库格式进行托管，而得名 GitHub。GitHub 除 Git 代码仓库托管及基本的 Web 管理界面外，还提供了订阅、讨论组、文本渲染、在线文件编辑器、协作图谱（报表）、代码片段分享（Gist）等功能。目前，其注册用户已超过 350 万，托管版本数量也非常多，其中不乏知名开源项目 Ruby on Rails、jQuery、python 等。

> CakePHP：基于与 Ruby on Rails 同样的原则而设计，十分注重快速开发，这使得它成为一个非常好的用于 RAD（Rapid Application Develop，快速应用开发）的开发框架。快速增长的支持系统，简洁性和可测量性，使得 CakePHP 无论对于初学者，还是职业 PHP 开发者，都是很好的选择。

14.1.3　MVC

大部分 PHP 框架都是基于 MVC 架构模式，为便于理解，在具体介绍框架之前，此处先来简单认识一下 MVC。

MVC 全名是 Model View Controller，是模型（Model）－视图（View）－控制器（Controller）的缩写。它是一种设计创建 Web 应用程序的框架模式，强制性地将应用程序的输入、处理和输出分开。

> Model（模型）表示应用程序核心（比如数据库记录列表），是应用程序中用于处理应用程序数据逻辑的部分，通常负责在数据库中存取数据。

> View（视图）是用户看到并与之交互的界面，是应用程序中处理数据（数据库记录）显示的部分，通常依据模型数据创建。

> ➢ Controller（控制器）是应用程序中处理用户交互的部分，通常负责从视图读取数据，控制用户输入，并向模型发送数据。

使用 MVC 的目的是将 M 和 V 的实现代码分离，从而使同一个程序可以使用不同的表现形式。比如一批统计数据可以分别用柱状图和饼图来表示。C 存在的目的则是确保 M 和 V 的同步，一旦 M 改变，V 应该同步更新。

提 示

> MVC 模式同时提供了对 HTML、CSS 和 JavaScript 的完全控制。

MVC 分层有助于管理复杂的应用程序，因为开发者可以在一段时间内专门关注一个方面。例如，可以在不依赖业务逻辑的情况下专注于视图设计，同时也让应用程序的测试更加容易。MVC 分层同时也简化了分组开发，不同的开发人员可同时开发视图、控制器逻辑和数据逻辑。

14.2   ThinkPHP 基础

作为一个整体开发解决方案，ThinkPHP 能够解决应用开发中的大多数需要，因为其自身包含了底层架构、兼容处理、基类库、数据库访问层、模板引擎、缓存机制、插件机制、角色认证、表单处理等常用组件，并且对于跨版本、跨平台和跨数据库移植都比较方便。

14.2.1   ThinkPHP 框架的特点

ThinkPHP 是目前国内应用最多的 PHP 框架之一，其主要特点如下：
➢ 视图模型：可以轻松动态地创建数据库视图，轻松实现多表查询。
➢ 关联模型：可以简单、灵活地完成多表的关联操作。
➢ 模板引擎：系统内建了一款卓越的基于 XML 的编译型模板引擎，支持两种类型的模板标签，融合了 Smarty 和 JSP 标签库的思想，支持标签库扩展。通过驱动还可以支持 Smarty，EaseTemplate，TemplateLite 等第三方模板引擎。
➢ 缓存机制：系统支持包括 File、APC、Db、Memcache 等在内的多种动态数据缓存类型，以及可定制的静态缓存规则，并提供了快捷方法进行存取操作。
➢ 类库导入：ThinkPHP 采用基于类库包和命名空间的方式导入类库，让类库导入看起来更加简单清晰，并且还支持冲突检测和别名导入。为方便项目的跨平台移植，系统还可以严格检查加载文件的大小写。

> 扩展机制：系统支持包括类库扩展、驱动扩展、应用扩展、模型扩展、控制器扩展、标签库扩展等在内的强大灵活的扩展机制，让使用者不再受限于核心的不足和无所适从，随心DIY自己的框架和扩展应用。

> 多URL模式：系统支持普通模式、PATHINFO模式、REWRITE模式和兼容模式的URL方式，同时支持不同的服务器和运行模式的部署。配合URL路由功能，可以随心所欲地构建需要的URL地址和进行SEO优化工作。

> 编译机制：独创的核心编译和项目的动态编译机制，有效减少OOP（Object Oriented Programming，面向对象编程）开发中文件加载的性能开销。

> 查询语言：内建丰富的查询机制，包括组合查询、复合查询、区间查询、统计查询、定位查询、动态查询和原生查询，让数据查询简单高效。

> 动态模型：无需创建任何对应的模型类，轻松完成CURD操作，支持多种模型之间的动态切换。

知识库

　　CURD是一个数据库技术中的缩写词，C代表创建（Create）、U代表更新（Update）、R代表读取（Read），D代表删除（Delete）。CURD定义了用于处理数据的基本操作。
　　CURD在具体的应用中不一定非要使用create，update，read和delete字样的方法。例如，ThinkPHP就是使用add()、save()、select()和delete()方法表示模型的CURD操作，他们完成的功能是一样的。

> 分组模块：不用担心大项目的分工协调和部署问题，分组模块可以有效解决跨项目的难题。

> Ajax支持：内置Ajax数据返回方法，支持数据以JSON、XML和EVAL格式返回客户端，并且系统不绑定任何Ajax类库，可随意使用自己熟悉的Ajax类库进行操作。

> 多语言支持：系统支持语言包功能，项目和模块都可以有单独的语言包，并且可以自动检测浏览器语言，自动载入对应的语言包。

> 自动验证：自动完成表单数据的验证和过滤，生成安全的数据对象。

> 字段类型检测：字段类型强制转换，确保数据写入和查询更安全。

> 数据库特性：系统支持多数据库连接和动态切换机制，支持分布式数据库。

14.2.2　ThinkPHP 的环境要求

　　ThinkPHP底层运行的内存消耗极低，本身的文件大小也是轻量级的，因此不会出现空间和内存占用的瓶颈。对于PHP的版本，要求是PHP 5.3以上。

对于服务器和数据库环境，ThinkPHP 支持 Windows/Unix 服务器环境，可运行于包括 Apache 和 IIS 在内的多种 Web 服务器，支持 MySQL、MsSQL、PgSQL、Sqlite 和 Oracle 等多种数据库。

提 示

对于刚刚接触 PHP 或者 ThinkPHP 的新手，一般推荐使用集成开发环境 WAMPServer 来使用 ThinkPHP 进行本地开发和测试。

14.2.3 获取 ThinkPHP

获取 ThinkPHP 的方式有很多，官方网站是最好的下载和获取来源，其网址为 http://www.thinkphp.cn/。其中，下载页的网址为 http://www.thinkphp.cn/down.html，如图 14-2 所示。

图 14-2 ThinkPHP 官网下载页

由下载页可知，官网提供了完整版和核心版两个下载版本，核心版本只保留了核心类库和必需的文件，去掉了所有的扩展类库和驱动。一般建议下载完整版，此处下载目前使用最多的 ThinkPHP 3.2.3 完整版。

14.2.4 ThinkPHP 的目录结构

ThinkPHP 无需安装，将下载完成的文件直接解压并拷贝到电脑或者服务器的 Web 运行目录下即可。此时可以看到初始的目录结构如图14-3所示。

名称
Application —————————————— 应用目录
Public ——————————————————— 资源文件目录
ThinkPHP ——————————————— 框架核心目录
.htaccess
composer.json ————————————— Composer 定义文件
index —————————————————————— 入口文件
README.md ————————————————— 说明文件

图14-3　ThinkPHP 的初始目录结构

知识库

　　此处的"Application"为默认的应用目录，其名称可以根据需要自定义。比如，要做一个关于汽车的项目，可以将该文件夹命名为"car"。

　　其中，README.md 文件仅用于说明，实际部署时可以删除。Application 目录用于存放整个应用文件，比如前台模块、后台模块等，其中默认只有一个入口文件"index.php"和一个说明文件"README.md"，其目录结构在第一次访问入口文件时会自动生成，具体可参考14.2.5节的"入口文件"部分。Public 用于存放系统资源，其中包括 CSS 文件、JS 文件、图片文件等。框架核心目录 ThinkPHP 的结构如图14-4所示。

名称
Common ——————————————— 核心公共函数目录
Conf ————————————————————— 核心配置目录
Lang ————————————————————— 核心语言包目录
Library ————————————————— 框架类库目录
Mode ————————————————————— 框架应用模式目录
Tpl ——————————————————————— 系统模板目录
LICENSE ——————————————— 框架授权协议文件
logo ——————————————————————— 框架 Logo 文件
ThinkPHP ——————————————— 框架入口文件

图14-4　ThinkPHP 框架核心目录的结构

　　Common 文件夹中有一个 functions.php 文件，里面有很多定义好的系统函数。Conf 文件夹用于存放对框架进行核心配置的文件。Library 目录是需要重点关注的内容，其中有一个 think 目录，存放了 ThinkPHP 自带的类文件，包括 Model 类、Page 类、Upload 类等，在项目开发中会经常用到这些类。

　　开发人员可以在此基础上灵活调整，默认的目录结构和名称可以根据入口文件和配置参数进行改变。

提　示

　　上述应用的目录结构只是默认设置，事实上，在实际部署应用时，除项目入口文件和 Public 资源目录外，为保证系统的安全性，往往将其他文件都放在非 Web 目录下。

14.2.5　入口文件

ThinkPHP 属于单一入口框架。单一入口通常是指一个项目或者应用具有一个统一的入口文件，项目的所有功能操作都通过该入口文件进行，并且入口文件往往第一步被执行。对于使用 ThinkPHP 构建的网站，输入网址后，默认打开的是入口文件。

提　示

　　此处需要注意的一点是，单一并不一定是唯一，因为大部分程序都有前台和后台，而前台和后台又可以拥有各自的入口文件。

单一入口的好处是项目结构规范，这是因为同一个入口，其不同操作之间往往具有相同的规则；另一方面就是单一入口控制灵活、更加安全，因为拦截方便，比如一些权限控制、用户登录方面的判断和操作都可以统一处理。

一般入口文件主要完成以下功能：

➤　载入框架入口文件（必须），一般使用 require 语句；
➤　定义框架路径和项目路径（可选）；
➤　定义调试模式和应用模式（可选）；
➤　定义系统相关常量（可选）。

默认情况下，框架已经自带了一个应用入口文件（以及默认的目录结构），如前面图 14-3 中的 "index.php"，使用记事本将其打开，内容如图 14-5 所示。

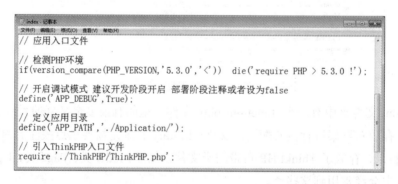

图 14-5　默认的入口文件

默认开启调试模式，在完成项目开发后，需要将其关闭。

如果改变了应用目录，例如把 Application 更改为 App，只需要将入口文件中的 APP_PATH 常量定义修改为对应值即可：

```
define('APP_PATH','./App/');
```

修改后运行入口文件，会自动在项目根目录下生成 "App" 目录，读者可自行测试。

提　示

APP_PATH 的定义支持相对路径和绝对路径（一般使用相对路径），但必须以正斜杠 "/" 结束，否则会出现严重错误。

"引入 ThinkPHP 入口文件" 是这里的重点内容，网站依赖于 ThinkPHP 核心代码，所以要引入框架核心目录 "ThinkPHP" 中的 ThinkPHP.php 公共入口文件。

```
require THINK_PATH.'ThinkPHP.php';
```

在第一次访问入口文件时，会显示图 14-6 所示的欢迎页面。并在 Application 目录下，自动生成公共模块 Common、默认的 Home 模块和 Runtime 运行时目录的目录结构，如图 14-7 所示。

图 14-6　欢迎页面　　　　　　图 14-7　自动创建目录

公共模块 Common 中的 "Common" 文件夹用于放置项目公共函数，函数名一般为 function.php。

网站往往分为前台和后台，一般将 Home 模块作为前台模块，后台模块需要自己创建，可以复制一个 Home 模块将其重命名为 Admin，并打开目录下 "Controller" 文件夹中的 "IndexController.class.php" 文件，将其首行代码 "namespace Home\Controller;" 修改为 "namespace Admin\Controller;"，这样便可以直接应用了。在浏览器地址栏中输入 "http://servername/index.php/Admin"，就可以访问后台首页了。

14.2.6　模块和控制器

1．模块

通过前面的学习可以知道，下载后的框架自带了一个应用目录结构，并且带了一个默认的应用入口文件，方便部署和测试，默认的应用目录是 Application（实际部署过程中可以随意设置)。

在自动生成目录结构的同时,还可以看到在各个目录下面自动生成了 index.html 文件,这是 ThinkPHP 自动生成的目录安全文件。为避免某些服务器开启了目录浏览权限后可以直接在浏览器输入 URL 地址查看目录,系统默认开启了目录安全文件机制,安全文件的名称可以设置。如果环境足够安全,不希望生成目录安全文件,可以在入口文件中关闭目录安全文件的生成。

ThinkPHP 采用模块化的设计架构,由图 14-7 可知,每个模块可以方便地卸载和部署,并且支持公共模块(Common),但是公共模块是不能直接访问的。一般常用的模块包括 Common,Home,Admin 和 Runtime。

2. 控制器

可以在自动生成的 Application\Home\Controller 目录下新建控制器,默认里面有一个 IndexController.class.php 文件,它是默认的 Index 控制器文件。

一般 Index 控制器是用来存放首页的。默认的欢迎页面其实就是访问的 Home 模块下的 Index 控制器类的 index()操作方法。

【例 14-1】 通过修改默认的 Index 控制器文件,验证 Index 控制器的应用。(实例位置:素材与实例\example\ph14\01)

步骤 1▶ 在网站根目录下新建文件夹 "01",将解压后的 ThinkPHP 文件拷贝到该目录下,并运行项目入口文件 "index.php",以自动生成应用目录结构。

步骤 2▶ 打开默认的 Index 控制器文件 IndexController.class.php,修改默认的 index()操作方法如下:

```
namespace Home\Controller;
use Think\Controller;
class IndexController extends Controller {
public function index(){
echo '大家好,欢迎你们跟我一起学习 PHP!';
}
}
```

步骤 3▶ 再次运行应用入口文件 "index.php",结果如图 14-8 所示。

控制器类的命名方式是:控制器名(驼峰法,首字母大写)+Controller,例如前面的 IndexController 控制器类;控制器文件的命名方式是:类名+.class.php(类文件后缀),例

如前面的 IndexController.class.php 文件。

图 14-8　入口文件运行结果

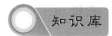

　　驼峰命名法，就是当变量名或函数名是由一个或多个单词联结在一起，而构成的唯一识别字时，第一个单词以小写字母开始，之后的单词以大写字母开始；或者每一个单词都以大写字母开始，例如：myFirstName，myLastName 和 DataBaseUser，这样的变量名或类名看上去就像骆驼峰一样此起彼伏，故得名。

14.2.7　ThinkPHP 命名规范

为避免不必要的麻烦，在使用 ThinkPHP 开发项目时，应尽量遵循其自身的命名规范。

➢ 类文件以.class.php 为后缀（此处是指 ThinkPHP 内部使用的类库文件，不代表外部加载的类库文件），使用驼峰命名法，并且首字母大写，例如 DbMysql.class.php；

➢ 类的命名空间地址和所在的路径地址一致，例如 Home\Controller\UserController 类所在的路径应该是 Application\Home\Controller\UserController.class.php；

➢ 确保文件名和调用时的文件名大小写一致，这是由于在类 UNIX 系统上，对大小写是敏感的（而 ThinkPHP 在调试模式下，即使在 Windows 平台也会严格检查大小写）；

➢ 类名和文件名一致（包括上面说的大小写一致），例如 UserController 类的文件名是 UserController.class.php，InfoModel 类的文件名是 InfoModel.class.php；

➢ 函数、配置文件等其他类库文件，一般是以.php 为后缀（第三方引入的不做要求）；

➢ 函数的命名使用小写字母加下划线的方式，例如 get_client_ip；

➢ 方法的命名使用驼峰法，并且首字母小写或者使用下划线"_"，例如 getUserName，_parseType，通常下划线开头的方法属于私有方法；

➢ 属性的命名使用驼峰法，并且首字母小写或者使用下划线"_"，例如 tableName，_instance，通常下划线开头的属性属于私有属性；

➢ 以双下划线 "__" 开头的函数或方法作为魔术方法，例如__call()和__autoload()；

➢ 常量以大写字母加下划线命名，例如 HAS_ONE 和 MANY_TO_MANY；

➢ 配置参数以大写字母加下划线命名，例如 HTML_CACHE_ON；
➢ 语言变量以大写字母加下划线命名，例如 MY_LANG，以下划线开头的语言变量通常用于系统语言变量，例如_CLASS_NOT_EXIST_；

　　对变量的命名没有强制规范，可以根据团队规范来进行；

➢ ThinkPHP 的模板文件默认以.html 为后缀（可以通过配置修改）；
➢ 数据表和字段采用小写字母加下划线方式命名，例如 think_user 表和 user_name 字段。

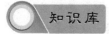

　　字段名不要以下划线开头，类似_username 这样的数据表字段可能会被过滤。

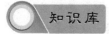

　　在 ThinkPHP 里，有一个函数命名的特例，就是单字母大写函数，这类函数通常是某些操作的快捷定义，或者具有特殊作用。例如，A()、D()、S()、L()等方法，它们有着特殊的含义，后面会有所了解。另外，由于 ThinkPHP 默认使用 UTF-8 编码，所以要确保程序文件采用 UTF-8 编码格式保存。

14.2.8　项目构建流程

　　使用 ThinkPHP 的项目目录自动生成功能，可以非常方便地构建项目应用程序。开发者只需要定义好项目入口文件，然后访问入口文件，系统就会根据入口文件中定义的目录路径，自动创建好项目的目录结构。

　　在创建好数据库，并完成目录结构的创建后，就可以正式开始项目的创建了，图 14-9 展示了使用 ThinkPHP 创建项目的基本流程。

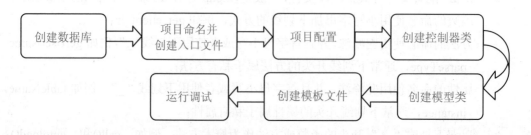

图 14-9　使用 ThinkPHP 创建项目的基本流程

【例 14-2】　根据 ThinkPHP 创建项目的基本流程，创建一个项目"02"，读取数据库 database14 中的数据，以此了解 ThinkPHP 的工作原理，以及其在实际工作中的应用（实例位置：素材与实例\example\ph14\02）。

步骤 1▶ 创建数据库。使用 phpMyAdmin 创建数据库 database14，并在其中创建数据表 tb_user，数据表结构如图 14-10 所示。

#	名字	类型	排序规则	属性	空	默认	注释	额外	操作
☐ 1	id 🔑	int(10)			否	无		AUTO_INCREMENT	🖊修改 ⊖删除
☐ 2	name	varchar(80)	utf8_unicode_ci		否	无			🖊修改 ⊖删除
☐ 3	pw	varchar(80)	utf8_unicode_ci		否	无			🖊修改 ⊖删除
☐ 4	tel	varchar(20)	utf8_general_ci		否	无			🖊修改 ⊖删除

图 14-10　数据表结构

步骤 2▶ 在网站目录下新建"02"文件夹，将解压后的 ThinkPHP 文件拷贝到"02"目录下，打开并编辑入口文件"index.php"，代码如下：

```php
<?php
//检测 PHP 环境
if(version_compare(PHP_VERSION,'5.3.0','<'))    die('require PHP > 5.3.0 !');
define('APP_DEBUG',True);                        //开启调试模式
define('THINK_PATH','./ThinkPHP/');              //定义 ThinkPHP 框架路径
define('APP_NAME','02');                         //定义项目名
define('APP_PATH','./Application/');             //定义项目路径
require(THINK_PATH."/ThinkPHP.php");             //引入 ThinkPHP 框架入口文件
?>
```

🔵 知识库

　　APP_PATH 是指应用目录所在路径，而不是项目入口文件所在路径。APP_NAME 通常都必须和项目名称一致。如果项目入口文件放在项目目录下，可以不定义 APP_NAME 和 APP_PATH，系统可以自动识别。THINK_PATH 通常也不是必需的。

步骤 3▶ 运行项目入口文件，如图 14-11 所示。此时打开项目根目录下的 Application 文件夹，可以看到自动生成的 Common，Home 和 Runtime 文件夹，如图 14-12 所示。

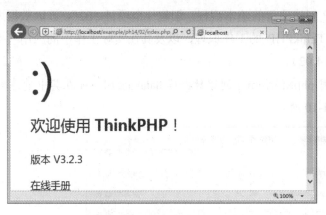

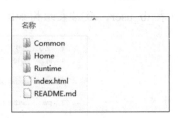

图 14-11　项目入口文件　　　　　　　　　图 14-12　自动生成目录

步骤 4▶　　自动生成的项目目录下已经创建了一个空的项目配置文件，位于 "02\Application\
Common\Conf" 目录下面，名称是 config.php。打开并重新编辑该配置文件，加入项目的
数据库配置信息。编辑后的 config.php 文件代码如下：

```php
<?php
return array(
    'DB_TYPE' => 'mysql',           // 数据库类型
    'DB_HOST' => 'localhost',       // 服务器地址
    'DB_NAME' => 'database14',      // 数据库名
    'DB_USER' => 'root',            // 用户名
    'DB_PWD' => '123456',           // 密码
    'DB_PREFIX' => 'tb_',           // 数据库表前缀
    'DB_PARAMS' => array(),         // 数据库连接参数
    'DB_CHARSET'=> 'utf8',          //字符集
    'DB_DEBUG' => TRUE,             //数据库调试模式 开启后可以记录 SQL 日志
);
?>
```

步骤 5▶　　在项目的 "02\Application\Home\Controller" 目录下，打开自动生成的
IndexController.class.php 文件，它是 ThinkPHP 默认的控制器文件。重新编辑控制器的默认
方法 index()，查询指定数据表中的数据。代码如下：

```php
<?php
namespace Home\Controller;
use Think\Controller;
class IndexController extends Controller {
```

```
public function index(){
    $db = M('user');                   //实例化模型类，参数为数据表名称，不包含表前缀
    $select = $db->select();           //查询数据
    $this->assign('select',$select);   //模板变量赋值
    $this->display();                  //输出模板
    }
}
?>
```

提 示

可以看出，该文件定义了入口文件中显示的内容。

步骤6▶ 在项目的"02\Application\Home\View"目录下，创建 Index 文件夹，并在其中新建 Index 操作对应的模板文件 index.html。完成数据库中数据的循环输出。主要代码如下：

```
<!--循环输出查询结果数据集-->
<volist name="select" id="user">
用户名：{$user.name}<br>
电话：{$user.tel}<hr>
</volist>
```

步骤7▶ 在浏览器中输入"http://localhost/example/ph14/02/"，运行结果如图 14-13 所示。

图 14-13 运行结果

提 示

很多读者做完该实例后，可能还不大明白，这没关系，学完后面的内容自然就懂了。

14.3　ThinkPHP 的配置

配置文件是 ThinkPHP 框架程序运行的基础条件，框架的很多功能都需要在配置文件中设置之后才会生效。ThinkPHP 提供了灵活的全局配置功能，采用最有效率的 PHP 返回数组方式定义，支持惯例配置、公共配置、模块配置等。

对于有些简单的应用，不需要任何配置文件；而对于复杂的要求，还可以增加动态配置文件。系统的配置参数是通过静态变量全局存取的，存取方式简单高效。

14.3.1　配置格式

配置文件一般位于 ".\Application\Common\Conf" 目录下面，文件名为 "config.php"。

在 ThinkPHP 中，默认所有配置文件的定义格式均采用返回 PHP 数组的方式，其定义格式如下：

```php
<?php
return array(
'DEFAULT_MODULE' => 'Index',              //默认模块
'URL_MODEL' => '2',                       //URL 模式
'SESSION_AUTO_START' => true,             //是否开启 session
//更多配置参数
//...
);
?>
```

配置参数（如上面代码中的 URL_MODEL）不区分大小写，但是一般建议保持大写定义配置参数的规范。

14.3.2　读取配置

无论哪种配置文件，都统一使用系统提供的 C()方法来获取配置参数。其用法如下：

C('参数名称')

例如，要读取当前的 URL 模式配置参数，可使用以下语句：

$model = C('URL_MODEL');

【例 14-3】　通过打印配置参数，验证 C()方法的应用。（实例位置：素材与实例\example\ph14\03）

步骤 1▶　在网站目录下新建文件夹 "03"，将解压后的 ThinkPHP 文件拷贝到该目录

下，并运行应用入口文件"index.php"，以自动生成应用目录结构。

步骤2▶ 打开".\Application\Common\Conf"目录下的配置文件"config.php"，设置配置参数如下：

```
return array(
    //'配置项'=>'配置值'
    'DB_TYPE' => 'mysql',              // 数据库类型
    'DB_HOST' => 'localhost',          // 服务器地址
    'DB_NAME' => 'database14',         // 数据库名
    'DB_USER' => 'root',               // 用户名
    'DB_PWD' => '123456',              // 密码
);
```

步骤3▶ 打开默认的 Index 控制器文件 IndexController.class.php，修改默认的 index() 操作方法如下：

```
public function index(){
    dump(C('DB_TYPE'));               //获取配置参数
}
```

知识库

dump()是 var_dump()的简称，用于显示关于一个或多个表达式的结构信息，包括表达式的类型与值。ThinkPHP 中已经定义好了该函数，可以直接应用。

步骤4▶ 再次运行应用入口文件"index.php"，结果如图 14-14 所示。

图 14-14 显示使用 C()方法获取的配置参数

提 示

配置参数名称中不能含有"."和特殊字符，允许出现字母、数字和下划线。

如果要读取的参数尚未设置，则返回 NULL。另外，系统支持在读取的时候设置默认值，例如：

//如果 DB_HOST 参数尚未设置，则返回默认的字符"localhost"

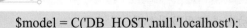

```
$model = C('DB_HOST',null,'localhost');
```

14.4　ThinkPHP 架构

14.4.1　模块化设计

一个完整的 ThinkPHP 应用基于模块/控制器/操作设计，并且，如果有需要的话，可以支持多入口文件。

ThinkPHP 新版采用模块化的架构设计思想，对目录结构规范做了调整，可以支持多模块应用的创建，让应用的扩展更加方便。

一个典型的 URL 访问规则是（此处以默认的 PATHINFO 模式为例说明，当然也可以支持普通的 URL 模式）：

http://serverName/index.php（或者其他应用入口文件）/模块/控制器/操作/[参数名/参数值...]

为便于理解，下面解释一下其中的几个概念：

➤　应用：基于同一个入口文件访问的项目，称之为一个应用，比如前面默认的 Application。

➤　模块：一个应用下面可以包含多个模块，每个模块在应用目录下面都是一个独立的子目录，一般的网站都有前台（Home）和后台（Admin）两个模块。

➤　控制器：每个模块可以包含多个控制器（一般位于模块下的 Controller 文件夹中），一个控制器通常体现为一个控制器类。

➤　操作：每个控制器类可以包含多个操作方法，也可能是绑定的某个操作类，每个操作是 URL 访问的最小单元。

【例 14-4】　通过在默认控制器中新建操作并访问，来验证 ThinkPHP 应用是基于"模块/控制器/操作"进行设计的思想（实例位置：素材与实例\example\ph14\04）。

步骤 1▶　在网站目录下新建文件夹"04"，将解压后的 ThinkPHP 文件拷贝到该目录下，并运行应用入口文件"index.php"，以自动生成应用目录结构。

步骤 2▶　打开".\Application\Home\Controller"目录下的默认 Index 控制器文件"IndexController.class.php"，在其中新建方法 demo()，代码如下：

```
public function demo()
    {
        echo 'demo';
    }
```

步骤 3▶ 再次运行入口文件"index.php"，默认输出的是 index()方法设置的内容，如图 14-15 所示。

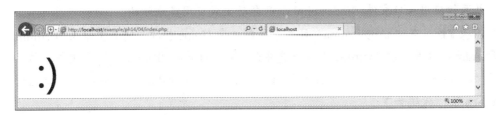

图 14-15 默认输出 index()方法

步骤 4▶ 在浏览器地址栏中入口文件"index.php"后面，依次输入"模块/控制器/操作名"，此处为"/Home/Index/demo"，然后按【Enter】键，可以看到输出了 demo()方法定义的内容，如图 14-16 所示。

图 14-16 输出 demo()方法

1. 模块设计

模块化设计中的模块是最重要的部分，模块其实是一个包含配置文件、函数文件和 MVC 文件（目录）的集合，比如前面 14.2.5 节自动生成的目录结构中有一个"Home"模块，其中的 Conf 是配置文件目录，Common 是公共函数文件目录，剩下的 3 个（Controller，Model 和 View）就是 MVC 文件了，如图 14-17 所示。

图 14-17 模块结构

2. 多入口文件

采用单一入口文件加"模块/控制器/操作"的方法，很容易泄露网站目录结构信息，用户只要看到网页路径，就能知道网站结构，容易导致网站被黑客攻击。为此，可以给相同的应用及模块设置多个入口，不同的入口文件可以设置不同的应用模式或者绑定模块。

【例 14-5】 多入口文件。本例通过为同一个应用设置两个入口文件，来学习如何为

一个应用设置多个入口。（实例位置：素材与实例\example\ph14\05）

步骤 1▶ 在网站目录下新建文件夹"05"，将解压后的 ThinkPHP 文件拷贝到该目录下，并运行应用入口文件"index.php"，以自动生成应用目录结构。

步骤 2▶ 在".\Application"目录下复制一个 Home 模块，将其重命名为 Admin，并打开 Admin 目录下"Controller"文件夹中的"IndexController.class.php"文件，将其首行代码"namespace Home\Controller;"修改为"namespace Admin\Controller;"，之后修改其index()方法，代码如下：

```php
<?php
namespace Admin\Controller;
use Think\Controller;
class IndexController extends Controller {
    public function index(){
        echo '后台首页';
    }
}
?>
```

步骤 3▶ 再次运行应用入口文件"index.php"，在浏览器地址栏中"index.php"后面输入"/Admin"，就可以访问后台首页了，如图 14-18 所示。

图 14-18　访问后台首页

步骤 4▶ 在应用入口文件 index.php 的同级目录下复制一个 index.php 文件，将其重命名为"admin.php"并打开，在其中添加以下代码，以绑定 Admin 模块：

```php
// 绑定 Admin 模块到当前入口文件
define('BIND_MODULE','Admin');
```

步骤 5▶ 直接运行"admin.php"，即可进入后台首页，如图 14-19 所示。

图 14-19　运行后台首页

知识库

可以看出，此时浏览器地址栏中的网址为http://localhost/example/ph14/05/admin.php，这样便不能通过网址看出网站的目录结构了。

14.4.2 URL 模式

通过前面对"模块化设计"的学习，相信读者已经对 URL 有了个简单的认识，系统一般是从 URL 参数中解析当前请求的模块、控制器和操作，如图 14-20 中的网址所示。

http://localhost/example/ph14/04/index.php/Home/Index/demo
模块 控制器 操作

图 14-20　典型网址

由于 ThinkPHP 的命名规范是采用驼峰法（首字母大写）的规则，而 URL 中的模块和控制器都是对应的文件名，所以 ThinkPHP 框架的 URL 是区分大小写（主要是针对模块、控制器和操作名，不包括应用参数）的，这一点非常关键。

在直接访问入口文件时，由于 URL 中没有模块、控制器和操作，系统会访问默认模块（Home）下面的默认控制器（Index）的默认操作（index），因此下面的访问是等效的：

http://serverName/index.php
http://serverName/index.php/Home/Index/index

这种 URL 模式是系统默认的 PATHINFO 模式，不同的 URL 模式获取模块和操作的方法不同，ThinkPHP 支持的 URL 模式有四种，分别是普通模式、PATHINFO、REWRITE和兼容模式，如表 14-1 所示。可以通过设置 URL_MODEL 参数值，来改变 URL 模式。

表 14-1　URL 模式

URL 模式	URL_MODEL 值
普通模式	0
PATHINFO 模式	1
REWRITE 模式	2
兼容模式	3

知识库

如果整个应用下面的模块采用统一的URL模式，就可以在应用配置文件中设置URL模式，如果不同模块需要设置不同的 URL 模式，则可以在不同的模块配置文件中设置。

1. 普通模式

普通模式就是用传统的 GET 传参方式来指定当前访问的模块和操作，例如，以下 URL 中：

> http://localhost/?m=home&c=user&a=login&var=value

m 参数表示模块，c 参数表示控制器，a 参数表示操作。如果使用该模式访问前面例 14-4 中的 URL "http://localhost/example/ph14/04/index.php/Home/Index/demo"，将变成这种形式 "http://localhost/example/ph14/04/index.php/?m=Home&c=Index&a=demo"，在浏览器地址栏中输入该 URL，按【Enter】键，结果如图 14-21 所示。

图 14-21　普通模式的 URL

2. PATHINFO 模式

PATHINFO 模式是系统默认的 URL 模式，提供了最好的 SEO 支持，能够支持大多数主机环境，其形式如 "http://localhost/example/ph14/04/index.php/Home/Index/demo"。前面用到的 URL 都属于 PATHINFO 模式。此处需要注意一点，URL 中的 index.php 不是网站的路径。

3. REWRITE 模式

REWRITE 模式是在 PATHINFO 模式的基础上添加了重写规则的支持，可以去掉 URL 地址中的入口文件 index.php，但是需要额外配置 Web 服务器的重写规则。

如果是 Apache，还需要在入口文件的同级添加 .htaccess 文件，其内容如下：

```
<IfModule mod_rewrite.c>
  Options +FollowSymlinks
  RewriteEngine On
  RewriteCond %{REQUEST_FILENAME} !-d
  RewriteCond %{REQUEST_FILENAME} !-f
  RewriteRule ^(.*)$ index.php/$1 [QSA,PT,L]
</IfModule>
```

我们使用的 ThinkPHP 版本，默认都提供了该文件，不需要单独创建。

【例 14-6】 验证 REWRITE 模式的应用。本例通过配置 Web 服务器的重写规则,来验证 REWRITE 模式的应用。(实例位置:素材与实例\example\ph14\06)

步骤 1▶ 在网站目录下新建文件夹"06",将例 14-4 中的素材文件"04"目录下的文件全部拷贝到"06"文件夹中。

步骤 2▶ 打开服务器配置文件。服务器配置文件"httpd.conf"一般位于"Apache24\conf"目录下,使用记事本打开该文件。

步骤 3▶ 选择"编辑" > "查找"菜单,查找"rewrite",定位到语句"#LoadModule rewrite_module modules/mod_rewrite.so",将其前面的符号"#"删除,然后保存配置文件,并重启服务器。

步骤 4▶ 继续在服务器配置文件"httpd.conf"里面操作,将里面的 AllowOverride None 都改为 AllowOverride All(一共有 3 处,要全部改过来),然后保存配置文件,并重启服务器。

步骤 5▶ 打开应用配置文件"config"(一般位于".\Application\Common\Conf"目录下面),在其中添加以下代码,设置 URL 模式,如图 14-22 所示。

```
'URL_MODEL' => '2',
```

图 14-22 设置 URL 模式

步骤 6▶ 将例 4-14URL "http://localhost/example/ph14/04/index.php/Home/Index/demo" 中的"index.php"去掉,输入到浏览器地址栏中,按【Enter】键,结果如图 14-23 所示。

图 14-23 REWRITE 模式

14.4.3 命名空间

前面曾多次接触到命名空间,ThinkPHP 新版全面采用命名空间方式定义和加载类库文件。打开默认的控制器文件"IndexControler.class.php"(位于".\Application\Home\Controller"目录下)。其中第一行代码:

```
namespace Home\Controller;
```

就是对命名空间的定义，其中的 Home 代表前台模块，Controller 是当前的目录名。
下面的语句：

use Think\Controller;

其中的 Think 是 ThinkPHP 核心目录"Library"目录下的"Think"；Controller 是指"Think"
目录下的 "Controller.class.php" 文件，将其打开，如图 14-24 所示。

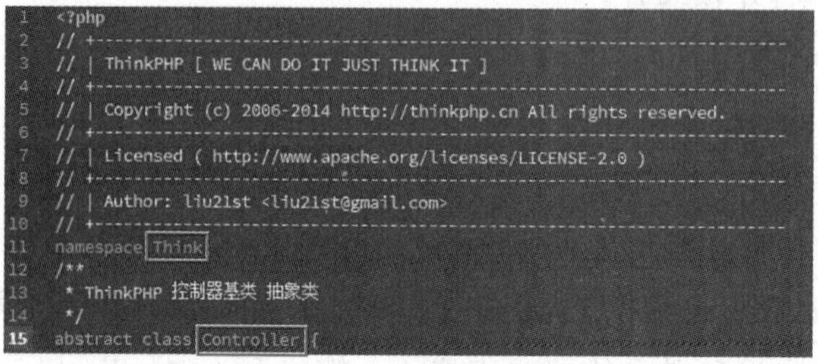

```php
1   <?php
2   // +----------------------------------------------------------------------
3   // | ThinkPHP [ WE CAN DO IT JUST THINK IT ]
4   // +----------------------------------------------------------------------
5   // | Copyright (c) 2006-2014 http://thinkphp.cn All rights reserved.
6   // +----------------------------------------------------------------------
7   // | Licensed ( http://www.apache.org/licenses/LICENSE-2.0 )
8   // +----------------------------------------------------------------------
9   // | Author: liu21st <liu21st@gmail.com>
10  // +----------------------------------------------------------------------
11  namespace Think;
12  /**
13   * ThinkPHP 控制器基类 抽象类
14   */
15  abstract class Controller {
```

图 14-24 "Controller.class.php" 文件

默认控制器文件 "IndexControler.class.php" 中的第 3 行：

class IndexController extends Controller {

其中的 Controller 就是指图 14-24 中的 Controller 类，也就是说 IndexController 类是继
承自"Controller.class.php"文件中的 Controller 类。

14.4.4 ThinkPHP 的系统流程

系统流程是指用户每访问一次网站，系统要执行的基本步骤。使用 ThinkPHP 框架开
发的应用的标准执行流程包括以下步骤：

（1）用户的 URL 请求；

（2）调用入口文件（通常是网站的 index.php）；

（3）载入框架入口文件（ThinkPHP.php，自动调用框架必需的类）；

（4）加载配置文件（应用配置文件的优先级要小于模块下的配置文件）；

知识库

系统中的配置文件有很多，系统往往会先加载 ThinkPHP 核心目录下的配置文件(位
于"ThinkPHP/Conf"目录下)；接下来加载应用目录下的配置文件（位于
".\Application\common\conf"目录下)；最后加载要访问模块下的配置文件。比如要访
问 Home 模块，会加载 Home\Conf 目录下的配置文件。在整个加载过程中，模块下配置
文件的优先级要高于应用下的配置文件。

（5）加载函数文件（先加载应用下的函数文件，然后加载模块下的函数文件）；

（6）解析 URL 模式；

（7）根据 URL 模式，调用对应的模块、控制器和方法；

（8）通过模板引擎输出对应的模板。

14.5 ThinkPHP 的控制器

在前面的 14.2.6 节对控制器有了一个简单的认识。ThinkPHP 的控制器实际上就是一个类，而操作则是控制器类的一个公共方法。

14.5.1 定义控制器

控制器的定义非常简单，下面就是一个典型控制器类的定义：

```php
<?php
namespace Home\Controller;
use Think\Controller;
class IndexController extends Controller {
public function hello(){
echo '大家好，欢迎跟我一起学习 thinkphp！';
}
}
?>
```

其中的 IndexController 类就代表了 Home 模块下 Controller 目录下的 Index 控制器，而 hello 操作就是 IndexController 类中的 hello()方法（公有）。当在类中添加 hello()方法后，在浏览器地址栏中输入 http://serverName/index.php/Home/Index/hello，将会输出"大家好，欢迎跟我一起学习 thinkphp！"。

控制器通常需要继承系统的 Controller 类或其子类，操作方法的定义必须是公共方法，否则会报错。

 提 示

> 定义控制器方法时，要尽量避免和系统的保留方法相冲突。由于操作方法就是控制器的一个方法，所以遇到有和系统关键字冲突的方法可能就不能定义了，此时可以设置操作方法的后缀来解决。比如在操作方法名后面加"Action"。

14.5.2 实例化控制器

通常情况下，系统会根据 URL 地址解析出访问的控制器名称，并调用相关的操作方法，自动完成访问控制器的实例化。

如果需要跨控制器调用，则可以单独实例化：

```
// 实例化 Home 模块的 User 控制器
$User = new \Home\Controller\UserController();
// 实例化 Admin 模块的 Blog 控制器
$Blog = new \Admin\Controller\BlogController();
```

系统为上面的控制器实例化提供了一个快捷调用方法 A()，上面的代码可以简化为：

```
// 假设当前模块是 Home 模块
$User = A('User');
$Blog = A('Admin/Blog');
```

【例 14-7】 A()方法的应用。本例通过跨控制器调用的实现，来学习 A()方法在实际项目中的应用。（实例位置：素材与实例\example\ph14\07）

步骤 1▶ 在网站目录下新建文件夹 "07"，将例 14-5 中的素材文件 "05" 目录下的文件全部拷贝到 "07" 文件夹中。

步骤 2▶ 在 ".\Application\Home\Controller" 目录下新建控制器文件 "UserController. class.php"，并在其中输入以下代码。

```php
<?php
namespace Home\Controller;
use Think\Controller;
class UserController extends Controller {
    public function index(){
        echo '用户管理首页';
    }
}
?>
```

步骤 3 打开 ".\Application\Home\Controller" 目录下的默认控制器文件 "IndexController. class.php"，并在其中定义 demo()方法，代码如下：

```php
public function demo(){
    // 调用同级控制器，此处调用步骤 2 中创建的 "UserController.class.php"
    $user = A('User');
```

```
        $user -> index();
        // 跨模块调用控制器，此处调用例 14-5 中创建的 Admin 模块中的
"IndexController.class.php"
        $admin = A('Admin/Index');
        $admin -> index();
    }
```

步骤4　在浏览器地址栏中输入"http://localhost/example/ph14/07/Home/Index/demo"，调用 demo()方法，结果如图 14-25 所示。

图 14-25　跨控制器调用的实现

14.5.3　页面跳转

在应用开发中，经常会遇到一些带有提示信息的跳转页面，例如操作成功或者操作错误页面，并且自动跳转到另外一个目标页面。系统的\Think\Controller 类内置了两个跳转方法 success()和 error()，用于页面跳转提示，并且可以支持 ajax 提交。

【例 14-8】　页面跳转。本例通过页面跳转的实现，来学习 success()和 error()方法在实际项目中的应用。（实例位置：素材与实例\example\ph14\08）

步骤1▶　在网站目录下新建文件夹"08"，将例 14-7 中的素材文件"07"目录下的文件全部拷贝到"08"文件夹中。

步骤2▶　打开 Home 模块 Controller 目录下的控制器文件"UserController.class.php"，在其中定义 demo()方法和 demo1()方法，代码如下：

```
public function demo(){
        echo '重新添加';
    }
    public function demo1(){
        //页面跳转
        $a = true;
        if ($a) {
            //成功跳转
            $this -> success('添加成功！',U('User/index'),5);
```

```
        } else {
            //失败跳转
            $this -> error('添加失败！',U('User/demo'),5);
        }
    }
```

步骤 3▶ 在浏览器地址栏中输入 http://localhost/example/ph14/08/index.php/Home/User/demol，调用前面定义的 demol()方法，结果如图 14-26 所示。在 5 秒钟后，页面将自动跳转至 index 页面。

图 14-26　页面跳转

 提　示

　　读者可将 demo1()方法中的 "$a = true;" 修改为 "$a = false;"，然后测试 "失败跳转" 的运行结果。

　　上述代码中用到了 success()和 error()方法，二者用法相同，其中的第一个参数表示提示信息，第二个参数表示跳转地址，第三个参数表示跳转时间（单位为秒），例如，对于语句：

$this -> success('添加成功！',U('User/index'),5);，

　　"添加成功！" 表示提示信息，"U('User/index')" 表示添加成功后跳转到的地址，"5" 表示自动跳转时间。

　　此处重点说一下 U()函数，它用于动态生成 URL 地址，可以确保项目在移植过程中不受环境影响。

　　U()方法的定义规则如下（方括号内参数根据实际应用决定）：

U('地址表达式',['参数'],['伪静态后缀'],['显示域名'])

　　地址表达式的格式定义如下：

[模块/控制器/操作#锚点@域名]?参数 1=值 1&参数 2=值 2...

如果未定义模块，就表示当前模块名称，下面是一些简单的例子：

```
U('User/add')          // 生成 User 控制器的 add 操作的 URL 地址
U('Blog/read?id=1')    // 生成 Blog 控制器的 read 操作 并且 id 为 1 的 URL 地址
U('Admin/User/select') // 生成 Admin 模块的 User 控制器的 select 操作的 URL 地址
```

14.6　ThinkPHP 的模型

ThinkPHP 中的基础模型类是 Think\Model 类，位于 ThinkPHP 核心文件 "Library\Think\Model" 目录下。该类能够完成基本的 CURD 操作和统计查询。基础模型类的设计非常灵活，无需进行任何模型定义，就可以进行相关数据表的 CURD 操作，只有在需要实现相对复杂的操作时，才需要自定义模型类。

14.6.1　模型的定义

模型类通常需要继承系统的 Think\Model 类或其子类，其定义格式如下：

```
namespace Home\Model;
use Think\Model;
class UserModel extends Model {
}
```

上述代码是 Home\Model\UserModel 类的定义。

模型类的主要作用是操作数据表，如果按照系统的规范来命名模型类，大多数情况下可以自动对应数据表。模型类的命名规则是除去表前缀的数据表名称，采用驼峰法命名，并且首字母大写，然后加上模型层的名称（默认定义是 Model）。例如，UserModel 表示模型类名，其对应的数据表应该是 think_user（此处假设数据库的前缀定义是 think_）；而 UserTypeModel 应该对应数据表 think_user_type。

除此之外，在 ThinkPHP 的模型里面，还有几个关于数据表名称的属性定义，如表 14-2 所示。

表 14-2　数据表名称的属性定义

属　性	说　明
tablePrefix	定义模型对应数据表的前缀，如果未定义则获取配置文件中的 DB_PREFIX 参数
tableName	不包含表前缀的数据表名称，一般情况下默认和模型名称相同，只有当表名和当前模型类名称不同时才需要定义

（续表）

属　性	说　明
trueTableName	包含前缀的数据表名称，也就是数据库中的实际表名，该名称无需设置，只有当上面的规则都不适用或者特殊情况下才需要设置
dbName	定义模型当前对应的数据库名称，只有在当前模型类对应的数据库名称和配置文件不同时才需要定义

　　为便于理解，下面进行举例说明。例如，在数据库里有一个 think_categories 表，而定义的模型类名称是 CategoryModel，按照系统约定，该模型名称是 Category，对应的数据表名称应该是 think_category（全部小写），但是现在的数据表名称是 think_categories，因此就需要设置 tableName 属性来改变默认的规则（假设已经在配置文件里定义了 DB_PREFIX 为 think_）。代码如下：

```
namespace Home\Model;
use Think\Model;
class CategoryModel extends Model {
protected $tableName = 'categories';
}
```

14.6.2　实例化模型

　　根据不同的模型定义，有几种实例化模型的方法，根据需要采用不同方式即可。

1．实例化基础模型（Model）类

可以像实例化其他类库一样实例化基础模型类，如下所示：

```
$User = new Model('User');
$User -> select();                    //进行其他的数据操作
```

也可以使用 M()方法快捷实例化，其效果是相同的。用法如下：

```
//使用 M()方法实例化
$User = M('User');                    //和用法 $User = new \Think\Model('User'); 等效
//执行其他数据操作
$User->select();
```

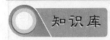
知识库

　　使用 M()方法实例化的时候，默认情况下是直接实例化系统的\Think\Model 类。

2. 实例化自定义模型（Model）类

快捷方法 D()用于自定义模型类的实例化操作，其使用方法如下：

```
//实例化模型
$User = D('User');                        //相当于 $User = new \Home\Model\UserModel();
//执行具体的数据操作
$User->select();
```

D()方法的参数就是模型名称，并且和模型类的大小写定义一致，例如：User 对应的模型类文件为\Home\Model\UserModel.class.php；UserType 对应的模型类文件为\Home\Model\UserTypeModel.class.php。

提　示

　　D()方法可以自动检测模型类，如果存在自定义的模型类，则实例化自定义模型类，如果不存在，则会实例化系统的\Think\Model 基类，同时对于已实例化过的模型，不会重复实例化。

【例 14-9】　使用模型读取表数据。本例通过自定义模型类，并在控制器中调用模型类来实现读取表数据的目的。（实例位置：素材与实例\example\ph14\09）

步骤 1▶　在网站目录下新建文件夹"09"，将例 14-7 中的素材文件"07"目录下的文件全部拷贝到"09"文件夹中。

步骤 2▶　在数据库"database14"中新建数据表"school_user"，结构如图 14-27 所示。

步骤 3▶　并向其中输入 7 条数据，如图 14-28 所示。本例要读取"classid"值为"PHP02"的数据。

#	名字	类型	排序规则	属性	空	默认	注释	额外	操作
1	id	int(10)			否	无		AUTO_INCREMENT	修改
2	username	varchar(80)	utf8_general_ci		否	无			修改
3	age	int(120)			否	无			修改
4	sex	int(2)			否	无			修改
5	classid	varchar(20)	utf8_general_ci		否	无			修改

图 14-27　数据表结构

	id	username	age	sex	classid
编辑 复制 删除	1	张飞	38	0	PHP01
编辑 复制 删除	2	李朵	26	0	PHP02
编辑 复制 删除	3	李娜	32	1	PHP03
编辑 复制 删除	4	刘涛	28	1	PHP01
编辑 复制 删除	5	李飞	23	1	PHP01
编辑 复制 删除	6	邹思道	38	0	PHP02
编辑 复制 删除	7	米斯琪	25	1	PHP03

图 14-28　浏览数据表

步骤 4▶　设置配置文件，连接数据库。打开".\Application\Common\Conf"目录下的配置文件"config.php"，输入以下代码：

```
<?php
return array(
```

```
//'配置项'=>'配置值'
'DB_TYPE' => 'mysql',              //数据库类型
'DB_HOST' => 'localhost',          //服务器地址
'DB_NAME' => 'database14',         //数据库名
'DB_USER' => 'root',               //用户名
'DB_PWD' => '123456',              //密码
'DB_PREFIX' => 'school_',          //数据库表前缀
'DB_PARAMS' => array(),            //数据库连接参数
'DB_CHARSET'=> 'utf8',             //字符集
'DB_DEBUG' => TRUE,                //数据库调试模式 开启后可以记录 SQL 日志
);
```

步骤 5▶ 在".\Application\Home\Model"目录下新建模型文件"UserModel.class.php"，并输入以下代码：

```
<?php
namespace Home\Model;
use Think\Model;
class UserModel extends Model
    {
        //获取 PHP02 的学生信息
        public function getClass()
        {
            //1.实例化 Model 类
            $user = M('user');
            //2.查询"classid"值为"PHP02"的数据
            $data = $user->where('classid = "PHP02"')->select();
            //3.返回数据
            return $data;
        }
    }
?>
```

步骤 6▶ 在".\Application\Home\Controller"目录下新建控制器文件"UserController. class.php"，或者修改已有同名文件如下：

```
<?php
namespace Home\Controller;
```

342

```
use Think\Controller;
class UserController extends Controller {
    public function index(){
        //1.实例化 Model 类
        $user = D('user');            //相当于$user = \Home\Model\UserModel();
        //2.查询"classid"值为"PHP02"的数据
        $data = $user->getClass();
        dump($data);

    }

}
?>
```

步骤 7▶ 在浏览器地址栏中输入 http://localhost/example/ph14/09/index.php/Home/User，按【Enter】键，来验证一下查询结果，如图 14-29 所示。

图 14-29　网页预览效果

提　示

由图 14-29 可以看出，查询出来的两条数据"classid"值皆为"PHP02"。

知识库

运行网页时，如果提示 Undefined class constant 'MYSQL_ATTR_INIT_COMMAND'，需要在 php.ini 中开启或添加 extension=php_pdo_mysql.dll，并重启服务器。

14.6.3　连接数据库

ThinkPHP 内置了抽象数据库访问层，把不同的数据库操作封装起来，所以在应用中只需要使用公共的 Db 类进行操作,而无需针对不同的数据库编写不同的代码和底层实现,Db 类会自动调用相应的数据库驱动来处理。

如果应用需要使用数据库,必须配置数据库连接信息,数据库的配置文件有多种定义方式。常用的配置方式是在应用配置文件或者模块配置文件中添加下面的配置参数:

```
//数据库配置信息
'DB_TYPE' => 'mysql',          // 数据库类型
'DB_HOST' => '127.0.0.1',      // 服务器地址
'DB_NAME' => 'thinkphp',       // 数据库名
'DB_USER' => 'root',           // 用户名
'DB_PWD' => '123456',          // 密码
'DB_PORT' => 3306,             // 端口
'DB_PARAMS' => array(),        // 数据库连接参数
'DB_PREFIX' => 'think_',       // 数据库表前缀
'DB_CHARSET'=> 'utf8',         // 字符集
'DB_DEBUG' => TRUE,            // 数据库调试模式 开启后可以记录 SQL 日志
```

例 14-9 中便采用了这种方式。数据库的类型由 DB_TYPE 参数设置。ThinkPHP 目前支持的数据库类型有 mysql,pgsql,sqlite,sqlserver 等。

一般一个应用的数据库访问配置是相同的,配置文件定义的数据库连接信息一般是系统默认采用的。该方法系统在连接数据库时会自动获取,无需手动连接。

14.6.4　连贯操作

ThinkPHP 模型基础类提供的连贯操作方法,可以有效提高数据存取代码的清晰度和开发效率,并支持所有的 CURD 操作。例如,要查询一个 User 表中满足状态为 1 的前 10 条记录,并希望按照用户的创建时间排序,其关键代码如下:

```
$User->where('status=1')->order('create_time')->limit(10)->select();
```

上述代码中的 where(),order()和 limit()方法都被称为连贯操作方法,他们的调用顺序没有先后,但是 select()方法必须放在最后(因为 select()方法并不是连贯操作方法)。

如果不习惯使用连贯操作,还可以使用参数进行查询。例如上面的代码可以改写为:

```
$User->select(array('order'=>'create_time','where'=>'status=1','limit'=>'10'));
```

不仅仅是查询方法可以使用连贯操作,所有的 CURD 方法都可以使用。例如:

```
$User->where('id=1')->field('id,name,email')->find();
$User->where('status=1 and id=1')->delete();
```

系统支持的连贯操作方法有很多,表 14-3 列出了常用的几种方法。

表14-3　常用的连贯操作方法

连贯操作方法	作　用	支持的参数类型
where()	用于查询或者更新条件的定义。例如， $data = $user->where('classid = "PHP02"')->select();	字符串，数组和对象
field()	用于定义要查询的字段（支持字段排除）。例如， $Model->field('id,title,content')->select();表示要查询的结果集 中包含 id，title，content 三个字段的值	字符串和数组
order()	用于对结果排序。例如，$Model->where('status=1')-> order('id desc')->limit(5)->select();	字符串和数组
limit()	用于限制查询结果数量。例如， $User = M('User'); $User->where('status=1')->field('id,name')->limit(10)->select();	字符串和数字
page()	用于查询分页（内部会转换成 limit）。例如， $Article = M('Article'); $Article->page('1,10')->select();　　　// 查询第一页数据 $Article->page('2,10')->select();　　　// 查询第二页数据	字符串和数字
table()	用于定义要操作的数据表名称。例如， $Model->table('think_user')->where('status>1')->select();	字符串和数组

【例 14-10】　where()方法的应用。本例以 where()方法为例，介绍连贯操作方法的应用。（实例位置：素材与实例\example\ph14\10）

步骤 1▶　在网站目录下新建文件夹 "10"，将例 14-9 中的素材文件 "09" 目录下的文件全部拷贝到 "10" 文件夹中。

步骤 2▶　打开 ".\Application\Home\Controller" 目录下的控制器文件 "UserController.class.php"，在其中新建 demo()方法，分别使用字符串、数组和表达式作为 where 条件，查询 "school_user"表中符合条件的数据，代码如下：

```php
public function demo(){
        // where 条件语句
        $user = M('user');
        // 使用字符串作为 where 条件
        $data = $user->where('classid = "PHP01"')->select();
        dump($data);
        echo "<hr>";
```

```
// 使用数组作为 where 条件
$data1 = $user->where(['classid'=>'PHP01'])->select();
dump($data1);
echo "<hr>";
// 表达式查询：$map['字段 1'] = array('表达式','查询条件 1');
$where['age'] = array ('GT',30);              //查询 age 值大于 30 的记录
$data2 = $user->where([$where])->select();
dump($data2);
}
```

步骤 3▶ 运行页面，结果如图 14-30 所示。

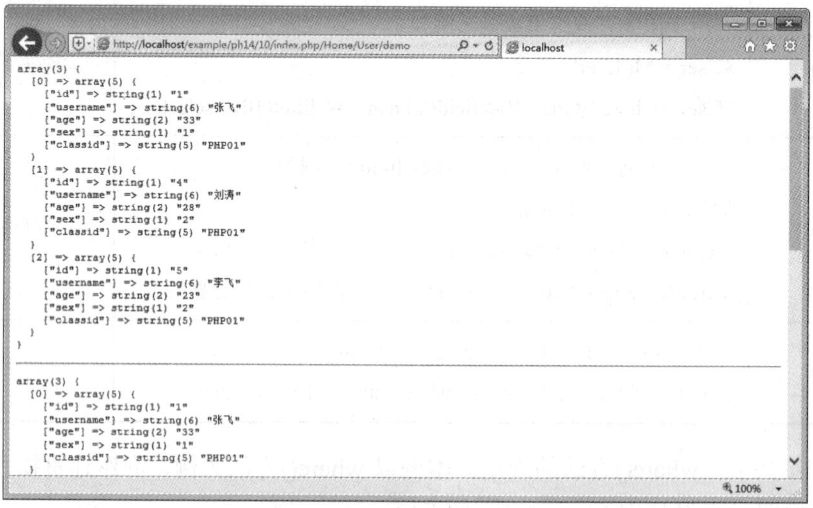

图 14-30 where 查询结果

上述代码中的表达式查询语句中，"GT"表示"大于（>）"。表 14-4 中列出了常用的表达式及其含义。

表 14-4 常用表达式及其含义

表达式	含　义
EQ	等于（=）
NEQ	不等于（<>）
GT	大于（>）
EGT	大于等于（>=）

（续表）

表达式	含 义
LT	小于（<）
ELT	小于等于（<=）
LIKE	模糊查询
[NOT]BETWEEN	（不在）区间查询
[NOT]IN	（不在）IN 查询
EXP	表达式查询，支持 SQL 语法

14.6.5 CURD 操作

ThinkPHP 提供了灵活方便的数据操作方法，其中，创建、更新、读取和删除操作（CURD）是对数据库的四个基本操作，也是必须掌握的。CURD 操作通常和连贯操作配合使用。

1．数据创建

使用 ThinkPHP 可以快速创建数据对象，最典型的应用就是自动根据表单数据创建数据对象。例如：

```
// 实例化 User 模型
$User = M('User');
// 根据表单提交的 POST 数据创建数据对象
$User->create();
```

create()方法支持从其他方式创建数据对象，例如，从其他的数据对象，或者数组等：

```
$data['name'] = 'ThinkPHP';
$data['email'] = 'ThinkPHP@gmail.com';
$User->create($data);
```

事实上，create()方法在创建数据对象的同时，完成了一系列工作，下面是 create()方法的工作流程：

（1）获取数据源（默认是 POST 数组）；

（2）验证数据源合法性（非数组或者对象会过滤），失败则返回 false；

（3）检查字段映射；

（4）判断数据状态（新增或者编辑，指定或者自动判断）；

（5）数据自动验证失败则返回 false；

（6）表单令牌验证失败则返回 false；

（7）表单数据赋值（过滤非法字段和字符串处理）；

（8）数据自动完成；

（9）生成数据对象（保存在内存）。

create()方法创建的数据对象是保存在内存中，并没有实际写入到数据库中，直到使用 add()或者 save()方法才会真正写入数据库。

2. 数据写入

ThinkPHP 中使用 add()方法实现数据的写入操作，例如：

```
$User = M("User");                           // 实例化 User 对象
$data['name'] = 'ThinkPHP';
$data['email'] = 'ThinkPHP@gmail.com';
$User->add($data);
```

如果是 MySQL 数据库，还可以支持在数据插入时允许更新操作：

```
add($data=' ',$options=array(),$replace=false)
```

其中的$replace 参数设置添加数据时是否允许覆盖，默认为 false（不覆盖），true 表示覆盖。

或者使用 data()方法连贯操作。例如：

```
$User = M("User");                           // 实例化 User 对象
$User->data($data)->add();
```

3. 数据读取

在 ThinkPHP 中读取数据的方式很多，一般分为读取数据、读取数据集和读取字段值。

（1）读取数据。读取数据是指读取数据表中的一行数据，主要通过 find()方法实现，例如：

```
$User = M("User");          // 实例化 User 对象
// 查找 status 值为 1，name 值为 think 的用户数据
$data = $User->where('status=1 AND name="think"')->find();
dump($data);
```

使用 find()方法查询数据时，可以配合相关的连贯操作方法，其中最常用的是 where()方法。

如果查询出错，find()方法返回 false；如果查询结果为空，返回 NULL；查询成功则返回一个关联数组（键值是字段名或者别名）。

（2）读取数据集。读取数据集就是获取数据表中的多行记录，使用 select()方法实现，例如：

```
$User = M("User"); // 实例化 User 对象
// 查找 status 值为 1 的用户数据，以创建时间排序，返回 10 条数据
$list = $User->where('status=1')->order('create_time')->limit(10)->select();
```

如果查询出错，select()的返回值是 false；如果查询结果为空，则返回 NULL；否则返回二维数组。

（3）读取字段值。读取字段值就是获取数据表中的某个列的多个或单个数据，最常用的方法是 getField()。例如：

```
$User = M("User");                  // 实例化 User 对象
// 获取 ID 为 3 的用户的昵称
$nickname = $User->where('id=3')->getField('nickname');
```

默认情况下，当只有一个字段时，返回满足条件的数据表中的该字段的第一行的值。

如果需要返回整个列的数据，可以用以下格式：

```
$User->getField('id',true);         // 获取 id 数组
// 返回数据格式如 array(1,2,3,4,5)的一维数组，其中 value 就是 id 列的每行的值
```

如果传入多个字段，默认返回一个关联数组，格式如下：

```
$User = M("User");                  // 实例化 User 对象
// 获取所有用户的 ID 和昵称列表
$list = $User->getField('id,nickname');
```

//两个字段的情况下返回的是 array('id'=>'nickname')的关联数组，以 id 值为 key，nickname 字段值为 value

这样返回的 list 是一个数组，键名是用户的 id 值，键值是用户的昵称 nickname。

使用 getField()方法，还可以限制返回记录的数量，例如：

```
$this->getField('id,name',5);       // 限制返回 5 条记录
$this->getField('id',3);            // 获取 id 数组，限制 3 条记录
```

4. 数据更新

ThinkPHP 的数据更新操作包括更新数据和更新字段。

（1）更新数据。更新数据使用 save()方法，例如：

```
$User = M("User"); // 实例化 User 对象
```

```
// 为要修改的数据对象属性赋值
$data['name'] = 'ThinkPHP';
$data['email'] = 'ThinkPHP@gmail.com';
$User->where('id=5')->save($data);        // 根据条件更新记录
```

提　示

save()方法的返回值是影响的记录数，如果返回 false 则表示更新出错，因此一定要用恒等来判断是否更新失败。

为保证数据库的安全，避免错误更新整个数据表，如果没有任何更新条件，数据对象本身也不包含主键字段的话，save()方法不会更新任何数据库记录。例如，下面的代码不会更新数据库的任何记录。

```
$User->save($data);
```

（2）更新字段。如果只是更新个别字段的值，可以使用 setField()方法。例如：

```
$User = M("User"); // 实例化 User 对象
// 更改用户的 name 值
$User-> where('id=5')->setField('name','ThinkPHP');
```

setField()方法支持同时更新多个字段，只需要传入数组即可，例如：

```
$User = M("User"); // 实例化 User 对象
// 更改用户的 name 和 email 的值
$data = array('name'=>'ThinkPHP','email'=>'ThinkPHP@gmail.com');
$User-> where('id=5')->setField($data);
```

5．数据删除

ThinkPHP 删除数据使用 delete()方法，例如：

```
$Form = M('Form');                // 实例化 Form 对象
$Form->delete(5);                 // 删除主键为 5 的数据
```

delete()方法可以删除单个数据，也可以删除多个数据，这取决于删除条件，例如：

```
$User = M("User");                        // 实例化 User 对象
$User->where('id=5')->delete();           // 删除 id 为 5 的用户数据
$User->delete('1,2,5');                   // 删除主键为 1,2 和 5 的用户数据
$User->where('status=0')->delete();       // 删除所有状态为 0 的用户数据
```

delete()方法的返回值是删除的记录数，如果返回值是 false 则表示 SQL 出错，如果返回值为 0 表示没有删除任何数据。

14.6.6 制作用户信息管理页面

【例 14-11】 用户信息管理的实现。本例通过用户信息管理页的实现，介绍 CURD 操作的应用。（实例位置：素材与实例\example\ph14\11）

步骤 1▶ 在网站目录下新建文件夹"11"，将例 14-10 中的素材文件"10"目录下的文件全部拷贝到"11"文件夹中。

步骤 2▶ 本例依然针对数据库 database14 中的"school_user"表进行操作，可以提前在其中输入几条记录。

> 在很多大型网站中，为区分不同栏目，常会为不同栏目中的表格设置不同的前缀。

步骤 3▶ 在配置文件中设置数据库连接参数。打开".\Application\Common\Conf"目录下的应用配置文件"config.php"，输入以下代码：

```php
<?php
return array(
    //'配置项'=>'配置值'
    'DB_TYPE' => 'mysql',              // 数据库类型
    'DB_HOST' => 'localhost',          // 服务器地址
    'DB_NAME' => 'database14',         // 数据库名
    'DB_USER' => 'root',               // 用户名
    'DB_PWD' => '123456',              // 密码
    'DB_PREFIX' => 'school_',          // 数据库表前缀
    'DB_PARAMS' => array(),            // 数据库连接参数
    'DB_CHARSET'=> 'utf8',             // 字符集
    'DB_DEBUG' => TRUE,                // 数据库调试模式 开启后可以记录 SQL 日志
);
?>
```

步骤 4▶ 新建控制器。在".\Application\Home\Controller"目录下新建控制器文件"UsersController.class.php"，在其中新建 index()方法，代码如下：

```php
public function index(){
    // 1.实例化 Model 类
    $user = M('user');              //相当于 $user = new \Think\Model('user')
    // 2.查询数据集
```

```
$data = $user->select();
// 3.将查询出来的数据分配到模板
$this->assign('data', $data);
// 4.输出模板
$this->display();                //在 VIEW 目录下新建 Users 文件夹，并在其中
```
新建 index.html 模板页面，默认输出该模板中的内容
```
    }
```

步骤 5▶ 新建模板文件。在 ".\Application\Home\View" 目录下新建一个文件夹 "Users"，并在其中新建文件 "index.html"，设置其内容如下：

```
<body>
    <h3>用户信息管理首页</h3>
    <table width="500" border="1">
        <tr>
            <th colspan="5"><a href="{:U('Users/add')}">添加记录</a></th>
        </tr>
        <tr>
            <th>编号</th>
            <th>姓名</th>
            <th>年龄</th>
            <th>性别</th>
            <th>操作</th>
        </tr>
        <foreach name="data" item="v">
        <tr>
            <td>{$v['id']}</td>
            <td>{$v['username']}</td>
            <td>{$v['age']}</td>
            <td>{$v['sex']}</td>
            <td>
                <a href="{:U('Users/edit',array('id'=>$v['id']))}">修改</a>
                <a href="{:U('Users/del', array('id'=>$v['id']))}">删除</a>
            </td>
        </tr>
        </foreach>
```

```
    </table>
    </body>
```

知识库

在 View 视图层中必须有一个 "Users" 文件夹与控制器 "UsersController.class.php"
相对应，其中调用的 index()方法，对应 "Users" 文件夹中的模板文件 index.html。

提 示

在模板中使用函数的格式为：{:U(参数)}。

步骤 6▶ 运行网页 http://localhost/example/ph14/11/index.php/Home/Users/index.html，
如图 14-31 所示。

<table>
<tr><th colspan="5">用户信息管理首页</th></tr>
<tr><th colspan="5">添加记录</th></tr>
<tr><th>编号</th><th>姓名</th><th>年龄</th><th>性别</th><th>操作</th></tr>
<tr><td>1</td><td>张飞</td><td>33</td><td>1</td><td>修改 删除</td></tr>
<tr><td>2</td><td>关余</td><td>26</td><td>1</td><td>修改 删除</td></tr>
<tr><td>3</td><td>李娜</td><td>32</td><td>2</td><td>修改 删除</td></tr>
<tr><td>4</td><td>刘涛</td><td>28</td><td>2</td><td>修改 删除</td></tr>
<tr><td>5</td><td>李飞</td><td>23</td><td>2</td><td>修改 删除</td></tr>
<tr><td>6</td><td>邹思道</td><td>38</td><td>1</td><td>修改 删除</td></tr>
<tr><td>7</td><td>米斯琪</td><td>25</td><td>2</td><td>修改 删除</td></tr>
<tr><td>9</td><td>陆九</td><td>18</td><td>1</td><td>修改 删除</td></tr>
</table>

图 14-31　运行用户信息管理首页

步骤 7▶ 输出添加页面。在控制器文件 "UsersController.class.php" 中添加 add()方
法，代码如下：

```
    public function add()
    {
        $this->display();
    }
```

步骤 8▶ 在 ".\Application\Home\View\Users" 目录下新建文件 "add.html"，对应步
骤 7 代码中的 add()方法，设置其内容如下：

```
<form action="{:U('Users/insert')}" method="post">
    <table>
        <tr>
            <th>姓名</th>
            <th><input type="text" name="username" value=""></th>
        </tr>
        <tr>
            <th>年龄</th>
            <th><input type="text" name="age" value=""></th>
        </tr>
        <tr>
            <th>性别</th>
            <th>
                <input type="radio" name="sex" value="1">男
                <input type="radio" name="sex" value="2">女
            </th>
        </tr>
        <tr>
            <th colspan="2"><input type="submit" value="提交"></th>
        </tr>
    </table>
</form>
```

步骤 9▶ 运行页面，结果如图 14-32 所示。此处只是一个简单的页面，还不能执行添加操作，后面还需要编码实现添加操作。

图 14-32　添加用户信息页面

步骤 10▶ 执行添加操作。在控制器文件 "UsersController.class.php" 中添加 insert() 方法，代码如下：

```
public function insert()
{
    // 1.实例化 model 类
    $user = M('user');
    // 2.数据创建(创建一个安全的数据)
    $res = $user->create();
    // 3.根据数据创建结果进行判断
    if ($res) {
        // 执行数据添加操作
        $r = $user->add();          //相当于自定义 model 类的 insert
        // 判断数据添加结果
        if ($r) {
            $this->success('添加成功', U('Users/index'), 3);
        } else {
            $this->error('添加失败', U('Users/add'), 3);
        }
    }
}
```

提 示

再次运行页面，输入姓名、年龄等信息，单击"提交"按钮，就可以添加用户信息了。

步骤 11▶ 按照同样的方法，依次在控制器文件 "UsersController.class.php" 中添加 edit()方法、update()方法和 del()方法，并新建 "edit.html" 模板文件，以实现输出修改页面→执行修改操作→执行删除操作等功能（具体代码见素材文件）。

14.7 ThinkPHP 的视图

视图就是 MVC 中的 V，用于处理数据（数据库记录）显示，通常依据模型数据创建，以模板的形式存在，默认是 html 格式文件。

14.7.1 模板定义

每个模块的模板文件是独立的，为了更加高效地对模板文件进行管理，ThinkPHP 对模板文件进行目录划分，默认的模板文件定义规则是：

模板目录\控制器名\操作名+模板后缀

默认的模板目录是模块下的 View 目录（模块可以有多个视图文件目录，这取决于实际的应用需要），框架中默认的模板文件后缀是.html。

在每个应用下面，是以模块下面的控制器名为目录，然后是每个控制器的具体操作模板文件。例如，例 14-11 中 Users 控制器中的 index 操作对应的模板文件是：

.\Application\Home\View\Users\index.html

14.7.2 模板赋值

如果要在模板中输出变量，必须在控制器中把变量传递给模板，系统提供了 assign() 方法对模板变量赋值，无论何种变量类型都统一使用 assign()赋值。

$this->assign('name',$value);

// 下面的写法是等效的

$this->name = $value;

assign()方法必须在 display()和 show()方法之前调用，并且系统只会输出设定的变量，其他变量不会输出（系统变量例外），这在一定程度上保证了变量的安全性。例 14-11 中就多次用到了该方法。

赋值后，就可以在模板文件中输出变量了，可以采用以下方式输出：

{$name}

提 示

在输出变量时，需要注意{和$之间不能出现空格。

如果要同时输出多个模板变量，可以使用以下数组形式：

$array['name'] = 'thinkphp';

$array['email'] = 'liu21st@gmail.com';

$array['phone'] = '12335678';

$this->assign($array);

这样，就可以在模板文件中同时输出 name、email 和 phone 三个变量。例如，例 14-11 中的 index.html 模板便使用该方式输出了用户信息。

14.7.3 模板渲染

模板渲染，简单来说就是模板输出。模板定义并赋值后，就可以进行输出。

模板输出最常用的是 display()方法，其调用格式如下：

display('[模板文件]')

模板文件的写法支持表 14-5 中的几种。

表 14-5　模板文件的写法

用　法	描　述
不带任何参数	自动定位当前操作的模板文件
[模块@][控制器:][操作]	常用写法，支持跨模块
完整的模板文件名	直接使用完整的模板文件名（包括模板后缀）

下面是一个最典型的用法，不带任何参数。例 14-11 中的 display()都是以这种方式出现的，默认输出的都是其当前操作的模板文件。

// 不带任何参数，自动定位当前操作的模板文件
$this->display();

如果需要调用当前控制器下的其他模板，可以使用以下格式：

// 指定模板输出
$this->display('edit');

以上代码表示调用当前控制器下的 edit 模板。

如果需要调用其他控制器下的某个模板（跨控制器调用），可以使用以下格式：

$this->display('Member:read');

以上代码表示调用 Member 控制器下的 read 模板。

 本章总结

本章主要介绍了 ThinkPHP 框架的相关知识。在学完本章内容后，读者应重点掌握以下知识。

➢ 框架是程序结构代码的集合，而不是业务逻辑代码。该集合是按照一定标准组成的功能体系（体系有很多设计模式，MVC 是比较常见的一种模式），其中包含了很多类、函数和功能类包。

➢ MVC 全名是 Model View Controller，是模型（Model）－视图（View）－控制器（Controller）的缩写。它是一种设计创建 Web 应用程序的框架模式，强制性地将应用程序的输入、处理和输出分开。

➢ 控制器类的命名方式是：控制器名（驼峰法，首字母大写）+Controller，控制器文件的命名方式是：类名+.class.php（类文件后缀）。

➢ 掌握 ThinkPHP 中项目的构建流程。

➤ 配置文件是 ThinkPHP 框架程序运行的基础条件，框架的很多功能都需要在配置文件中设置之后才会生效，要熟练掌握配置文件的设置方式。

➤ 一个完整的 ThinkPHP 应用基于"模块/控制器/操作"设计，模块化设计中的模块是最重要的部分，模块其实是一个包含配置文件、函数文件和 MVC 文件（目录）的集合。

➤ ThinkPHP 的控制器实际上就是一个类，而操作则是控制器类的一个公共方法。通常情况下，系统会根据 URL 地址解析出访问的控制器名称，并调用相关的操作方法，自动完成访问控制器的实例化。

➤ 模型类的主要作用是操作数据表，如果按照系统的规范来命名模型类，大多数情况下可以自动对应数据表。模型类的命名规则是除去表前缀的数据表名称，采用驼峰法命名，并且首字母大写，然后加上模型层的名称（默认定义是 Model）。

➤ ThinkPHP 模型基础类提供的连贯操作方法，可以有效提高数据存取代码的清晰度和开发效率，并支持所有的 CURD 操作，要掌握常用连贯操作方法的应用。

➤ 掌握基本的数据创建、写入、读取、更新和删除方法。

➤ 视图就是 MVC 中的 V，用于处理数据（数据库记录）显示，通常依据模型数据创建，以模板的形式存在，默认是 html 格式文件。

知识考核

一、填空题

1. MVC 全名是_____，是模型－视图－控制器的缩写。它是一种设计创建 Web 应用程序的_____，强制性地将应用程序的输入、处理和输出分开。

2. ThinkPHP 属于_____入口框架。_____入口通常是指一个项目或者应用具有一个统一的入口文件，项目的所有功能操作都通过该入口文件进行，并且入口文件往往第一步被执行。

3. 控制器类的命名方式是：_____（驼峰法，首字母大写）+Controller，；控制器文件的命名方式是：_____+.class.php（类文件后缀）。

4. 一个完整的 ThinkPHP 应用基于_____设计，并且，如果有需要的话，可以支持多入口文件。

5. 由于 ThinkPHP 的命名规范是_____的规则，而 URL 中的模块和控制器都是对应的文件名，所以 ThinkPHP 框架的 URL 是_____大小写（主要是针对模块、控制器和操作名，不包括应用参数）的。

6．模型类的主要作用是＿＿＿＿＿＿，如果按照系统的规范来命名模型类，大多数情况下可以自动对应数据表。模型类的命名规则是＿＿＿＿＿＿的数据表名称，采用驼峰法命名，并且首字母大写，然后加上＿＿＿＿＿＿（默认定义是 Model）。

7．使用＿＿＿＿＿可以快捷实例化基础模型类，使用＿＿＿＿＿可以实例化自定义模型类。

8．ThinkPHP 提供了灵活方便的数据操作方法，其中，＿＿＿、＿＿＿、＿＿＿和删除操作（CURD）是对数据库的四个基本操作，也是必须掌握的。

9．ThinkPHP 中使用＿＿＿方法实现数据的写入操作。

10．在 ThinkPHP 中读取数据的方式很多，一般分为＿＿＿＿＿、＿＿＿＿＿＿和读取字段值，分别使用 find()、select()和＿＿＿＿＿方法。

11．ThinkPHP 的数据更新操作包括更新＿＿＿＿和更新＿＿＿＿，分别使用＿＿＿方法和＿＿＿＿＿方法。

12．默认的模板目录是模块下的＿＿＿＿目录（模块可以有多个视图文件目录，这取决于实际的应用需要），框架中默认的模板文件后缀是＿＿＿＿。

13．如果要在模板中输出变量，必须在控制器中把变量传递给模板，系统提供了＿＿＿方法对模板变量赋值。

二、简答题

1．简述 PHP 框架的特点。

2．简述应用和模块的概念。

3．简述 ThinkPHP 的系统流程。

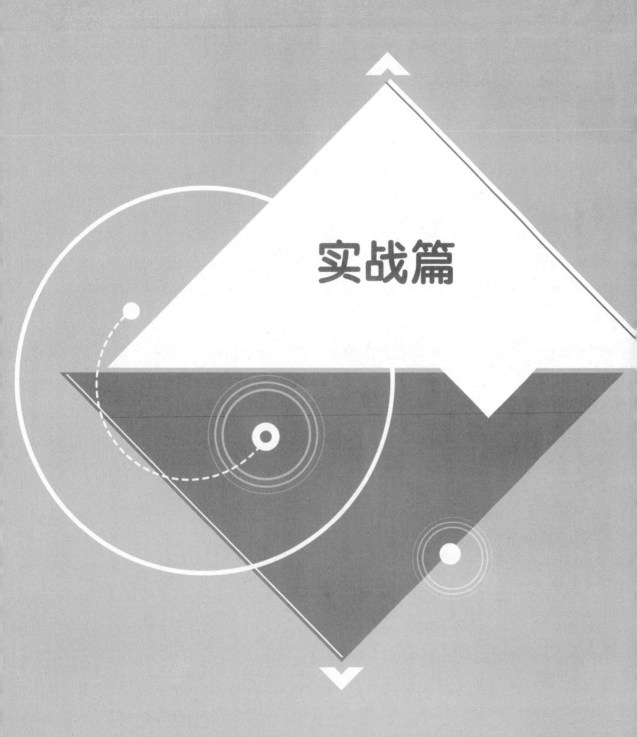

实战篇

第15章 开发博客管理系统

本章详细描述了博客管理系统开发的各个环节，其中包括：需求分析、系统设计、数据库设计、网站首页设计、注册模块设计等。开发本博客管理系统的目的，是让读者更加深入地了解项目相关命令及实际的程序开发流程，熟练掌握一些基础知识，为以后的开发工作打下坚实的基础。

 ## 学习目标

- 掌握博客管理系统的开发流程
- 掌握如何做项目需求分析和系统设计
- 掌握数据库设计的基本步骤和方法
- 掌握 SESSION 在系统中的应用
- 掌握搜索分页技术
- 掌握图片上传技术
- 掌握验证码技术
- 掌握城市级联技术

15.1 需求分析

随着 Internet 的发展，博客已经成为一种新的网络交流方式。通过博客不仅可以方便地获取和传递信息，还可以进行资源共享和展示自我，为个人发展带来机遇。

本系统的最终目的，是通过博客为客户提供优质的互动交流平台，提高网站的知名度和访问量，从而为企业获得更多的发展机会，提升自己的网络价值。

应客户要求，本博客管理系统主要分为三大功能模块：个人博客浏览、个人博客管理和系统管理。

- ➢ 个人博客浏览主要包括：阅读博客文章和注册用户。
- ➢ 个人博客管理主要包括：登录、发表和管理文章、发表和管理评论等。
- ➢ 系统管理主要包括：个人信息管理和朋友圈管理等。

15.2 系统设计

15.2.1 系统目标

在与用户沟通，并认真研究需求分析后，制定系统实现目标如下：

➢ 系统界面简洁、结构清晰、美观大方。

➢ 页面使用 Div+CSS 布局，避免过多代码冗余，利于搜索引擎收录。

➢ 非注册用户可以浏览网站。

➢ 注册用户可以灵活快速地发表文章和评论。

➢ 完善的文章和评论管理功能，可以方便地添加和删除文章与评论。

➢ 完善的个人信息管理功能，可以完善信息、修改头像、添加朋友等。

15.2.2 系统功能结构

在该系统中，游客可执行的操作主要包括注册新用户和浏览文章。会员可执行的操作主要包括登录，发表、编辑和删除文章，发表和删除评论，在朋友圈中添加和删除好友，以及管理个人信息等。

由此可画出博客管理系统的功能结构图，如图 15-1 所示。

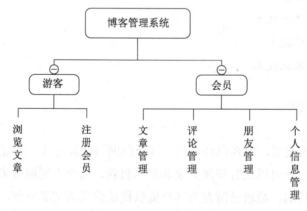

图 15-1 系统功能结构图

15.2.3 系统功能概览

为让读者对本系统有个初步的了解和认识。下面先给出几个典型功能页面的运行效果图，其他页面可参考源文件。

网站首页如图 15-2 所示，该页面包含了系统的大部分功能链接，包括用户登录、用户注册、最新博客文章等。

图 15-2 网站首页

用户注册页面如图 15-3 所示。该页面显示了用户注册时需要填写的信息、注意事项等。

图 15-3 用户注册页面

博客文章详情页面如图 15-4 所示。该页面显示文章内容及其相关评论，也可以在下方的"发表评论"区域输入内容后单击"提交"按钮发表评论。

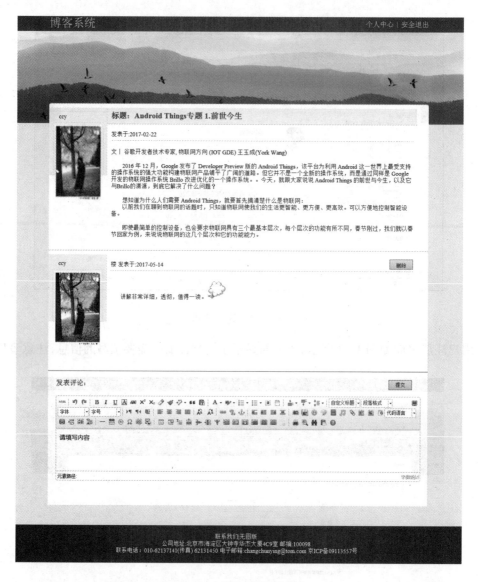

图 15-4　博客文章详情页

15.2.4　系统流程图

为便于用户了解网站各功能模块的联系，此处给出博客管理系统的流程图，如图 15-5 所示。

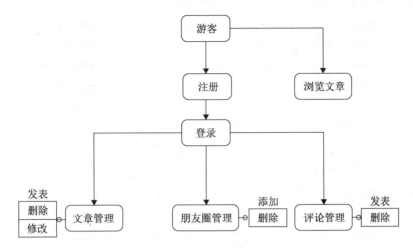

图 15-5 系统流程

15.2.5 系统开发环境

在开发博客管理系统时，使用的软件开发环境如下。

1．服务器端

（1）操作系统：Windows 7/Linux；

（2）服务器：Apache 2.4.23；

（3）PHP 版本：PHP 7.0.10；

（4）数据库：MySQL 5.7.15；

（5）MySQL 图形化管理软件：phpMyAdmin 4.6.6；

（6）开发工具：PhpStorm 10.0.1。

2．客户端

（1）浏览器：IE 8.0 及以上版本/谷歌/火狐；

（2）分辨率：最佳效果为 1024×768。

15.2.6 目录结构

在编写代码之前，最好能把系统中需要用到的文件夹创建好（比如，创建一个"data"文件夹，用于存放数据库文件），这样不但可以方便以后的工作，也可以规范系统整体架构，图 15-6 为本博客管理系统的目录结构。

图 15-6　系统目录结构

15.3　数据库设计

任何系统功能的实现，都离不开对数据的操作和使用，所以在开发之前一定要先做好对数据库的分析、设计和创建。本系统属于中小型网站，从成本、性能、安全等方面考虑，MySQL 是最佳选择。

15.3.1　数据库概念设计

设计数据库结构之前要先分析系统需求和目标，然后列出系统的实体及 E-R 图，再根据 E-R 图创建数据表。

 知识库

> E-R 图也称实体-联系图（Entity Relationship Diagram），它是描述现实世界概念结构模型的有效方法。是表示概念模型的一种方式，用矩形表示实体型，矩形框内写明实体名；用椭圆表示实体属性，并用无向边将其与相应的实体型连接起来；用菱形表示实体型之间的联系，在菱形框内写明联系名，并用无向边分别与有关实体型连接起来，同时在无向边旁标上联系的类型（1:1，1:n 或 m:n）。

本博客管理系统的实体包括用户实体、文章实体、评论实体和朋友圈实体，图 15-7 分别画出了它们的 E-R 图。

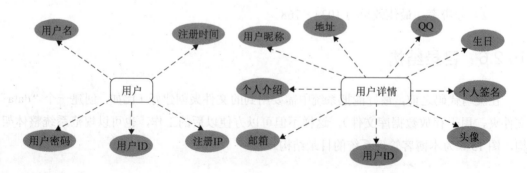

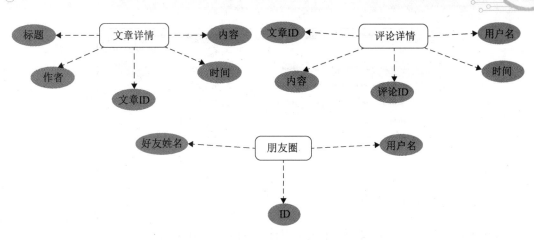

图 15-7　数据库 E-R 图

15.3.2　数据库物理结构设计

根据 E-R 图，在图形化管理工具 phpMyAdmin 中创建 5 个表，分别为文章表、评论表、朋友圈表、用户表和用户详情表，如图 15-8 所示。

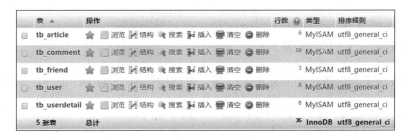

图 15-8　数据库结构

排序规则选择 utf8_general_ci 格式。

1．tb_article（文章表）

文章表用于存储用户发表的文章信息，表结构如图 15-9 所示。

图 15-9　文章表结构

2．tb_comment（评论表）

评论表用于存储用户对文章的评论，表结构如图 15-10 所示。

图 15-10　评论表结构

3．tb_friend（朋友圈表）

朋友圈表用于存储用户的朋友相关信息，表结构如图 15-11 所示。

图 15-11　朋友圈表结构

4．tb_user（用户表）

用户表主要用于存储用户的用户名、密码、注册时间、IP 和权限等基本信息，表结构如图 15-12 所示。

5．tb_userdetail（用户详情表）

用户详情表用于存储用户的详细信息，通过 userid 与用户表关联，表结构如图 15-13 所示。

图 15-12　用户表结构

#	名字	类型	排序规则	属性	空	默认	注释	额外
1	userid	int(10)		UNSIGNED	否	无		
2	nickname	varchar(32)	utf8_general_ci		是	NULL		
3	email	varchar(255)	utf8_general_ci		是	NULL		
4	birthday	int(10)			是	NULL		
5	province	varchar(32)	utf8_general_ci		是	NULL		
6	city	varchar(32)	utf8_general_ci		是	NULL		
7	photo	varchar(255)	utf8_general_ci		是	NULL		
8	sex	varchar(32)	utf8_general_ci		是	NULL		
9	qq	int(10)			是	NULL		
10	sign	varchar(255)	utf8_general_ci		是	NULL		
11	introduce	text		utf8_general_ci	是	NULL		

图 15-13　用户详情表结构

15.4　网站首页设计

网站首页给人的是第一印象，也称网上第一视觉效应，它的设计直接关系到整个网站的风格以及整体效果。这就要求网站首页设计不仅要新颖，还要突出重点。

由图 15-2 可知，网站首页可以分为以下三部分。

➢ 网页顶部：包括系统名，以及登录和注册链接。

➢ 网页左侧：包括日历、最新博客文章和最新入驻博主。

➢ 网页右侧：包括最新的 5 篇文章详情。

15.4.1　首页顶部的实现

首页顶部使用 include()函数导入数据库配置文件"conn.php"，并通过 session 判断用户是否登录。代码如下：（代码位置：素材与实例\example\ph15\index.php）

```php
<?php
    session_start();                    //开启 session
```

```
    include "Conn/conn.php";                    //导入配置文件
?>
<?php
    if(isset($_SESSION[username])) {        //判断用户是否登录
?>
    <a class="a" href="./myinfo.php">个人中心</a>
    <a class='a' href='#'> | </a>
    <a class="a" href="./doAction.php?a=loginout">安全退出</a>
<?php
    }else {
?>
    <a class='a' href='./login.php'>登录</a>
    <a class='a' href='#'> | </a>
    <a class='a' href='./Register.php'>注册</a>
<?php
    }
?>
```

数据库配置文件"conn.php"的代码如下：（代码位置：素材与实例\ph15\Conn\conn.php）

```
<?php
header("Content-type:text/html;charset=utf-8");
//1.连接数据库服务器(如果连接成功是一个对象，如果失败呢则返回一个 false)
$link = mysqli_connect("localhost","root","123456") or die("数据库连接失败！");
//2.设置编码
mysqli_set_charset($link,"utf8");
//3.选择数据库
mysqli_select_db($link,"db_tmlog");
?>
```

15.4.2 首页左侧的实现

首页左侧显示最新的文章与用户，由于都是列表，所以只查询文章的 ID 和标题，以及用户的 ID 和用户名就可以了，每个类别显示最新的 5 条记录。主要代码如下：（代码位置：素材与实例\example\ph15\index.php）

```
<div class="con_header"><div class="testTXT"><span>最新博客文章</span></div></div>
```

```php
<?php
    $sql="select id,title from tb_article order by id desc limit 5";      //查询最新的 5 条文章
    $result = mysqli_query($link,$sql);
    foreach($result as $v){
?>
<div class="">
    <ul style="padding-left: 20px;margin:5px 0;">
      <li><a href="file_show.php?id=<?php echo $v[id];?>" target="_blank">
      <?php echo substr($v[title],0,21);?></a></li>
    </ul>
</div>
<hr/>
<?php
    }
?>
<div class="con_header"><div class="testTXT"><span>最新入驻博主</span></div></div>
<?php
    $sql="select id,username from tb_user order by id desc limit 5"; //查询最新的 5 个用户
    $result = mysqli_query($link,$sql);
    foreach($result as $v){
?>
<div class="">
    <ul style="padding-left: 20px;margin:5px 0;">
        <li><a href="#"><?php echo substr($v[username],0,21);?></a></li>
    </ul>
</div>
<hr/>
<?php
    }
?>
```

15.4.3　首页右侧的实现

首页右侧显示最新的 5 条博客记录，此处用到了关联查询，以文章的作者为 where 条

件，通过 userid 关联用户表和用户详情表，查询用户的头像图片地址。代码如下：（代码位置：素材与实例\example\ph15\index.php）

```php
<?php
    //从文章表中查询前 5 条博客记录
    $p_sql = "select * from tb_article order by id desc limit 5;";
    $p_rst = mysqli_query($link,$p_sql);
    foreach($p_rst as $v){
?>
<dl class="blog_list">
    <dt>
    <?php
        //关联查询用户的信息
        $sql = "SELECT tb_userdetail.photo,tb_user.username FROM tb_userdetail JOIN
tb_user ON (tb_userdetail.userid = tb_user.id) where tb_user.username='{$v['author']}'";
        $result = mysqli_query($link,$sql);
        foreach($result as $value){
            echo "<a href='#'><img src='images/member/{$value[photo]}' class='head'
onerror="."this.src='./images/member/nophoto.gif'."."></a>
            <a href='#' class='nickname'>{$value[username]}</a>";
        }
    ?>
    </dt>
    <dd>
    <h3 class="tracking-ad" data-mod="popu_254">
    <a href="file_show.php?id=<?php echo $v['id']?>" target="_blank"><?php echo
$v['title'];?></a>
    </h3>
    <div class="blog_list_c"><?php echo substr($v['content'],0,300);?></div>
    <div class="blog_list_b">
    <div class="blog_list_b_r fr">
    <label><?php echo date("Y-m-d H:i:s",$v['time']);?></label>
    </div>
    </div>
    </dd>
```

```
</dl>
<?php
    }
?>
```

15.5 注册模块设计

游客只能简单浏览网站上的文章，如果想要发表或评论文章就需要注册成为会员。

游客进入注册页面（见图 15-3）后，输入一些必要的信息（如用户名、密码等），单击"注册"按钮，显示"注册成功"提示框，就表示成功注册成为网站会员了。

15.5.1 创建注册表单

要实现注册功能，首先要创建一个表单，用于传递注册用户的相关信息。代码如下：（代码位置：素材与实例\example\ph15\Register.php）

```
<form action="./doAction.php?a=register" method="post">
    <table width="380" border="0" cellspacing="15">
        <tr>
            <td class="you">用户名<span> *</span></td>
            <td class="zuo"><input type="text" name="name"/></td>
        </tr>
        <tr>
            <td class="you">密    码<span> *</span></td>
            <td class="zuo"><input type="password" name="pass"/></td>
        </tr>
        <tr>
            <td class="you">确认密码<span> *</span></td>
            <td class="zuo"><input type="password" name="surepass"/></td>
        </tr>
        <tr>
            <td class="you">验证码<span> *</span></td>
            <td class="zuo">
                <div style="float: left;"><input type="text" name="code" style="width:
100px;"/></div>
```

```
            <div       style="float:       left;margin-left:       10px;"><img     id="checkpic"
onclick="changing();" src='code.php' /></div>
        </td>
    </tr>
    <tr>
        <td colspan="2">
            <input  type="radio"  checked>  我已仔细阅读并接受<a  href="RegPro.php"
style="color: #0000FF;" target="_blank">博客注册条款</a><br/><br/>
        </td>
    </tr>
    <tr style="text-align:center;">
        <td class="btn" colspan="2">
            <input type="submit" value="注册"/>
            <input type="reset" value="重置"/>
        </td>
    </tr>
    </table>
</form>
```

15.5.2 注册验证的实现

在"注册"页面填写各项后单击"注册"按钮，便会执行"doAction.php"中的"register"程序，该程序主要用于处理表单提交的数据，判断验证码是否正确，各项数据是否为空，两次输入的密码是否一致，用户名是否存在等。代码如下：（代码位置：素材与实例\example\ph15\doAction.php）

```
case "register":
    //获取用户提交的各项信息
    $name = $_POST['name'];
    $pass = $_POST['pass'];
    $surepass = $_POST['surepass'];
    $code=$_POST['code'];
    $re_ip=getenv(REMOTE_ADDR);
    $re_time=time();
    //判断验证码
```

```
if($code!=$_SESSION['vcode']){
echo "<script>alert('验证码错误');window.location.href='register.php'</script>";
die;
}
//判断用户信息是否为空
if(empty($name)||empty($pass)||empty($surepass)){
echo "<script>alert('数据不能为空');window.location.href='register.php'</script>";
die;
}
//判断密码和确认密码是否一致
if($pass!=$surepass){
echo "<script>alert('密码不一致');window.location.href='register.php'</script>";
die;
}
//判断用户名是否存在
$sql="select * from tb_user where userName='{$name}';";
$result=mysqli_query($link,$sql);
if($result&& mysqli_num_rows($result)>0){
echo "<script>alert('用户名已存在');window.location.href='register.php'</script>";
die;
}
$sql="Insert        Into        tb_user   (username,userpwd,re_ip,re_time,authority)   Values
('$name','$pass','$re_ip','$re_time',0)";
$result = mysqli_query($link,$sql);
//判断是否添加成功
if($result && mysqli_affected_rows($link)>0){
$uid=mysqli_insert_id($link);
//获取用户 id，添加进 userdetail 表
$sql="insert into `tb_userdetail`(`userid`)values({$uid});";
$result=mysqli_query($link,$sql);
if($result&&mysqli_affected_rows($link)>0){
$_SESSION['username']=$name;
$_SESSION['uid']=$uid;
echo "<script>alert('注册成功');window.location.href='index.php'</script>";
```

```
    }else{
    echo ("<script>alert('注册失败！');history.go(-1);</script>");
    exit();
    }
break;
```

15.5.3 生成验证码

验证码（CAPTCHA）是 "Completely Automated Public Turing test to tell Computers and Humans Apart（全自动区分计算机和人类的图灵测试）" 的缩写，是一种用于验证注册用户是计算机还是人的公共全自动程序。验证码可以由计算机生成并评判，但是必须只有人类才能解答。它可以有效防止黑客对某一特定注册用户用特定程序暴力破解方式进行不断登录尝试。

验证码通常会将一组随机产生的数字或字母，生成图片的形式，另外，由于字符型文字太容易被程序读取，还需要加入一些干扰因素（如点和线），使得验证码只能被人的眼睛所识别，因此每次都必须用手工输入。当网站登录系统程序，判断出用户输入的字符与它所给的不一致时，网站就不去读写数据库，这样就大大减轻了网站的负担，也提高了网站的安全性。验证码的实现代码如下：（代码位置：素材与实例\example\ph15\code.php）

```php
<?php
    ob_clean();                            //丢弃输出缓冲区中的内容
    header("Content-type:image/jpeg");     //以 jpeg 格式输出，注意上面不能输出任何字符
    $w = 80;                               //设置图片宽和高
    $h = 34;
    $str = Array();                        //用来存储随机码
    $string = "abcdefghijklmnopqrstuvwxyz0123456789";
    //随机挑选其中 4 个字符，也可以选择更多，宽度适当调整
    for($i = 0;$i < 4;$i++){
        $str[$i] = $string[rand(0,35)];
        $vcode .= $str[$i];
    }
    session_start();                       //启用超全局变量 session
    $_SESSION["vcode"] = $vcode;
    $im = imagecreatetruecolor($w,$h);
    $white = imagecolorallocate($im,255,255,255);   //第一次调用设置背景色
    $black = imagecolorallocate($im,0,0,0);         //边框颜色
```

```
        imagefilledrectangle($im,0,0,$w,$h,$white);              //画一矩形填充
        imagerectangle($im,0,0,$w-1,$h-1,$black);                //画一矩形框
        //生成雪花背景
        for($i = 1;$i < 200;$i++){
            $x = mt_rand(1,$w-9);
            $y = mt_rand(1,$h-9);
            $color = imagecolorallocate($im,mt_rand(200,255),mt_rand(200,255),mt_rand(200,255));
            imagechar($im,1,$x,$y,"*",$color);
        }
        //将验证码写入图案
        for($i = 0;$i < count($str);$i++){
            $x = 13 + $i * ($w - 15)/4;
            $y = mt_rand(3,$h / 3);
            $color = imagecolorallocate($im,mt_rand(0,225),mt_rand(0,150),mt_rand(0,225));
            imagechar($im,5,$x,$y,$str[$i],$color);
        }
        imagejpeg($im);
        imagedestroy($im);
?>
```

当验证码失效或看不清楚时，点击图片就会再次生成一个验证码。代码如下：（代码位置：素材与实例\example\ph15\Register.php）

```
<script>
    function changing(){
        //再次执行 code.php 文件，后面的参数是防止静态页面缓存导致不能更换
        document.getElementById('checkpic').src="code.php?"+Math.random();
    }
</script>
```

15.6　登录模块设计

15.6.1　创建登录表单

游客在注册完成后，需要登录才能使用本系统的主要功能，实现登录首先要设计一个

表单用来提交数据。代码如下：（代码位置：素材与实例\example\ph15\login.php）

```
<form action="./doAction.php?a=login" method="post">
    <table width="380" border="0" cellspacing="15">
        <tr>
            <td class="you">用户名<span> *</span></td>
            <td class="zuo"><input type="text" name="name"/></td>
        </tr>
        <tr>
            <td class="you">密　码<span> *</span></td>
            <td class="zuo"><input type="password" name="pass"/></td>
        </tr>
        <tr>
            <td class="you">验证码<span> *</span></td>
            <td class="zuo">
                <div style="float: left;"><input type="text" name="code" style="width: 100px;"/></div>
                <div style="float: left;margin-left: 10px;"><img id="checkpic" onclick="changing();" src='code.php' /></div>
            </td>
        </tr>
        <tr style="text-align:center;">
            <td class="btn" colspan="2">
                <input type="submit" value="登陆"/>
                <input type="reset" value="重置"/>
            </td>
        </tr>
    </table>
</form>
```

15.6.2　登录验证的实现

当用户填写完登录信息后，单击"登录"按钮，便会执行"doAction.php"中的"login"程序，该程序用于查询数据库，判断用户登录账号和密码是否与数据库中一致。代码如下：（代码位置：素材与实例\example\ph15\doAction.php）

```php
//登录
case "login":
    //判断验证码
    if($_POST['code'] != $_SESSION['vcode']){
        echo ("<script>alert('验证码不正确！');history.go(-1);</script>");
        exit();
    }
    //定义 sql 语句，并发送执行
    //获取表单提交的信息
    @$name=$_POST['name'];
    @$pass=$_POST['pass'];
    if(empty($name)||empty($pass)){
        echo "<script>alert('账号或密码为空');window.location.href=
'login.php'</script>";
        die;
    }
    $sql="select * from tb_user where username='{$name}'&& userpwd='{$pass}';";
    $result=mysqli_query($link,$sql);
    //解析结果集
    if($result&& mysqli_num_rows($result)>0){
        $row=mysqli_fetch_assoc($result);
        // 设置 session
        $_SESSION['username']=$name;
        $_SESSION['uid']=$row['id'];
        //跳转到 index.PHP
        echo "<script>alert('登录成功');window.location.href='index.php'</script>";
        die;
    }else{
        echo "<script>alert('账号或密码错误');window.location.href=
'login.php'</script>";
        die;
    }
break;
```

15.7　文章管理模块设计

15.7.1　发表文章功能的实现

当用户登录成功后，就可以进入"个人中心"发表博文，如图 15-14 所示。

图 15-14　发表博文

此处使用了百度出品的 UEditor 所见即所得编辑器，主要是使用 JS 实现。将其下载并解压后放在网站根目录，然后在"发表博文"页面中添加以下代码，即可代替文本域使用。（代码位置：素材与实例\example\ph15\file.php）

```
<!-- 加载编辑器的容器 -->
<script id="container" name="content" type="text/plain"></script>
<!-- 配置文件 -->
<script type="text/javascript" src="ueditor/ueditor.config.js"></script>
<!-- 编辑器源码文件 -->
<script type="text/javascript" src="ueditor/ueditor.all.js"></script>
<!-- 实例化编辑器 -->
<script type="text/javascript">
    var ue = UE.getEditor('container');
</script>
```

提　示

可以到 UEditor 官网 http://ueditor.baidu.com/website/index.html 去下载编辑器，并了解其具体用法。

在"发表博文"页面提交填写的内容时需要进行验证，验证通过后才能添加进数据库。所以在单击下方的"确认发表"按钮后，将执行"doAction.php"中的"fatie"程序，对数据进行验证和处理。代码如下：（代码位置：素材与实例\example\ph15\doAction.php）

```php
case "fatie":
    $title=$_POST['title'];
    $content=$_POST['content'];
    //判断信息是否为空
    if(empty($title)){
        echo "<script>alert('标题不能为空');window.location.href='file.php'</script>";
        die;
    }
    if(empty($content)){
        echo "<script>alert('内容不能为空');window.location.href='file.php'</script>";
        die;
    }
    //将数据添加进数据库中
    $sql="insert into tb_article(id,title,content,author,time)
        values(null,'{$title}','{$content}','{$_SESSION[username]}',".time().")";
    $result=mysqli_query($link,$sql);
    if($result && mysqli_affected_rows($link)>0){
        echo "<script>alert('发帖成功');window.location.href='file_list.php?'</script>";
        die;
    }else{
        echo "<script>alert('发帖失败');window.location.href='file.php'</script>";
        die;
    }
break;
```

15.7.2　文章列表功能的实现

当系统数据量很大时，如果全部显示在一个页面，不仅用户体验不好，还会增加服务器负载，此时就需要使用分页技术来实现数据的分页显示，如图 15-15 所示。

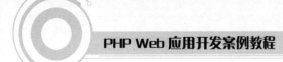

博文列表

PHP

标题	作者	查看	发表时间
iOS狂暴之路---视图控制器(UIViewController)使用详解	asfea	查看	1970-01-01
php 怎么截取汉字字符串	123	查看	2017-02-17
lamp （Web应用软件）	1231	查看	2017-02-17
phpcmsV9文件上传大小限制修改完整版	1231	查看	2017-02-22

第 1/2 页 共 6 条　首页　前一页　后一页　末页

图 15-15　分页显示文章列表

1. 定义分页函数

实现分页的关键技术就是分页函数。实现代码如下：（代码位置：素材与实例\example\ph15\page.php）

```php
function Page($rows,$page_size){
    global $page,$select_from,$select_limit,$pagenav;              //设置全局变量
    $page_count = ceil($rows/$page_size);                          //计算总页数
    if($page <= 1 || $page == '') $page = 1;                       //判断最小页数
    if($page >= $page_count) $page = $page_count;                  //判断最大页数
    $select_limit = $page_size;                                    //设置每页条数
    $select_from = ($page - 1) * $page_size.',';                   //设置起始条数
    $pre_page = ($page == 1)? 1 : $page - 1;                       //上一页
    $next_page= ($page == $page_count)? $page_count : $page + 1 ;  //下一页
    $pagenav .= "<li>第 $page/$page_count 页 </li><li>共 $rows 条</li> ";//分页按钮
    $pagenav .= "<li><a href='?page=1'>首页</a></li> ";
    $pagenav .= "<li><a href='?page=$pre_page'>前一页</a></li> ";
    $pagenav .= "<li><a href='?page=$next_page'>后一页</a></li> ";
    $pagenav .= "<li><a href='?page=$page_count'>末页</a></li>";
}
```

知识库

统计总数时只需要查询 ID 的数量就可以了，在数据量很大时会节省大量时间。

2. 调用函数

将文章分页显示，需要先计算出总条数，再将总条数作为参数，调用分页函数。代码如下：（代码位置：素材与实例\example\ph15\file_more.php）

```php
<?php
    //分页
    $sql="select id from tb_article ";
    $result=mysqli_query($link,$sql);
    //计算总条数
    $rows = $result->num_rows;
    //调用分页函数
    Page($rows,4);
    $sql = "select * from tb_article limit $select_from $select_limit";
    $result=mysqli_query($link,$sql);
?>
```

15.8　个人中心模块设计

15.8.1　修改个人信息功能的实现

在个人中心，用户可以修改自己的详细信息，如图 15-16 所示。

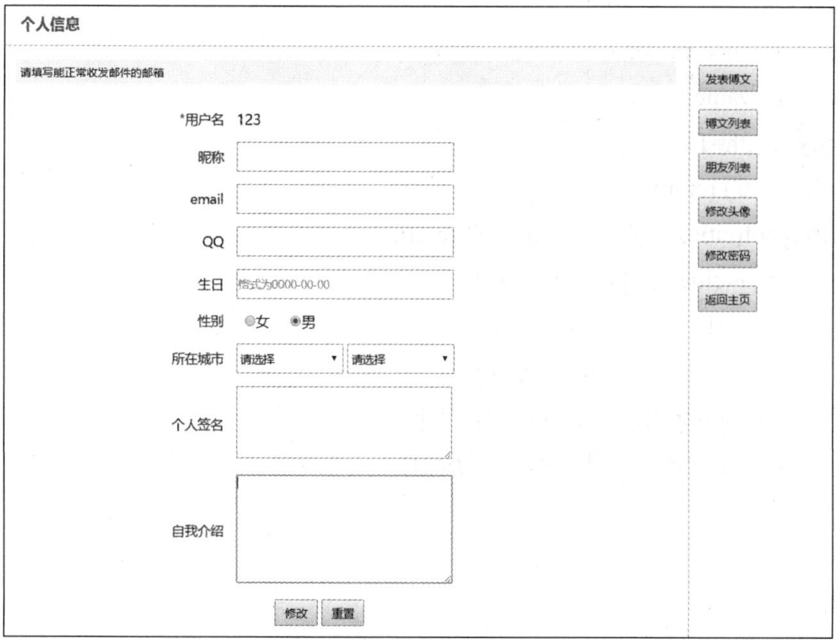

图 15-16　修改个人信息

"个人信息"页面的重点在于"所在城市"级联菜单的实现，此处重点介绍该功能的实现。

1. 定义级联函数

此处的城市级联函数使用 JavaScript 实现，首先使用数组定义各个省所包含的城市，然后定义函数 set_city()实现级联显示。主要实现代码如下：(代码位置：素材与实例\example\ph15\initcity.js)

```
<script   type="text/javascript">
    cities = new Object();
    cities['河北省']=new Array('石家庄', '张家口', '承德', '秦皇岛', '唐山', '廊坊', '保定', '沧州', '衡水', '邢台', '邯郸');
    cities['山西省']=new Array('太原', '大同', '朔州', '阳泉', '长治', '晋城', '忻州', '吕梁', '晋中', '临汾', '运城');
    cities['辽宁省']=new Array('沈阳', '朝阳', '阜新', '铁岭', '抚顺', '本溪', '辽阳', '鞍山', '丹东', '大连', '营口','锦州', '葫芦岛');
    function set_city(province, city){
        var pv, cv;
        var i, ii;
        pv=province.value;
        cv=city.value;
        city.length=1;
        if(pv=='0') return;
        if(typeof(cities[pv])=='undefined') return;
        for(i=0; i<cities[pv].length; i++){
            ii = i+1;
            city.options[ii] = new Option();
            city.options[ii].text = cities[pv][i];
            city.options[ii].value = cities[pv][i];
        }
    }
</script>
```

2.　调用函数

此处为第 1 个下拉框设置了 onchange 事件，该事件会在下拉框内的值改变时被触发，调用 set_city()函数，从而通过传递的参数改变下级下拉框内的选项。主要代码如下：（代码位置：素材与实例\example\ph15\myinfo.php）

```
<!—下拉菜单-->
<tr>
<td>所在城市</td>
<td><select          name="province"          id="to_cn"          onchange="set_city(this,
document.getElementById('city'));" >
    <option value=0>请选择</option>
    <option value=河北省>河北省</option>
    <option value=山西省>山西省</option>
    <option value=辽宁省>辽宁省</option>
    <option value=吉林省>吉林省</option>
</select>
<select    id="city"  name="city">
    <option value=0>请选择</option>
</select></td>
</tr>
```

 知识库

城市级联一般使用两个下拉框分别列出省和城市名称，当用户在第一个下拉框的列表中选择了省（或自治区、直辖市）名称后，在第二个下拉框中将自动显示该省（或自治区、直辖市）的城市名称，供用户选择。

15.8.2　上传图片功能的实现

好的图片可以在第一时间抓住人的眼球，本系统在设置会员头像时使用了图片上传技术，如图 15-17 所示。

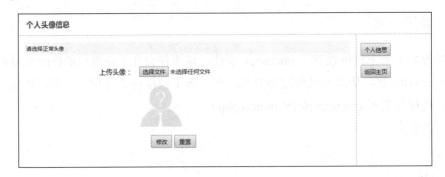

图 15-17　上传头像

1. 创建表单

网页中的图片是通过表单上传的，此处先来创建一个表单。代码如下：（代码位置：素材与实例\example\ph15\mypic.php）

```
<form action="./doAction.php?a=updatePic" method="post" enctype="multipart/form-data">
    <table width="380" border="0" cellspacing="15">
        <tr>
            <td>上传头像：</td>
            <td><input type = "file" name="upic"    accept="image/gif,image/jpeg,image/jpg,
image/png"/></td>
        </tr>
        <tr>
            <td></td>
            <td>
                <img src=""    onerror="this.src='./images/member/nophoto.gif'"/>
            </td>
        </tr>
        <tr style="text-align:center;">
        <td class="btn" colspan="2">
                <input type="submit" value="修改"/>
                <input type="reset" value="重置"/>
        </td>
        </tr>
    </table>
</form>
```

知识库

当某个 form 表单用于上传图片时，需要为该表单添加属性 enctype=
"multipart/form-data"。

2. 图片上传函数

使用文件上传函数上传图片的本质，就是将图片从浏览器端复制到服务器端的指定
文件夹中，并将图片所在位置存储到数据库中。此处定义了 upload()函数来完成图片的上
传和存储。当页面需要显示图片时，第一步是读取该图片存入数据库中的位置，第二步
是根据地址找到图片显示在网页上。使用目录保存图片的好处是减轻数据库压力，并使
网页更容易被搜索引擎抓取。upload()函数代码如下：（代码位置：素材与实例\example\
ph15\functions.php）

```php
function upload($path,$upfile,$typeList=array(),$maxSize=0){
    //定义存放返回信息的数组
    $res = array(
        "info"=>"",
        "error"=>false
    );
    //格式化文件上传路径信息
    $path = rtrim($path,"/")."/";
    //1.判断上传文件的错误号
    if($upfile['error']>0){
        switch($upfile['error']){
            case 1:$info = "上传文件的大小超出了约定值！";break;
            case 2:$info = "上传文件大小超出了表单 MAX__FILE__SIZE 元素所指定的
最大值。";break;
            case 3:$info = "文件只被部分上传！";break;
            case 4:$info = "没有上传任何文件。";break;
            case 6:$info = "找不到临时文件夹。";break;
            case 7:$info = "文件写入失败。";break;
            default:$info = "未知的文件上传你错误！";break;
        }
        $res['info'] = "上传失败！原因：".$info;
```

```
        return $res;
    }
//2.判断文件的上传类型是否合法
if(@$typeList && count(@$typeList)>0){
//判断用户上传的文件类型是否包含在服务器允许的类型之中
if(!in_array($upfile['type'],$typeList)){
    $res['info'] = "上传失败！原因：不被允许的上传文件类型！";
    return $res;
}
}else{
    $res['info'] = "上传失败！原因：服务器没有设定允许上传的文件类型！";
    return $res;
}
//3.判断上传文件的大小是否合法
if($maxSize>0 && $upfile['size']>$maxSize){
    $res['info'] = "上传失败！原因：上传文件大小越界！";
    return $res;
}
//4.随机分配一个文件名称
$pathinfo = pathinfo($upfile['name']);    //获取上传文件名的详细信息
$ext = $pathinfo['extension']; //获取文件后缀名
do{
    $newname = date("YmdHis",time()).rand(1000,9999).".".$ext;   //拼装随机文件名
}while(file_exists($path.$newname));
//5.执行上传文件的移动
if(is_uploaded_file($upfile['tmp_name'])){
    //判断上传文件移动是否成功
    if(move_uploaded_file($upfile['tmp_name'],$path.$newname)){
        $res['info'] = $newname;
        $res['error'] = true;
        return $res;
    }else{
        $res['info'] = "上传失败！原因：移动上传文件失败！";
        return $res;
```

```
    }
}else{
    $res['info'] = "上传失败！原因：不是有效的上传文件！";
    return $res;
}
}
```

提　示

上传图片时，不能超过配置文件中限定的大小，如果想修改上传文件的限定值，需修改 php.ini 中的下面几项：

post_max_size = 8M（表单提交的最大限制，针对整个表单提交的数据进行限制）；

upload_max_filesize = 2M（上传的单个文件的最大限制）；

保证 post_max_size >= upload_max_filesize 即可，也就是前者不小于后者；

修改之后要重启 Web 服务器。

3. 图片处理函数

如果用户不是第一次设置头像，需要先把文件中的旧图片删除，以减少空间占用，此处使用 unlink()函数来实现。在将旧图片删除后，就执行图片上传函数 upload()上传新图片。另外，系统可能会用到不同大小的同一张图片，所以就需要将图片处理一下，储存一张放大图和一张缩小图，文件名分别以"s_"和"m_"开头。代码如下：（代码位置：素材与实例\example\ph15\doAction.php）

```
case "updatePic":              //查询图片名称
    $sql="select photo from tb_userdetail where userid={$_SESSION['uid']}";
    $result=mysqli_query($link,$sql);
    if($result&&mysqli_num_rows($result)>0){
        $row=mysqli_fetch_assoc($result);
    }
    //删除旧图片
    if($row['photo']){
        unlink("./images/member/{$row['photo']}");
        unlink("./images/member/s_{$row['photo']}");
        unlink("./images/member/m_{$row['photo']}");
    }
    //引入上传图片和等比缩放函数
```

```
require_once("./functions.php");
//定义必需的变量
$path = "./images/member";
$upfile = $_FILES['upic'];
$typeList = array("image/jpeg","image/png","image/gif");
$maxSize = 0;
//执行上传
$res = upload($path,$upfile,$typeList,$maxSize);
//判断是否上传成功
if($res['error']==false){
    die($res['info']);
}
//获取文件名
$picname=$res['info'];
//等比缩放
imageResize($path,$picname,100,100,$pre="s_");
imageResize($path,$picname,65,65,$pre="m_");
//将文件名存入数据库
$sql="update tb_userdetail set photo='{$picname}' where userid={$_SESSION['uid']}";
$result=mysqli_query($link,$sql);
if($result&&mysqli_affected_rows($link)>0){
    echo "<script>alert('修改成功');
window.location.href='mypic.php?picname={$picname}'</script>";
}else{
    echo "<script>alert('修改失败');window.location.href='mypic.php'</script>";
}
break;
```

知识库

$_FILES 为系统预定义变量,用于保存上传文件的相关属性,其具体应用可参考10.4.2 节。

15.9　朋友圈模块设计

朋友圈模块的主要功能有添加、查询和删除好友，本节主要讲解查询好友用到的模糊查询，以及如何将搜索结果分页整合在一起，如图 15-18 所示。

| 博主列表 | | 请输入关键字 | 搜索 |

PHP

用户名		操作	注册时间
石头		添加为好友	1970-01-01
jh1gser		添加为好友	1970-01-01
djr都会让他		添加为好友	1970-01-01
是特色		添加为好友	1970-01-01
邮箱验证wq		添加为好友	1970-01-01

首页|上一页|下一页|末页

图 15-18　博主列表

1．创建搜索表单

此处把搜索条件通过 GET 方法传递。代码如下：（代码位置：素材与实例\example\ph15\user_more.php）

```
<form action="./user_more.php" method="get">
    <input type="text" placeholder="请输入关键字" name="search"/>
    <input type="submit" value="搜索"/>
</form>
```

2．搜索分页处理

先将需要分页的参数计算出来，然后拼接 SQL 语句。代码如下：（代码位置：素材与实例\example\ph15\user_more.php）

```php
<?php
//判断搜索关键字是否存在
$search=$_GET['search'];
if(empty($search)){
    $sql="select * from tb_user order by id desc";
}else{
    $sql="select * from tb_user where userName like '%{$search}%' order by id desc";
}
```

```
//执行查询
$result1=mysqli_query($link,$sql);
//===================分页程序===================

//定义必需的变量
$page=isset($_GET['p'])?$_GET['p']:1;
$pageSize=5;
$maxRows=1;
//求变量的值
$maxRows=mysqli_num_rows($result1);
$maxPage=ceil($maxRows/$pageSize);
if($page<=1){
    $page=1;
}
if($page>=$maxPage){
    $page=$maxPage;
}
//起始条数
$start_rows=($page-1)*$pageSize;
$limit=" limit {$start_rows},{$pageSize}";
//===================

//拼接 sql
$sql=$sql.$limit;
$result=mysqli_query($link,$sql);
?>
```

3．输出分页按钮

拼接分页按钮时，要使用"&"符号连接需要传递的参数。代码如下：（代码位置：素材与实例\example\ph15\user_more.php）

```
<ul>
    <?php
    echo "<a href='./user_more.php?p=1&search={$search}'>首页</a>|";
    echo "<a href='./user_more.php?p=".($page-1)."&search={$search}'>上一页</a>|";
```

```
echo "<a href='./user_more.php?p=".($page+1)."&search={$search}'>下一页</a>|";
echo "<a href='./user_more.php?p={$maxPage}&search={$search}'>末页</a>";
?>
```
</ul>

提　示

使用 MySQL 模糊查询时要注意字符编码是否一致，如果编码不统一，可能查不到数据或返回的数据不正确。

对查询出的结果进行分页时，不要忘记将搜索条件通过 URL 传值带到所显示的页数。

第 16 章　开发电子商务网站

随着互联网的发展，传统企业的店铺经营模式逐渐向电子商务模式发展，并逐渐为人们所接受。电子商务是一种基于 Internet，利用计算机硬件、软件和各种协议进行商务活动的方式。电子商务网站是保证以电子商务为基础的网上交易实现的体系。本章应用 ThinkPHP 开发一个网站名为"益读图书"的电子商务网站，以进一步了解 ThinkPHP 在实际网站开发中的应用，并掌握电子商务网站的开发流程。

学习目标

- ☞ 掌握电子商务网站的开发流程
- ☞ 掌握 ThinkPHP 项目构建流程
- ☞ 掌握数据库设计的基本步骤和方法
- ☞ 掌握网站配置文件的设计
- ☞ 掌握商品搜索、轮播广告以及商品分类导航的实现方法
- ☞ 掌握位置导航和购物车的实现技术
- ☞ 掌握数据验证和地址级联显示的实现
- ☞ 了解框架页面的实现方法
- ☞ 掌握网站后台的实现方法

16.1　需求分析

随着全球经济一体化的逐步发展和深入，网上书店在互联网上可以实现的功能也越来越多样化。从最基本的信息展示、信息发布，到在线交易、在线客服、在线网站管理等功能，都可以轻松实现。可以说，传统书店所具备的功能几乎都可以在互联网上实现。虽然传统书店规模有所不同，但随着网上交易的开展，都将有力地增加企业的发展空间，对企业竞争力产生不可忽视的影响。

本章要开发的电子商务网站，可以让顾客通过浏览器浏览网站图书信息，注册会员并挑选自己满意的图书，然后直接下单购买。而网站的后台管理人员需要维护网站会员信息，

图书信息，以及订单信息等。

16.2 系统设计

16.2.1 系统目标

根据需求分析和对实际情况的考察与分析，以及与用户的沟通，该电子商务网站应具备以下特点：

> ➢ 界面设计美观友好，信息查询灵活、方便、快捷、准确，数据存储安全可靠。
> ➢ 全面、分类展示商城内所有商品。
> ➢ 显示商品的详细信息，方便顾客了解商品信息，查看历史交易信息。
> ➢ 对用户输入的数据，进行严格检验，尽可能避免人为错误。
> ➢ 整个网站最大限度地实现易维护性和易操作性。
> ➢ 系统运行稳定、安全可靠。

16.2.2 系统功能结构

本电子商务网站分为前台和后台，下面分别给出前台和后台的功能结构图。
前台功能结构如图 16-1 所示。

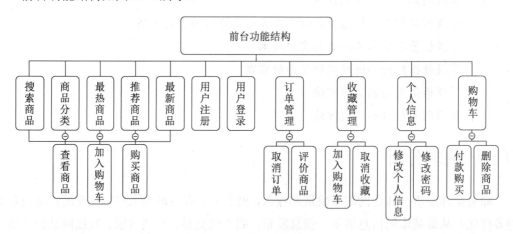

图 16-1　前台功能结构

后台登录地址为 http://localhost/project/index.php/Admin/Login/index.html，默认用户名为 "qiu"，密码为 "123123"。登录后即进入后台管理界面，后台功能结构图如图 16-2 所示。

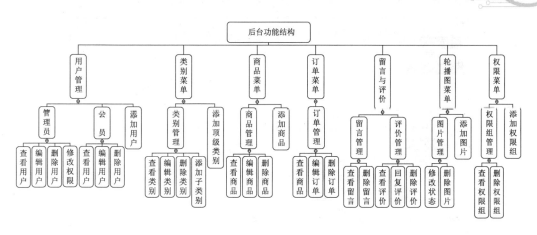

图 16-2 后台功能结构

16.2.3 系统功能概览

电子商务网站由多个功能模块组成，为让读者对本系统有个初步的了解和认识。下面先给出几个典型功能页面的运行效果图，其他页面可参考源文件。

网站主页如图 16-3 所示，该页面展示网站的商品搜索模块、商品导航、轮播广告，以及最新商品列表。

图 16-3 网站主页

商品分类页如图 16-4 所示。该页面分类展示网站中的商品。

图 16-4　商品分类页面

商品详情页如图 16-5 所示，该页面展示图书的详细信息，单击"加入购物车"按钮，可将其加入购物车。

16.2.4　系统流程图

为便于用户了解网站各功能模块的联系，以及完整的购物流程，此处给出系统流程图，如图 16-6 所示。

16.2.5　系统开发环境

在开发电子商务网站时，使用的软件开发环境如下：

1．服务器端

（1）操作系统：Windows 7/Linux。

（2）服务器：Apache 2.4.23。

（3）PHP 版本：PHP 7. 0.10。

（4）数据库：MySQL 5.7.15。

（5）MySQL 图形化管理软件：phpMyAdmin 4.6.6。

（6）开发工具：PhpStorm 10.0.1。

（7）框架：ThinkPHP 3.2.3。

图 16-5　商品详情页

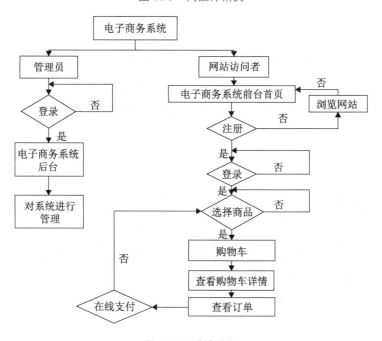

图 16-6　系统流程

2．客户端

（1）浏览器：IE 8.0 及以上版本/谷歌/火狐。

（2）分辨率：最佳效果为 1024×768。

16.2.6　网站目录结构

在编码之前，最好把系统中可能用到的文件夹先创建好，这样不仅方便后面的开发工作，也可以规范系统的整体架构。

将下载完成的 ThinkPHP 框架文件直接解压到 Web 运行目录下。

在浏览器中访问入口文件，会在 Application（此处将其重命名为 shop）目录下自动生成公共模块 Common、默认的 Home 模块和 Runtime 运行时目录。由于本系统还需要一个后台管理模块，可以复制一个 Home 模块，并将其重命名为 Admin，作为后台模块。此处需要强调的一点是，一定要修改默认控制器文件中的命名空间。图 16-7 为本系统最终的目录结构。

▾ Public	资源文件目录
▸ baidu	后台资源目录
▸ css	公共css目录
▸ home	前台资源目录
▸ imgs	公共图片目录
▸ js	公共js目录
▸ Upload	公共上传目录
▾ shop	项目目录
▸ Admin	后台目录
▸ Common	公共模块目录
▸ Home	前台目录
▸ Runtime	缓存目录
▾ ThinkPHP	框架系统目录
Common	核心公共函数目录
Conf	核心配置目录
Lang	核心语言包目录
▸ Library	核心类库目录
▸ Mode	框架应用模式目录
Tpl	系统模板目录

图 16-7　系统目录结构

16.3　数据库设计

数据库设计，是对数据库的逻辑结构和物理结构做出具体的规划设计。为后面编码、测试，以及维护和运行阶段网站数据的存储做准备。

16.3.1　数据库概念设计

根据系统需求和目标，以及系统功能结构图，总结出需要保存的数据信息，并将其转化为原始数据形式。列出系统的实体及 E-R 图，后面将根据 E-R 图创建数据表。

本电子商务网站的实体包括用户实体、商品实体、订单实体、购物车实体和评价实体，图 16-8 分别画出了它们的 E-R 图。

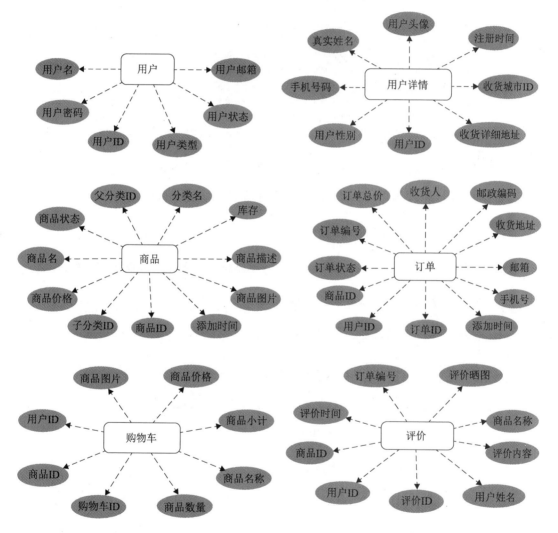

图 16-8　数据库 E-R 图

16.3.2　数据库物理结构设计

根据 E-R 图，在图形化管理工具 phpMyAdmin 中创建 16 个表，如图 16-9 所示。

图 16-9　数据库结构

下面给出其中 12 个表的结构信息，其他 4 个表将在后面用到时进行介绍。

1．yg_user（用户表）

用户表用于存储用户的账号、密码、邮箱等基本信息，表结构如图 16-10 所示。

图 16-10　用户表结构

2．yg_user_detail（用户详情表）

用户详情表用于存储用户的详细信息，与用户表通过 id 关联，表结构如图 16-11 所示。

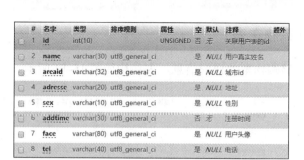

图 16-11　用户详情表结构

3．yg_cats（分类表）

分类表用于存储每个图书分类的详细信息，表结构如图 16-12 所示。

#	名字	类型	排序规则	属性	空	默认	注释	额外
1	catsid	int(20)			否	无	分类ID	AUTO_INCREMENT
2	catsname	char(30)	utf8_general_ci		否	无	分类名称	
3	pid	int(20)			否	无	上一级分类ID	
4	path	varchar(30)	utf8_general_ci		否	无	由初级到本类的路径	
5	des	varchar(50)	utf8_general_ci		否	暂无	分类描述	

图 16-12　图书分类表结构

4．yg_goods（商品表）

商品表用于存储商品的详细信息，表结构如图 16-13 所示。

#	名字	类型	排序规则	属性	空	默认	注释	额外
1	goodsid	int(20)			否	无	商品ID	AUTO_INCREMENT
2	goodsname	varchar(60)	utf8_general_ci		否	无	商品名	
3	price	int(10)			否	无	商品价格（现价）	
4	goodspic	varchar(66)	utf8_general_ci		否	无	商品图	
5	pcats	int(11)			否	无	子分类id	
6	gcats	int(20)			否	无	商品分类顶级ID	
7	store	int(10)		UNSIGNED	否	无	库存	
8	state2	int(7)			否	无	商品状态	
9	timestamp	int(11)			否	无	添加时间	
10	description	text	utf8_general_ci		否	无	商品描述	
11	goodscats	varchar(60)	utf8_general_ci		否	无	分类名	

图 16-13　商品表结构

5. yg_cart（购物车表）

购物车表用于存储购物车的详细信息，表结构如图 16-14 所示。

	#	名字	类型	排序规则	属性	空	默认	注释	额外
	1	cartid	int(10)			否	无	购物车ID	AUTO_INCREMENT
	2	userid	int(10)			否	无	用户id	
	3	goodsid	int(20)			否	无	商品ID	
	4	goodspic	varchar(60)	utf8_general_ci		否	无	商品图片	
	5	number	int(10)			否	无	商品数量	
	6	goodsname	char(60)	utf8_general_ci		否	无	商品名称	
	7	goodsprice	int(10)			否	无	商品价格	
	8	xiaoji	int(10)			否	无	小计	

图 16-14　购物车表结构

6. yg_orders（订单表）

订单表用于存储订单的详细信息，表结构如图 16-15 所示。

	#	名字	类型	排序规则	属性	空	默认	注释	额外
	1	id	int(10)		UNSIGNED	否	无	订单ID	AUTO_INCREMENT
	2	state	text	utf8_general_ci		否	无	订单状态	
	3	user_id	int(11)		UNSIGNED	否	无	用户ID	
	4	linkman	varchar(30)	utf8_unicode_ci		否	无	收货人	
	5	address	varchar(255)	utf8_unicode_ci		否	无	收货地址	
	6	email	char(50)	utf8_unicode_ci		否	无	用户邮箱	
	7	code	char(6)	utf8_unicode_ci		否	无	邮政编码	
	8	mobile	char(11)	utf8_unicode_ci		否	无	手机号码	
	9	addtime	text	utf8_general_ci		否	无	添加时间	
	10	totalall	decimal(18,2)		UNSIGNED	否	无	总价	
	11	order_number	varchar(43)	utf8_general_ci		否	无	订单编号	
	12	ids	varchar(30)	utf8_general_ci		否	无	商品id	

图 16-15　订单表结构

7. yg_detail（订单详情表）

每个订单可以有多种商品，订单详情表用于存储订单中每种商品的详细信息，表结构如图 16-16 所示。

图 16-16　订单详情表结构

8. yg_comment（评价表）

评价表用于存储评价的详细信息，表结构如图 16-17 所示。

图 16-17　评价表结构

9. yg_commentreplay（评价回复表）

评价回复表用于存储评价的回复，表结构如图 16-18 所示。

图 16-18　评价回复表结构

10. yg_collect（收藏表）

收藏表用于存储用户收藏的商品信息，表结构如图 16-19 所示。

#	名字	类型	排序规则	属性	空	默认	注释	额外
1	collect_id	int(12)			否	无		AUTO_INCREMENT
2	price	varchar(22)	utf8_general_ci		否	无	价格	
3	goodsname	varchar(45)	utf8_general_ci		否	无	商品名	
4	img	varchar(50)	utf8_general_ci		否	无	商品图路径	
5	user_name	varchar(30)	utf8_general_ci		否	无	客户	
6	goodsid	int(10)			否	无	商品ID	

图 16-19   收藏表结构

11．yg_img（轮播图表）

轮播图表用于存储首页轮播广告图的详细信息，表结构如图 16-20 所示。

#	名字	类型	排序规则	属性	空	默认	注释	额外
1	collect_id	int(12)			否	无		AUTO_INCREMENT
2	price	varchar(22)	utf8_general_ci		否	无	价格	
3	goodsname	varchar(45)	utf8_general_ci		否	无	商品名	
4	img	varchar(50)	utf8_general_ci		否	无	商品图路径	
5	user_name	varchar(30)	utf8_general_ci		否	无	客户	
6	goodsid	int(10)			否	无	商品ID	

图 16-20   轮播图表结构

12．yg_message（留言表）

留言表用于存储用户下订单时留言的详细信息，表结构如图 16-21 所示。

#	名字	类型	排序规则	属性	空	默认	注释	额外
1	id	int(10)		UNSIGNED	否	无	留言ID	AUTO_INCREMENT
2	user_id	int(10)		UNSIGNED	否	无	用户ID	
3	content	varchar(255)	utf8_unicode_ci		否	无	留言内容	
4	order_number	varchar(40)	utf8_unicode_ci		否	无	订单编号	
5	addtime	varchar(44)	utf8_unicode_ci		否	无	添加时间	
6	username	varchar(30)	utf8_unicode_ci		否	无	用户名	

图 16-21   留言表结构

16.4   网站配置文件设置

配置文件一般包括模板引擎标签和数据库配置信息，在制作网站前首先需要设置网站的配置文件。代码如下：（代码位置：素材与实例\example\ph16\shop\Common\Conf\config.php）

```php
<?php
```

```
return array(
    //'配置项'=>'配置值'
    'TMPL_L_DELIM'          =>  '<{',           // 模板引擎普通标签开始标记
    'TMPL_R_DELIM'          =>  '}>',           // 模板引擎普通标签结束标记
    /* 数据库设置 */
    'DB_TYPE'               =>  'mysqli',        // 数据库类型
    'DB_HOST'               =>  'localhost',     // 服务器地址
    'DB_NAME'               =>  'yg_shop',       // 数据库名
    'DB_USER'               =>  'root',          // 用户名
    'DB_PWD'                =>  '123456',        // 密码
    'DB_PORT'               =>  '3306',          // 端口
    'DB_PREFIX'             =>  'yg_',           // 数据库表前缀
    'SHOW_PAGE_TRACE'       =>  true,            //显示页面 Trace 信息
);
```

16.5　前台首页设计

首页需要合理布局，既要尽可能突出重点，又不能因为模块太多而显得杂乱无章。电子商务网站的前台首页如图 16-22 所示。

图 16-22　网站前台首页

由图 16-22 可以看出，首页主要由四部分组成：

➢ 商品搜索部分；

➢ 广告部分；

➢ 商品分类导航部分；

➢ 商品列表部分。

本节只介绍前三部分的实现方法，第四部分实现技术过于简单，此处不再介绍，请读者参考源代码（代码位置：素材与实例\example\ph16\shop\Home\View\index\index.html）。

16.5.1 商品搜索的实现

分页是显示数据记录时的常用技术，当数据库查询结果远远超出计算机屏幕的显示范围时，分页显示可以合理地将数据呈现给用户。ThinkPHP 框架中有一个很强大的分页类 Page（位于 ThinkPHP\Library\Think 目录下），此处使用该类对搜索结果进行分页。

1. 创建表单

在公共文件夹 Public 中创建 header.html 文件，并在其中创建搜索表单。代码如下：（代码位置：素材与实例\example\ph16\Public\header.html）

```
<form action="__MODULE__/Search/index" method="get" onsubmit="return fun()">
    <input type="text"    id="inputid" name="keyword" class="search-input" value="" >
    <input class="search-btn" type="submit" value="搜索">
    <script type="text/javascript">
        //如果没有填写搜索条件，则不执行搜索动作
        function fun(){
            var inputid=document.getElementById('inputid');
            ss=inputid.value;
            if(!ss){
                return false;
            }
        }
    </script>
</form>
```

2. 调用分页函数

在 SearchController.class.php 控制器类中的 index()方法中添加以下代码，先将符合搜索条件的数据总条数计算出来，再以总条数为参数调用分页函数 Page()，此时还需注意的是要维持搜索条件，否则在分页后的页面中跳转时，会导致搜索条件丢失，查询出的数据不正确。（代码位置：素材与实例\example\ph16\shop\Home\Controller\SearchController.class.php）

```
// --------------------搜索处理----------------------------
$res=M('Goods');
$keyword=$_GET['keyword'];
$sear['goodsname'] = array('like','%'.$keyword.'%');
//导入分页类
import('Think.Page');
//查询数据条数
$count=$res->where($sear)->count();
//实例化分页函数
$Page=new Page($count,8);
//设置页码显示
$Page->setConfig('header', '共 %TOTAL_ROW% 条记录');
$Page->setConfig('first', '首页');
$Page->setConfig('last', '末页');
$Page->setConfig('prev','上一页');
$Page->setConfig('next','下一页');
$Page->setConfig('theme',"共 %TOTAL_ROW% 条记录 %FIRST% %UP_PAGE%
%LINK_PAGE% %DOWN_PAGE% %END%");
//分页跳转的时候维持查询条件
foreach($sear as $key=>$val) {
    $Page->parameter[] = "$key=".urlencode($val[1]).'&';
}
//分页按钮显示输出
```

```
$show = $Page->show();
//进行分页数据查询
$val = $res->where($sear)->limit($Page->firstRow.','.$Page->listRows)->select();
$this->assign('ugoods',$val);
$this->assign('page',$show);
$this->display()
```

在控制器中编写方法时，一定要使用命名空间，否则无法找到分页类。此处在控制器类前面添加代码 "use Think\Page;" 导入 Page 类。

16.5.2 首页广告的实现

用户打开网站，首先映入眼帘的往往就是首页的广告，此处的广告以轮播图形式显示。

1. 查询数据

要显示轮播图，首先需要查询轮播图所展示的图片地址。代码如下：（代码位置：素材与实例\example\ph16\shop\Home\Controller\Indexcontroller.class.php）

```
$img=M('img');                              //实例化模型
$imgs=$img->where('state="已发布"')->select();   //查询状态为'已发布'的图片
$this->assign('lubn',$imgs);                 //为模板变量赋值
```

2. 显示图片

在模板中将查询出来的地址遍历，用 JavaScript 控制每张图片的显示与隐藏，以及间隔时间。代码如下：（代码位置：素材与实例\example\ph16\shop\Home\View\index\index.html）

```
<!------- 轮播广告 ------>
<div style="overflow: hidden;position: relative;width: 100%;height: 500px;top: -38px;">
    <ul id="lubo" >
    <!—遍历数组-->
        <foreach name='lubn' item='img'>
            <li>
                <div style="width:100%;height:500px;overflow:hidden;">
                    <img src="__PUBLIC__/Upload/<{$img.img}>"   width="100%">
                </div>
```

```
        </li>
     </foreach>
  </ul>
</div>
<!--javascript 代码-->
<script>
$(function(){
    $('#lubo li').eq(0).css('display','block');              //设置第一张图片显示
    $('#lubo li').eq(0).siblings().css('display','none');    //设置除第一张图片外其他图片都隐藏
    //显示函数
    function show(i){
        $("#lubo li").eq(i).css('display','block');          //第 i 张图片显示
        $("#lubo li").eq(i).siblings().css('display','none'); //除了第 i 张图片其他图片都隐藏
    }
    var lis=$('#lubo li').length;                            //计算图片总数
    var i=0;
    var init=null;
    //设置定时函数
    function auto(){
        init=setInterval(function(){
            //调用显示函数，每 4000 毫秒循环一次
            show(i);
            i++;
            if(i==lis){
                i=0;
            }
        },4000);
    }
    //调用定时函数
    auto();
})
</script>
```

16.5.3　商品分类导航的实现

商品分类导航常用的一个关键技术就是无限级分类。所谓无限级分类，就是对数据完成多次分类，如同一棵树一样，从根开始，到主干、枝干、叶子……。实现无限级分类常用的方法一般有两种，递归和操作指针，此处使用递归方式。

1．定义分类函数

在"ThinkPHP\Library\Org\Type\"目录下新建文件 CatTree.class.php，定义函数 getlist()，该函数首先将查询出来的数据进行遍历，判断每个类别是否为顶级分类，如果是顶级分类，则以该类别的 ID 为父类 ID，查询此类别下面的子类别；再以该子类别为父类，向下查询，直到每个类别下面的子类别为空，结束递归。代码如下：（代码位置：素材与实例\example\ph16\ThinkPHP\Library\Org\Type\CatTree.class.php）

```php
public static function getlist($allcats,$pid=0){
    $tree = array();                           //每次都声明一个新数组用来存放子元素
    foreach($allcats as $v){
        if($v[self::$pid] == $pid){                            //匹配子类别
            $v[self::$son] = self::getlist($allcats,$v[self::$id]);   //递归获取子类别
            if($v[self::$son] == null){
                //如果子元素为空则 unset()进行删除，说明已经到该分支的最后一个元素
                unset($v[self::$son]);
            }
            $tree[] = $v;                                  //将记录存入新数组
        }
    }
    return $tree;
}
```

2．调用函数

在 IndexController 控制器中将全部类别查询出来，调用前面定义的分类函数 getlist()，并为模板变量赋值。代码如下：（代码位置：素材与实例\example\ph16\shop\Home\Controller\IndexController.class.php）

```php
//实例化商品分类
$cats=M('Cats');
```

```
//查询所有类别
$allcats=$cats->field('catsid,catsname,pid,path')->select();
//调用分类函数
$type = CatTree::getlist($allcats);
//为模板变量赋值
$this->assign('type',$type);
```

　　由于无限级分类函数放在第三方类库里，为静态方法，在控制器里调用该方法时，需要使用 "use" 关键字导入相应的类，格式为 "use Org\Type\CatTree"。

3. 显示类别

　　将处理后的结果在模板中遍历显示。代码如下：（代码位置：素材与实例\example\ph16\shop\Home\View\index\index.html）

```
<!-- 遍历顶级分类 -->
<foreach name="type" item="cats">
    <div class="item">
        <h3 class="t01_channelhome">
            <a href="__MODULE__/Goodslist/index/catsid/<{$cats.catsid}>">
                <i></i><{$cats.catsname}><s>&gt;</s>
            </a>
        </h3>
        <div class="sub-item">
            <h4><a href="__MODULE__/Goodslist/index/catsid/<{$cats.catsid}>">
                <{$cats.catsname}>
            </a></h4>
            <div class="sub-list">
            <!--遍历子分类-->
            <foreach name="cats['subcat']" item="cat">
                <a
href="__MODULE__/Goodslist/index/soncatsid/<{$cat.catsid}>/catsname/<{$cat.catsname}>"
target="_self"><{$cat.catsname}>
                </a>
```

```
            </foreach>
            </div>
            <div class="catalogs-ad">
            <a href="__MODULE__/Goodslist/index/catsid/$cats['catsid']">
            <img src="__ROOT__/public/home/imgs/yangguang.jpg" alt="$cats['catsname']">
            </a>
            </div>
            </div>
            </div>
</foreach>
<!-- 分类结束 -->
```

16.6 注册模块设计

网站中的注册模块都大同小异，本系统的注册页面如图 16-23 所示。由于第 15 章已介绍过注册模块的实现过程，此处不再赘述，只重点介绍邮箱验证的实现过程。

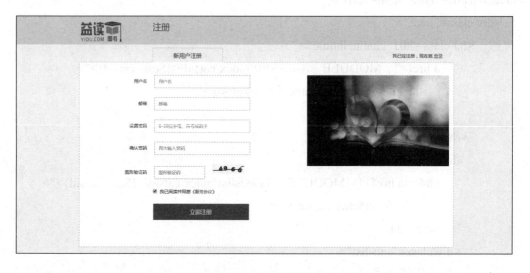

图 16-23 注册页面

邮箱验证就是在注册账号时需要填入邮箱地址，在单击"立即注册"按钮后，系统会将激活链接发送至用户填写的邮箱里，用户需要通过激活链接将账号激活后才能登录系统。具体实现过程如下：

步骤 1▶ 下载 phpmailer 解压到 ThinkPHP\Library\Vendor 第三方类库扩展目录下，下载地址为 http://webscripts.softpedia.com/PHPMailer-Codeworx-Technologies/download/。

步骤 2▶ 开启 php.ini 文件里的 extension=php_openssl.dll 扩展。

步骤 3▶ 要实现邮箱验证的功能，首先需要一个能发送邮件的邮箱，进入邮箱后，在邮箱"设置"里开启 SMTP 功能，此时会产生一个 SMTP 服务器密码，后面会将邮箱地址和该密码写入配置文件中。

步骤 4▶ 在 shop\Common\Conf\config.php 文件中添加配置信息。

```
//邮件配置
'THINK_EMAIL' => array(
    'SMTP_HOST'   => 'smtp.163.com',     //SMTP 服务器
    'SMTP_PORT'   => '25',               //SMTP 服务器端口
    'SMTP_USER'   => '***@163.com',      //SMTP 服务器用户名
    'SMTP_PASS'   => '***',              //SMTP 服务器密码
    'FROM_EMAIL'  => '***@163.com',      //发件人 EMAIL
    'FROM_NAME'   => '***',              //发件人名称
    'REPLY_EMAIL' => '',                 //回复 EMAIL（留空则为发件人 EMAIL）
    'REPLY_NAME'  => '',                 //回复名称（留空则为发件人名称）
),
```

步骤 5▶ 在 ThinkPHP\Common\functions.php 中添加函数 think_send_mail()，该函数的主要作用是设置发送邮件所必需的各项，然后调用类中的方法 Send()发送邮件。

```
/**
 * 系统邮件发送函数
 * @param string $to          接收邮件者邮箱
 * @param string $name        接收邮件者名称
 * @param string $subject     邮件主题
 * @param string $body        邮件内容
 * @param string $attachment  附件列表
 * @return boolean
 */
function think_send_mail($email, $name, $subject = '', $body = "", $attachment = null){
    $config = C('THINK_EMAIL');
    vendor('PHPMailer.class#phpmailer');        // 从 PHPMailer 目录导入 class.phpmailer.php 类文件
    $mail = new PHPMailer();                     //PHPMailer 对象
    $mail->CharSet = 'UTF-8';                    //设定邮件编码，默认 ISO-8859-1，
如果发中文此项必须设置，否则乱码
```

```
        $mail->IsSMTP();                                        //设定使用 SMTP 服务
        $mail->SMTPDebug = 0;                                   //关闭 SMTP 调试功能
        $mail->SMTPAuth = true;                                 //启用 SMTP 验证功能
        $mail->Host = $config['SMTP_HOST'];             //SMTP 服务器
        $mail->Port = $config['SMTP_PORT'];             //SMTP 服务器的端口号
        $mail->Username = $config['SMTP_USER'];         //SMTP 服务器用户名
        $mail->Password = $config['SMTP_PASS'];         //SMTP 服务器密码
        $mail->SetFrom($config['FROM_EMAIL'], $config['FROM_NAME']);
        $replyEmail
=$config['REPLY_EMAIL']?$config['REPLY_EMAIL']:$config['FROM_EMAIL'];
        $replyName
=$config['REPLY_NAME']?$config['REPLY_NAME']:$config['FROM_NAME'];
        $mail->AddReplyTo($replyEmail, $replyName);
        $mail->Subject     = $subject;
        $mail->MsgHTML($body);
        $mail->AddAddress($email, $name);
        if(is_array($attachment)){                              //添加附件
            foreach ($attachment as $file){
                is_file($file) && $mail->AddAttachment($file);
            }
        }
        return $mail->Send() ? true : $mail->ErrorInfo;
    }
```

提 示

Send()方法位于第三方类库 phpmailer 中。

步骤 6▶ 在 shop\Home\Controller\RegisterController.class.php 控制器里调用步骤 5 定义的 think_send_mail()函数,将激活链接发送到用户填写的邮箱,发送成功后,再把用户添加进数据库。

```
//导入文件
vendor('PHPMailer.PHPMailerAutoload');
$email = I('post.email');
$name = I('post.username');
```

```
if(think_send_mail($email, $name, $subject = '用户激活', $body = "
        尊敬的客户：<br/>感谢您在我站注册了新账号。<br/>请点击链接激活您的账号。
<br/>
        <a href='http://localhost/project/index.php/Home/Login/verify/id/{$id}'
        target='_blank'>点击这里</a><br/>")){
        $userinfo=M('user_detail');
        $arr['id']=$id;
        $arr['face']=$_POST['face'];
        $arr['addtime']=date('Y-m-d H:i:s',time());
        $result2=$userinfo->data($arr)->add();
        if($result2){
                //添加成功，跳转到用户列表
                $this->success('添加用户成功！',U('Login/index'));
        }else{
                //添加失败//跳转回注册页面即可
                $this->error('添加用户失败！','add');
        }
    }else{
        //添加失败//跳转回注册页面即可
        $this->error('添加用户失败！','add');
    }
```

步骤 7▶　在 shop\Home\Controller\LoginController.class.php 控制器中添加激活方法
verify()。该方法是在用户点击激活链接后修改数据库中账号的状态，修改成功后用户就可
以登录网站了。

```
//激活用户
    public function verify(){
        $where['id'] = $_GET['id'];
        $data['state'] = 1;
        $res = M('user')->where($where)->save($data);
        if($res){
                $this->success('激活成功！',U('Login/index'));
        }else{
                $this->error('激活失败，请联系管理员');
        }
```

}

16.7　商品详情模块设计

单击商品列表中的商品图片，可打开商品详情页，如图 16-24 所示。商品详情页展示商品的详细信息，包括现价、原价、库存、目录和评价等，用户可以将商品加入购物车或者收藏。

由图 16-24 可以看出，除商品信息外，页面左上角还显示了当前页面在网站中的位置信息。本节重点介绍该功能和购物车的实现技术。

图 16-24　商品详情页

16.7.1　位置导航的实现

一个人性化的网站设计，通常会在每个页面中显示用户当前在网站中的位置，这样就用到了面包屑导航。面包屑导航一般显示在页面左上角，在表现形式上，就像通往目标的最直观的路线。其主要作用有以下几点：

（1）让用户了解当前页面在整个网站中的位置。

（2）体现网站的架构层级，能够帮助用户快速学习和了解网站内容与组织方式，从而形成良好的位置感。

（3）提供返回各个层级的快速入口，方便用户操作。

1. 定义面包屑函数

此处使用面包屑导航实现对商品位置的导航。定义函数 now_here()，首先以商品所属的类别 ID（catsid）为条件查询此类别的详细信息，然后判断此类别的父类 ID 是否为"0"，如果为"0"，说明此类别就是顶级类别；如果不为"0"，调用 get_up_levels()函数继续查询上一级类别，直到顶级类别，最后以"首页"开头，将每一层级通过">"符号连接起来。代码如下：（代码位置：素材与实例\example\ph16\ThinkPHP\Library\Think\Controller.class.php）

```php
/**
* 面包屑导航
* @param integer $catsid 类别 ID
* @return string
*/
protected function now_here($catsid){
    //实例化 cats 表
    $cat = M("Cats");
    //定义变量
    $here = '<a href="'.__MODULE__.'/Index/index">首页</a>';
    //查询商品类别的 id，类别名，和父类 id
    $uplevels = $cat->field("catsid,catsname,pid")->where("catsid=$catsid")->find();
    //判断父类 id 是否为 0，如为 0，则为顶级分类
    if($uplevels['pid'] != 0){
        //如果不为 0，调用方法 get_up_levels()
        $here .= $this->get_up_levels($uplevels['pid']);
    }
    //拼接导航
    $here .= ' > <a href="'.__MODULE__.'/Goodslist/index/soncatsid/'.$uplevels['catsid'].'">'.
            $uplevels['catsname']."</a>";
    return $here;
```

```
}
/**
* 面包屑导航
* @param integer $id 父类 ID
* @return string
*/
protected function get_up_levels($id){
    $cat = M("Cats");
    $here = '';
    $uplevels = $cat->field("catsid,catsname,pid")->where("catsid=$id")->find();
    $here .= ' > <a href="'.__MODULE__.'/Goodslist/index/catsid/'.$uplevels['catsid'].'">'.
            $uplevels['catsname']."</a>";
    if($uplevels['pid'] != 0){
            $here = $this->get_up_levels($uplevels['pid']).$here;
    }
    return $here;
}
```

2. 调用函数

将商品的类别 ID（catsid）做为参数，调用前面定义的面包屑函数 now_here()，并将商品名添加到导航的末尾。代码如下：（代码位置：素材与实例\example\ph16\shop\Home\Controller\GoodsdetailController.class.php）

```
//调用父类中的方法
$here = $this->now_here($goodsdetail['catsid']);
//将商品名添加到导航的末尾
$here .= "> <a href='#'>$goodsdetail[goodsname]</a>";
//为模板变量赋值
$this->assign('here',$here);
```

16.7.2 购物车功能的实现

电子商务系统中的购物车与实际生活中的购物车功能基本相同，都用于暂时保存用户挑选的商品，如图 16-25 所示。购物车模块主要包括添加所选商品、查看商品详情、删除购物车中指定商品和清空购物车，本节只介绍添加商品的实现过程。

图 16-25　购物车页面

1. 使用 Ajax 传递数据

在商品详情模板页中编写 Ajax 程序，在用户单击"加入购物车"按钮后，执行该程序，将商品的 ID 和购买数量发送到控制器中。代码如下：（代码位置：素材与实例\example\ph16\shop\Home\View\Goodsdetail\index.html）

```
//加入购物车
function addCart(id){
    //获取商品的数量，赋值给变量 m
    var m = $("#number").val();
    $.ajax({
        //定义 url
        url:"__MODULE__/Cart/ajax",
        //数据的提交方式
        type:"post",
        //返回数据的格式
        dataType:"json",
        //需要提交的数据
        data:{'id':id,'m':m},
        //提交成功后对返回数据进行判断
        success:function(data){
            if(data==0){
```

```
                alert("添加失败");
                return false;
            }else{
                alert("添加成功");
            }
        }
    });
    return true;
}
```

> ajax（Asynchronous JavaScript And XML，异步 JavaScript 和 XML）是一种用于创建更好更快，以及交互性更强的 Web 应用程序技术。它使用 JavaScript 向服务器提出请求，并处理响应，而不阻塞用户。其核心对象为 XMLHTTPRequest。通过该对象，可在不重载页面的情况下与 Web 服务器交换数据，即在不刷新整个页面的情况下，产生局部刷新的效果。这样不仅有效提高了用户体验度，还最大程度地减少了冗余请求和响应对服务器造成的负担，提升站点性能。

2. 处理数据

在控制器中定义函数 ajax()，首先对 ajax 提交的数据进行处理，然后判断该商品是否存在购物车中，如果存在，只增加商品的数量；否则就在购物车中添加该商品；最后判断添加操作是否成功，将结果以 JSON 格式返回模板页面。代码如下：（代码位置：素材与实例\example\ph16\shop\Home\Controller\CartController.class.php）

```
public function ajax()
{
    $goodsid=I('post.id');              //商品 id
    $num=I('post.m');                   //商品购买数量
    //实例化商品表
    $good=M('Goods');
    $goods=$good->where('goodsid='.$goodsid)->find();
    //定义数组存放数据
    $data = array();
    $data['goodsid']=$goodsid;
    $data['number']=$num;
```

```
$data['goodspic']=$goods['goodspic'];

$data['goodsname']=$goods['goodsname'];

$data['goodsprice']=$goods['price'];

$data['xiaoji']=$data['number'] * $data['goodsprice'];

$userid=$_SESSION['id'];

$data['userid']=$userid;

//实例化 cart 表

$goodscart=M('Cart');

$goodscart->create();

//查询该商品是否在购物车内

$cart=$goodscart->where('goodsid='.$goodsid.' AND userid='.$userid)->find();

if($cart){

    //重新定义商品的数量和小计

    $data['number'] = ($num+$cart['number']);

    $data['xiaoji']=$data['number'] * $data['goodsprice'];

    //修改数据库中相应商品的数据

    $id = $goodscart->where('goodsid='.$goodsid.' AND userid='.$userid)

        ->data($data)

        ->save();

}else{

    //将商品添加进购物车

    $id = $goodscart->data($data)->add();

}

//将数据通过 json 格式传递回页面

exit(json_encode($id));

}
```

知识库

　　JSON（JavaScript Object Notation，JS 对象标记）是一种轻量级的数据交换格式。它基于 ECMAScript（是一种由 Ecma 国际通过 ECMA-262 标准化的脚本程序设计语言，往往被称为 JavaScript 或 JScript）规范的一个子集，采用完全独立于编程语言的文本格式来存储和表示数据，易于阅读和编写，同时也易于机器解析和生成，并能有效提升网络传输效率。

16.8 会员中心模块设计

会员中心模块的主要功能有查看用户自己的订单和收藏，修改个人资料和密码，图 16-26 为会员中心的"修改个人资料"页面。本节主要介绍修改个人资料中验证输入信息和地址级联显示的实现方法，其他部分请参考源代码。

图 16-26　会员中心的"修改个人资料"页面

16.8.1　验证输入信息

用户在填写个人资料时，有时会出现输入的信息格式不正确，但用户自己却不知道，而导致提交信息失败的情况，此时就需要设计表单的即时验证功能来提高用户体验度。表单验证在网页设计中是非常关键的一步，因为它关系到整个网页设计的合理性，如果这部分设计足够合理，将在很大程度上提升网站的档次。表单验证常用 jQuery 来实现。

知识库

jQuery 封装了 JavaScript 常用的功能代码，是一个快速、简洁的 JavaScript 框架，它的选择机制构建于 CSS 的选择器，能够快速查询 DOM 文档中的元素，大大强化了 JavaScript 中获取页面元素的方式和事件处理能力，并且兼容所有主流浏览器。

jQuery 中还内置了一系列的动画效果，比如淡入淡出、元素移除等动态特效。而且它对 Ajax 的支持非常好，通常使用的请求方式有 4 种: $.ajax()、$.get()、$.post()和 $.getJSON()。

此处用到了一个表单验证插件" jQuery.FormValidator.js ",其下载地址为 http://www.jq-school.com/DownLoad.aspx?id=212。将其下载完成后放在\Public\home\js 目录

下，后面直接引用即可。

1．创建表单

在会员中心"修改资料"模板页面中创建个人信息表单。代码如下：（代码位置：素材与实例\example\ph16\shop\Home\View\User\mod.html）

```
<form      action="__CONTROLLER__/update"      id="personalProfileForm"      novalidate
method="post" enctype="multipart/form-data">
    <foreach name="user" item="user" >
    <div class="control-group">
        <div class="control-label">头像</div>
        <div class="controls">
            <script type="text/javascript">
                function nofind(){
                    var img=event.srcElement;
                    img.src="__PUBLIC__/home/imgs/nophoto.gif";
                    img.onerror=null;
                        }
            </script>
            <a href="javascript:;" id="btnUpload">
                <img          style="          width:100px;          height:100px;"
src="__PUBLIC__/Upload/<{$user.face}>" onerror="nofind();">
                <input              type="file"              name="face"
accept="image/gif,image/jpeg,image/jpg,image/png">
                </a>
        </div>
    </div>
        <div class="control-group">
            <div class="control-label"><font color="red">*</font>性别</div>
            <div class="controls">
                <span class="EidtGroup">
                    <input   type="radio"   name="sex"   value=" 男 "   <if
condition="$user.sex eq '男'">checked</if> />男
                    <input   type="radio"   name="sex"   value=" 女 "   <if
```

condition="$user.sex eq '女'">checked</if> />女

```
                </span>
            </div>
        </div>
        <div class="control-group">
            <div class="control-label"><font color="red">*</font>真实姓名</div>
            <div class="controls">
                <span class="EidtGroup">
                    <input class="input" id="RealName" name="name" type="text"
value="<{$user.name}>">
                        <span id="TipUserName0"></span>
                </span>
                <span id="RealNameTip" class="onError" style=""></span>


            </div>
        </div>


        <div class="control-group">
            <div class="control-label"><font color="red">*</font>手机</div>
            <div class="controls">
                <span class="EidtGroup">

                    <input    type="text"    class="input"    id="tel"    name="tel"
value="<{$user.tel}>">
                        <span id="TipMobile"></span>
                </span>
                <span id="telTip" class="onError" style=""></span>
            </div>
        </div>
        <div class="control-group">
            <div class="control-label"><font color="red">*</font>地址</div>
            <div class="controls">
                <span class="EidtGroup">
                    <select name="province" id="province">
                        <option value="">--请选择省--</option>
```

```
        </select>
        <select name="city" id="city">
            <option value="">--请选择--</option>
        </select>
        <select name="county" id="county">
            <option value="">--请选择--</option>
        </select>
        <select name="xiang" id="xiang">
            <option value="">--请选择--</option>
        </select>
    </span>
    <span id="Tipprovince"></span>
    <div><input id="adresse" type="text" class="input" name="adresse"
value="<{$user.adresse}>"><span id="Tipadresse"></span></div>
        </div>
    </div>
    <div class="control-group">
    <div class="control-group">
        <div    class="controls"><input    style="width:70px;height:30px;"
class="btn-gn" type="submit"   value="提交" /> </div>
    </div>
    <div><a    href="#"><img    width="912"    height="152"
src="__PUBLIC__/home/user/imgs/9288693284380806.jpg"></a></div>
    </div>
    </foreach>
</form>
```

2．数据验证

要实现表单数据验证，首先需要获取输入框内的值，然后使用 jquery 插件对输入的内容进行验证，最后将验证之后返回的信息显示在输入框后，用户在输入前、输入中、输入正确或者错误的情况下都会显示不同的提示。代码如下：（代码位置：素材与实例\example\ph16\shop\Home\View\User\mod.html）

```
<script type="text/javascript">
```

```
//页面加载成功后，执行函数内的代码
$(document).ready(function() {
    //验证表单
    $("#personalProfileForm").SetValidateSettings({});
    //验证真实姓名
    $("#RealName").SetValidateSettings({
        FormValidate: {
            Empty: {
                Value: true,
                Message: "真实名不能为空"
            }
        },
        Message: {
            Text: {
                Show: "请输入真实姓名",
                Success: "输入正确！",
                Error: "必须输入用户名！",
                Focus: "正在输入..."
            },
            MessageSpaceHolderID: "TipUserName0"
        }
    });
    //验证手机号
    $("#tel").SetValidateSettings({
        FormValidate: {
            Empty: {
                Value: true
            },
            Format: {
                Value: new RegExp("^1[34578][0-9]{9}$"),
                Message: "手机号格式不正确"
            }
        },
        Message: {
```

```
            Text: {
                Show: "请输入手机号码",
                Success: "正确！",
                Error: "必须输入手机号",
                Focus: "输入中..."
            },
            MessageSpaceHolderID: "TipMobile"
        }
    });
//验证地址
$("#province").SetValidateSettings({
    FormValidate: {
        Empty: {
            Value: true,
            Message: "请选择你的住址"
        }
    },
    Message: {
        Text: {
            Show: "请选择你的住址",
            Success: "格式正确",
            Error: "这也会错？",
            Focus: "请选择你的住址"
        },
        MessageSpaceHolderID: "Tipprovince"
    }
});
//验证详细地址
$("#adresse").SetValidateSettings({
    FormValidate: {
        Empty: {
            Value: true,
            Message: "详细地址不能为空"
        }
```

```
            },
        Message: {
            Text: {
                Show: "请输入真实地址",
                Success: "输入正确！",
                Error: "请输入真实地址！",
                Focus: "正在输入..."
            },
            MessageSpaceHolderID: "Tipadresse"
        }
    });
});
</script>
```

16.8.2 实现地址的级联显示

为提高用户体验度，"个人资料"中的"地址"信息一般会以级联下拉框的形式来实现。就是在用户选择所在省后，下级下拉框会出现该省下辖的城市名；在选择城市名后，下下级下拉框又会出现该市下辖的县区，依此类推，直到乡镇、街道。这就用到了城市级联技术。

要实现城市级联技术，首先需要创建一个全国地址的数据表"yg_area"，表结构如图16-27 所示。

	#	名字	类型	排序规则	属性	空	默认	注释	额外
☐	1	id 🔑	mediumint(8)		UNSIGNED	否	无	地址ID	AUTO_INCREMENT
☐	2	name	varchar(255)	utf8_general_ci		否		地址名称	
☐	3	level	tinyint(4)		UNSIGNED	否	0	地址级别	
☐	4	upid 🔑	mediumint(8)		UNSIGNED	否	0	父类ID	

图 16-27 地址表结构

1. 创建下拉框

在 16.8.1 节创建的表单中已经创建好城市级联所需要的下拉框。此处将下拉框的代码单独列出：（代码位置：素材与实例\example\ph16\shop\Home\View\User\mod.html）

```
<select name="" id="province">
    <option value="">--请选择省--</option>
```

```
</select>
<select name="" id="city">
    <option value="">--请选择--</option>
</select>
<select name="" id="county">
    <option value="">--请选择--</option>
</select>
<select name="" id="xiang">
    <option value="">--请选择--</option>
</select>
```

2. 获取数据

在会员中心"修改资料"模板页面中编写 JavaScript 脚本。要实现城市级联，首先需要将省份全部查询出来，当用户选择某个省份后，通过 Ajax 查询该省份下的所有城市，并逐个显示在下一级下拉框中（将城市名放入<select>标签中）；在用户选择某城市后，Ajax 又会查询该城市下辖的区县地址，并逐个显示在下下级下拉框中。依此类推，直到显示出最后一级地址。代码如下：（代码位置：素材与实例\example\ph16\shop\Home\View\User\mod.html）

```
<script type="text/javascript">
  $(function(){
    //获取省份
    $.get("__MODULE__/User/area",{'upid':0},function(msg){
        // 1.msg 是对象，将对象遍历拼接成 option 格式的 HTML 标签
        var str = '<option value="">--请选择省--</option>';
        for (var i in msg) {
            str += '<option value="'+msg[i]['id']+'">'+msg[i]['name']+'</option>';
        }
        // 2.将拼接好的 HTML 代码放在 select 内
        $('#province').html(str);
    });
    // 省改变事件
    $('#province').change(function(){
        // 1.获取值
```

```
        var value = $(this).val();
    // 2.获取对应的市
    $.get("__MODULE__/User/area",{'upid':value},function(msg){
        // 1.msg 是对象，将对象遍历拼接成 option 格式的 HTML 标签
        var str = '<option value="">--请选择--</option>';
        for (var i in msg) {
            str += '<option value="'+msg[i]['id']+'">'+msg[i]['name']+'</option>';
        }
        // 3.将拼接好的 HTML 代码放在 select 内
        $('#city').html(str);
    })
});
// 市改变事件
$('#city').change(function(){
    // 1.获取值
    var value = $(this).val();
    // 2.获取对应的县
    $.get("__MODULE__/User/area", {'upid':value}, function(msg){
        // 1.msg 是对象，将对象遍历拼接成 option 格式的 HTML 标签
        var str = '<option value="">--请选择--</option>';
        for (var i in msg) {
        str += '<option value="'+msg[i]['id']+'">'+msg[i]['name']+'</option>';
        }
        // 3.将拼接好的 HTML 代码放在 select 内
        $('#county').html(str);
    })
});
// 县改变事件
$('#county').change(function(){
    // 1.获取值
    var value = $(this).val();
    // 2.获取对应的乡镇
    $.get("__MODULE__/User/area", {'upid':value}, function(msg){
        // 1.msg 是对象，将对象遍历拼接成 option 格式的 HTML 标签
```

```
            var str = '<option value="">--请选择--</option>';
            for (var i in msg) {
            str += '<option value="'+msg[i]['id']+'">'+msg[i]['name']+'</option>';
            }
            $('#xiang').html(str);
        })
    });
})
</script>
```

3. 查询返回

在控制器中定义函数 area()，通过 ajax 传送的父类 ID "upid" 查询下面所有的子类，返回给模板页面。代码如下：（代码位置：素材与实例\example\ph16\shop\Home\Controller\UserController.class.php）

```
public function area()
    {
        // 1.实例化 Model
        $area = M('area');
        // 2.查询数据（只查询省份）
        $upid = I('get.upid', 0);
        $data = $area->where('upid='.$upid)->select();
        // 3.返回结果
        $this->ajaxReturn($data);
    }
```

16.9 后台设计

后台管理，是网站管理员对网站中的会员、商品等进行统一管理的场所。后台一般不需要设计得太华丽，但一定要简单明了。为加快开发进度，本系统后台使用前端框架 Bootstrap 来实现。

> Bootstrap 是目前很受欢迎的前端框架。它是基于 HTML，CSS，JavaScript 的，其中包含了丰富的 Web 组件，使用这些组件，可以快速搭建一个简单大气、功能完备的网站。常用组件主要包括下拉菜单、按钮组、按钮下拉菜单、导航、导航条、路径导航、分页等。框架的具体使用方法请参考官方文档。

本系统的后台主要包括用户管理模块、分类管理模块、商品管理模块、订单管理模块、留言与评价管理模块、首页设置管理模块和权限管理模块，其中商品管理模块的效果如图 16-28 所示。本节主要介绍后台页面布局、商品管理模块及权限管理模块的实现。

图 16-28   后台商品管理

16.9.1　后台页面布局

后台页面使用 frameset 元素定义框架集。它可以将窗口划分为若干个子窗口（这些子窗口又被称为框架），每个子窗口中显示不同的页面，每个页面都是一个独立的文件，所有子窗口中的页面组成一个完整的网页，显示在浏览器中。每次用户发出对页面的请求时，只下载发生变化的页面，其他页面保持不变。

<frameset>和<frame>是框架集和框架标签。<frameset>的常用属性如表 16-1 所示。

表 16-1　<frameset>的常用属性

参　数	说　明
cols	在水平方向上将浏览器分成多个窗口（就是将浏览器切割成多个列），其取值有三种形式：像素（pixels）、百分比（%）和相对尺寸（*）

（续表）

参　数	说　明
rows	在垂直方向上将浏览器分成多个窗口（就是将浏览器切割成多个行），其取值有三种形式：像素（pixels）、百分比（%）和相对尺寸（*）
frameborder	指定框架是否显示边框
framespacing	指定框架之间的间隔，默认为无
border	指定框架边框的宽度

通过设置<frame>标签的属性，可以设置框架的外观，其常用属性如表 16-2 所示。

表 16-2　<frame>的常用属性

参　数	说　明
frameborder	规定是否显示框架周围的边框
longdesc	规定一个包含有关框架内容的长描述的页面
marginheight	定义框架上方和下方的边距
marginwidth	定义框架左侧和右侧的边距
name	规定框架的名称
noresize	规定无法调整框架的大小
scrolling	规定是否在框架中显示滚动条
src	规定在框架中显示的文档的 URL

使用框架在模板页面中对整个后台页面进行布局。代码如下：（代码位置：素材与实例\example\ph16\shop\Admin\View\Index\index.html）

```
<!doctype html>
<html>
    <head>
        <title>网站管理后台</title>
        <meta charset="utf-8">
    </head>
<frameset rows="120,*,50" border="1" frameborder="1" >
    <!--头部框架-->
```

```
        <frame src="__CONTROLLER__/top" scrolling="no" name="topFrame" noresize/>
        <frameset cols="200,*">
            <!--左侧框架-->
            <frame src="__CONTROLLER__/left" name="leftFrame"  />
            <!--右侧框架-->
            <frame src="__CONTROLLER__/right" name="rightFrame" />
        </frameset>
        <!--底部框架-->
        <frame src="__CONTROLLER__/bottom" />
    </frameset>
</html>
```

16.9.2　商品管理模块设计

管理员登录后，可以单击左侧导航列表中的各项菜单，对用户、类别、商品、订单等进行管理，这些功能的实现都大同小异，此处以"商品管理模块"的实现为例进行介绍。单击"商品菜单"进入到"商品管理"模块，在这里可以添加和删除商品，也可以查看和修改商品详细信息。本节主要介绍"添加商品"功能的实现，其页面效果如图 16-29 所示。

图 16-29　"添加商品"页面

要实现"添加商品"的功能，需要执行以下操作：

步骤 1▶　在"shop\Admin\Controller"目录下创建 GoodsController.class.php 控制器，注意控制器中的类要继承公共类，以进行权限判断。

步骤2▶ 在控制器中定义 add() 方法，以加载"添加商品"模板页"add.html"，要注意的是需要将分类信息查询出来，因为在添加商品时需要选择分类。代码如下：

```
//添加商品页面
    public function add(){
        //实例化分类模型
        $cats=D('Cats');
        //生成分级下拉列表
        $catsSelect=$cats->formSelect();
        //为模板变量赋值
        $this->assign('catsSelect',$catsSelect);
        //加载模板
        $this->display();

    }
```

步骤3▶ 在"shop\Admin\View"目录下创建"Goods"文件夹，在文件夹中创建"添加商品"模板页"add.html"，然后在模板页中创建添加商品表单。代码如下：

```
<form                      action="__CONTROLLER__/insert"                      method="post"
enctype="multipart/form-data">
        <table id="sample-table-1" class="table table-striped table-bordered table-hover">
            <tr>
                <td>商品名称:</td>
                <td>
                    <input type="text" name="goodsname" value="">
                </td>
            </tr>
            <tr>
                <td>商品分类:</td>
                <td>
                    <{$catsSelect}>
                </td>
            </tr>
            <tr>
                <td>商品价格:</td>
                <td>
                    <input type="text" name="price" value="" />
```

```
                                    </td>
                                </tr>
                                <tr>
                                    <td>商品图片:</td>
                                    <td>
                                        <input type="file" name="goodspic" value="" /> <span>图片尺寸为
800*800</span>
                                    </td>
                                </tr>
                                <tr>
                                    <td>商品库存:</td>
                                    <td>
                                        <input type="text" name="store" value="" />
                                    </td>
                                </tr>
                                <tr>
                                    <td>是否有货</td>
                                    <td><select name="state2">
                                        <option value="1" selected>有货</option>
                                        <option value="2">缺货</option>
                                    </select></td>
                                </tr>
                                <tr>
                                    <td>商品描述:</td>
                                    <td>
                                        <script      id="editor"      type="text/plain"            name="description"
style="width:700px;height:90px;" value="">   </script>
                                    </td>
                                </tr>
                                <tr>
                                    <td colspan="2">
                                        <input type="submit"   value="添加商品" />
                                    </td>
                                </tr>
```

```
    </table>
</form>
```

步骤4▶ 在用户填写完商品详细信息，点击"添加商品"按钮后，数据将会提交到控制器中，在控制器中定义 insert() 方法，将数据处理后添加进数据库。代码如下：

```
//添加商品数据操作
public function insert(){
    //商品名为必填信息
    if(!$_POST['goodsname']){
        $this->error('请输入商品名','add',3);
        die();
    }
    // 实例化上传类
    $upload = new \Think\Upload();
    // 设置文件上传格式
    $upload->rootPath    = './Public/Upload/';
    $upload->savePath    = '';
    $upload->maxSize     =    2*1024*1024 ;
    $upload->exts = array('jpg', 'gif', 'png', 'jpeg');
    $upload->saveName = time().'_'.mt_rand();
    //执行上传
    $result=$upload->upload();
    if(!$result){
        $this->error('上传文件失败，失败信息为:'.$upload->getError(),U('Goods/add'));
    }
    //接收上传图片信息
    $_POST['goodspic']=$result['goodspic']['savepath'].$result['goodspic']['savename'];
    //添加商品时间
    $_POST['addtime']=date('Y-m-d H:i:s',time());
    $_POST['timestamp']=time();
    //获取商品分类名
    $c=$_POST['goodscats'];
    //实例化分类模型
    $cats=M('Cats');
    //查询商品二级分类的分类信息
```

```
    $catsall=$cats->where("catsname="".$c."")->find();
    //获取顶级分类的 id
    $gcats=$catsall['pid'];
    //获取父分类 id
    $pcats=$catsall['catsid'];
    //把父分类 id 存放在商品表
    $_POST['pcats']=$pcats;
    //把子分类的顶级分类的 id 存放在商品表
    $_POST['gcats']=$gcats;
    //执行添加
    $goods=M('goods');
    $goods->create();
    $res=$goods->add($_POST);
    if($res){
        $this->success('添加商品成功',U('Goods/index'));
    }else{
        $this->error('添加商品失败',U('Goods/add'));
    }
}
```

16.9.3 权限管理模块设计

权限管理，这是每个软件系统都会涉及到的，本系统使用 ThinkPHP 框架中的 Auth 类（Auth 类位于框架核心类库 "ThinkPHP\Library\Think" 目录下，名称为 Auth.class.php）实现用户权限的管理。其原理就是，通过给角色授权，然后将附有权利的角色施加到某个用户身上，这样用户就可以实施相应的权利了。

Auth 类使权限管理更加灵活，角色的权利可以灵活改变，用户也可以很容易地从一个角色被指派到另一个角色。通常情况下，就是通过$auth->check()的返回值，来判断该用户是否拥有权限。使用 Auth 类实现权限管理的过程如下：

步骤 1▶ 创建认证规则表（yg_auth_rule）、认证组表（yg_auth_group）和用户与认证组关联表（yg_auth_group_access），其结构分别如图 16-30～图 16-32 所示。

#	名字	类型	排序规则	属性	空	默认	注释	额外
1	id	int(10)			否	无	权限ID	AUTO_INCREMENT
2	name	varchar(64)	utf8_general_ci		否	无	动作名称	
3	title	varchar(30)	utf8_general_ci		否	无	权限名称	
4	status	int(11)			否	无	状态	
5	type	int(11)			否	无	认证类型	
6	condition	varchar(255)	utf8_general_ci		否	无	验证条件	

图 16-30 认证规则表

#	名字	类型	排序规则	属性	空	默认	注释	额外
1	id	int(11)			否	无	角色ID	AUTO_INCREMENT
2	title	varchar(30)	utf8_general_ci		否	无	角色名称	
3	rules	varchar(60)	utf8_general_ci		否	无	角色权限	
4	status	int(11)			否	无	状态	

图 16-31 认证组表

#	名字	类型	排序规则	属性	空	默认	注释	额外
1	uid	mediumint(8)		UNSIGNED	否	无		
2	group_id	varchar(64)	utf8_general_ci		否	无	权限组id	

图 16-32 用户与认证组关联表

步骤 2▶ 使用 Auth 类之前，要先设置所需要的配置项。打开 Auth.class.php 类文件，修改其配置信息，重点是将“AUTH_USER”值设置为系统的用户信息表，此处为“yg_user”。

```
//默认配置
    protected $_config = array(
        'AUTH_ON' => true,                          // 认证开关
        'AUTH_TYPE' => 1,       // 认证方式，1 为实时认证；2 为登录认证。
        'AUTH_GROUP' => 'auth_group',               // 认证组数据表
        'AUTH_GROUP_ACCESS' => 'auth_group_access',  // 用户-认证组关系表
        'AUTH_RULE' => 'auth_rule',                 // 认证规则表
        'AUTH_USER' => 'yg_user'                    // 用户信息表
    );
```

步骤 3▶ 在公共控制器 CommonController.class.php（位于\shop\Admin\Controller 目录下）中定义_initialize()方法。该方法会在用户进行任何一个操作之前进行权限判断，首先判断用户是否登录，登录后如果没有执行任何操作，默认显示后台首页；否则实例化 Auth()类，根据用户执行的操作判断其是否有此权限。

```php
<?php
    namespace Admin\Controller;
    use Think\Controller;
    class CommonController extends Controller {
        //Common 类中自动执行的方法
        public function _initialize(){
            if(!I('session.isLogin')){
                //判断是否登录
                $this->error('请先登录',U('Login/index'));
            }
            if(CONTROLLER_NAME == 'Index'){
                //如果进入后台首页没有进行任何操作则无需验证
                return true;
            }else{
                // 实例化 Auth()类
                $auth = new \Think\Auth();
                // 拼接动作
                $a = CONTROLLER_NAME.'/'.ACTION_NAME;
                //执行判断
                if (!$auth->check($a, $_SESSION['id'])) {
                    $this->error('没有此权限');
                }
            }
        }
    }
```

参考文献

［1］威利，汤姆森. PHP 和 MySQL Web 开发［M］. 北京：机械工业出版社，2009.

［2］明日科技. PHP 从入门到精通［M］. 北京：清华大学出版社，2012.

［3］Larry Ullman. 深入理解 PHP：高级技巧、面向对象与核心技术［M］. 北京：机械工业出版社，2014.

［4］Matt Zandstra. 深入 PHP：面向对象、模式与实践［M］. 北京：人民邮电出版社，2011.

［5］刘增杰，张工厂. PHP 7 从入门到精通（视频教学版）［M］. 北京：清华大学出版社，2016.